U0160778

算力经济

信息文明时代的中国机会

高同庆 等◎著

中信出版集团｜北京

图书在版编目（CIP）数据

算力经济：信息文明时代的中国机会 / 高同庆等著
. -- 北京：中信出版社，2023.12
ISBN 978-7-5217-5358-5

Ⅰ. ①算… Ⅱ. ①高… Ⅲ. ①计算能力 Ⅳ.
① TP302.7

中国国家版本馆 CIP 数据核字（2023）第 209963 号

算力经济——信息文明时代的中国机会
著者： 高同庆 等
出版发行：中信出版集团股份有限公司
（北京市朝阳区东三环北路 27 号嘉铭中心　邮编　100020）
承印者： 嘉业印刷（天津）有限公司

开本：787mm×1092mm　1/16　　印张：26.25　　字数：332 千字
版次：2023 年 12 月第 1 版　　　印次：2023 年 12 月第 1 次印刷
书号：ISBN 978-7-5217-5358-5
定价：79.00 元

版权所有·侵权必究
如有印刷、装订问题，本公司负责调换。
服务热线：400-600-8099
投稿邮箱：author@citicpub.com

编委会

主 编

高同庆

编 委

黄宇红　魏晨光　段晓东　宋镇亮　黄　实
刘　强　陈永灿　安　昕　亓明真　曹　博
袁　萍　李　丹　王晓晴　李佳璐　张文帝
罗鹏程　杨　白　查　君　郑晓玲

目录

第二篇　蓄势赋能，算力经济发展方兴未艾

第三篇　驰而不息，全球大国的算力经济之争

推荐序一

当前，全球新一轮科技革命和产业变革加速演进，数字化浪潮席卷全球，算力渗透了社会的每一个角落，影响着各行各业。算力无所不及、无处不在，以其为核心的算力经济发展速度之快、辐射范围之广、影响程度之深前所未有，正深刻影响着人类社会的发展进程，在重组全球要素资源、重塑全球经济结构、激发经济活力、改变全球竞争格局的过程中扮演着越来越重要的角色。

在此背景下，《算力经济》一书从算力经济的基本概念说起，探讨算力经济拉动经济增长的理论机制，重点分析了算力在生产、交换、治理、消费、基础设施、技术创新等6个方面对社会经济产生的深远影响，从中可以看出算力经济在信息文明时代的主要作用。

这本书以宽广的视角介绍了美欧日韩等国家和地区发展算力经济的经验：美国以科技优势抢占算力经济竞争制高点，领跑全球算力经济；欧盟将"数字主权"作为关键"武器"为算力经济保驾护航；日韩根据自身特色，凭借半导体关键细分领域的垄断优势在大国对垒中占据一席之地。同时，本书也指出，虽然我国处于全球算力经济第一梯队，但目前总体上仍是大而不强。本书提出了发展我国算力经济的策略建议，即着重强化基础设施与科技创新这两个战略支点。在基础设施上，应充分发挥我国的网络优势，加快构建以算力网络为核心的新型基础设施体系，"以网强算"，夯实算力经济发展的底座，为激发科技创新新动能提供强大支撑，推动关键核心技术实现新突破；在科技创新上，要基础研究先行，突破算力"卡脖子"核心技术，抓牢算力经济发展的主动权。要以二者的优先突破为抓手，坚持目标导向、问题导向、需求导向相结合，聚焦生产、消费、交换、治理体系这个发展"面"，以"两点一面"的系统观构建自主可控的算力产业体系，促进我国算力经济健康、可持续和更深层次的发展。

算力经济研究跨信息科学与现代经济学，可以说是数字经济的重要组成部分，蕴含很大的技术和产业创新空间，这一崭新议题在理论上和实践上都有待深入探讨。这本书的作者团队结合业务实践开发和部署运行算力网络，并潜心研究算力经济，现将有关研究的心得体会结集成书。这本书的研究思路和观点具有启发性，期待引发国内外对算力经济的研究讨论，对政策制定部门、行业研究机构以及关注算力经济的大众而言，这都是一部兼具专业性和可读性的好书。

邬贺铨

中国工程院院士

推荐序二

在信息文明时代下，算力已经变得无处不在、无时不有。小至购物、出行、娱乐等生活的方方面面，大到新药研制、政府治理、宇宙探索等领域，都离不开算力的强大支撑。随着科技的发展，算力的重要性越来越被人们所认识。在这个信息爆炸的时代，无论是对于个人还是对于整个社会，拥有更强的算力就意味着能够更快地处理信息、更好地解决问题，算力正在成为像水、电、燃气一样的公共基础资源，走进千家万户，服务千行百业。

在算力沃土之上，算力经济的发展呈现出前所未有的蓬勃态势，正日益成为推动经济高质量发展的重要引擎。这本书旨在全面深入地探讨算力经济的内涵、发展历程和现状，从生产、交换、治理、消费、基础设施、科技创新等6个维度对算力经济展开全方位的论述，在全球视野下探索算力经济的"中国方案"，提出发展算力经济要优先发力基础设施与科技创新这两个关键点，以新型信息基础设施的建设和完善作为发展基础，以科技创新的应用作为发展关键。我非常认同这一观点，特别是算力经济的发展意味着需要建设与之相适应、相配套的新型信息基础设施，因为基础设施不仅是信息通信业发展的"基座"，更是支撑算力经济发展的"地基"。与传统的基础设施相比，以信息网络为基础、技术创新为驱动的新型信息基础设施需要具备更高的技术含量、更完善的功能和更强的带动性，对于调整产业结构、促进产业转型升级具有重要价值，体现了未来发展方向。这些年，我国高度重视新型基础设施建设，加快以 5G（第五代移动通信技术）、6G（第六代移动通信技术）为代表的新一代信息通信技术的规划布局与研究应用，统筹推进网络基础设施、算力基础设施等建设，打通经济社会发展的信息"大动脉"，为算力经济释放新动能提供了重要助力。

这本书具有独特的视角和鲜明的观点，不仅是一部理论扎实、实用价值高的作品，更是一座蕴藏着智慧和启示的宝库。书中的案例分析详尽深入，应用指导实用易行，相信无论是身处同行的从业者还是普通的大众读者，都能在细细品读的过程中获得深刻的启示和丰富的收获。

郑纬民

中国工程院院士

修好政府与市场经济学，推动建立全国算力统一大市场

　　热烈祝贺高同庆所著的《算力经济》出版！该专著提出了一个重要概念——算力经济，极具启发性，我相信这一概念将成为未来一段时间经济学界和政策界热议的重要话题。该书是算力经济的先锋之作，值得仔细阅读。

　　作为该书的第一个读者，我首先受益。受该书的启发，我在此提出一个观点：中国经济为了保持在算力上的相对优势并继续提高，必须基于政府与市场经济学的基本理念，政府与市场共同发力，推动建立全国算力统一大市场。我的思路如下。

　　第一，几年前社会上对算力这一概念的认识可能还不充分，但是在近一年生成式人工智能横空出世、走向日常应用之后，大家已经普遍认识到了算力的重要性。人工智能的基本原理是对大数据进行精准的、反复的分析，通过超巨量的计算生成可靠的、智能性的信息。通用人工智能的理论并不复杂，几十年前学术界就已基本了解，而这些年间生成式人工智能取得飞跃式发展的核心原因就是巨大的算力投入，它证明了这条道路可以走通。由此我们可以得出一个推论，即算力的多寡是一个国家未来人工智能及其相关应用发展能力的重要制约因素。

从逻辑上来讲，算力和电网、通信网络的运输能力等在本质上是一样的，它代表了一个国家在信息处理方面的能力的总和。因此，算力与基础设施资本非常相似，二者都具备网络性，因为网络可以把不同的服务器连接起来，分散的各个服务器的计算能力和服务器之间的联网能力共同构成了一个国家的总体算力。

尽管中国目前的总体算力水平已经排在全球第二，仅次于美国，比欧盟、日本等明显高出一大截，但是由于美国掌握了芯片设计和制造的关键技术，并对整个产业链有较强的控制能力，所以未来中国的算力发展还有很长的路要走，对于发展路上可能存在的阻碍，全社会、全行业需要更加审慎地处理。

在以上背景下，中国经济中算力水平的提高，不能完全靠单个计算能力的提升，而应该靠联网能力和计算机使用效率的提升。换言之，中国必须走一条众多计算机高效协同的"机海战术"道路。"机海战术"的核心想法是，单个计算机的芯片能力不一定拼得过其他国家，但是，它拼的是计算机的实际使用效率和联网能力。

据此，我认为中国应该建设一个全国算力统一大市场，使每台计算机都可以在算力市场中出售自己的计算时间，让需要的人购买这些计算时间，通过算力市场实现算力资源更有效的配置，激励单个计算机所有者进行投入，形成提高算力的持续机制。这就好比通过电网把发电厂连在一起，使发电厂在总体电力短缺时能够去投资，去扩大生产。

政府必须培育和维护全国算力统一大市场，使其发挥关键作用，从顶层设计开始，由政府联合中国拥有大量算力的企业以及相关的学者专家，共同设计算力市场的游戏规则，如交易规则、算力价格形成机制，等等。在这方面，中国有望走出一条在世界上领先的道路。改革开放 40 多年以来，中国在政府与市场经济学方面有自己的心得，那就是政府通过调整自身的激励机制，与市场同向发力，培育市场并匡正市场错误，进而从市场的经济活动中获取相应的税收和其他收益。这些心得可以有效指导全国算力统一大市场的建设。

总之，算力经济是一个方兴未艾的重要概念。我相信，继续修好政府与市场经济学这门功课，中国就可以建设一个全国算力统一大市场，让不同的计算机连在一起，实现算力资源更有效的配置，形成对计算机所有者的正向投入激励，进而促进未来中国算力经济的蓬勃发展，为世界数字经济发展和人工智能发展做出自己的贡献，提供中国方案！

李稻葵

清华大学中国经济思想与实践研究院院长

2023 年 11 月 17 日

前言

动力驱动人类文明的演进

钱学森院士在《创建系统学》一书中指出，人类社会是特殊复杂巨系统。我们只有把社会作为一个社会系统来考虑，才能真正建立科学的社会学。

如果我们沿着这样的思路解构人类社会，那么每一个文明大致都由6个相互支撑、交织影响的子系统组成，它们分别是生产体系、交换体系、消费体系、科技体系、基础设施体系和治理体系（见图0-1）。其中，生产体系是生产力的总和，以耕作、加工、制造等能力为代表，是塑造文明形态的直接力量。恩格斯就指出"文明时代是学会对天然产物进一步加工的时期，是真正的工业和艺术的时期"[1]。交换体系是产品和要素流通关系的总和，以各种产品服务的交易市场为代表，是自给自足生活水平之上的人类社会关系变得更加活跃的标志，通过交换、反馈、调节等一系列功能，促进供需方互通有无，从而调动生产积极性。消费体系是消费内容的总和，以各种物质文化产品为代表，反映了社会发展的整体状况和经济社会发展的目的。科技体系是人类文明加速发展的杠杆，以各种科研机构和科学装置为代表。从本质上看，有意义的长期经济增长主要体现在技术革命驱动下的产业升级上。基础设施体系是人类文明进步的物质支撑，以水电气、交通、信息等公共基础设施为代表，这些设施的广泛建设既提高了生产、生活和治理的水平，也降低了社会运行的成本，为创新创业打开了空间。正如佩雷斯分析的那样，通用的低成本投入品（能源或原材料）是推动技术革命的三项基本要素之一。治理体系是国家管理制度的总和，以社会各领域体制机制、法律法规等为代表，是维持人类社会稳定有序运行的制度保障，其中以政府治理体系最为突出。

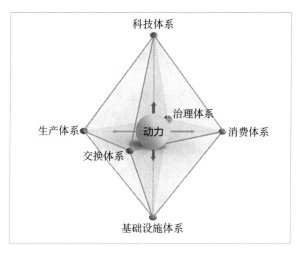

图 0-1　动力与人类文明六大体系

没有动力，就没有变化。就像火车的运行需要强大的发动机，推动人类文明这样的复杂系统运行也需要巨大的能量。用爱因斯坦质能方程 $E=mc^2$ 概括，文明的一切变化都是能量转化运用的结果，人类文明总体上表现为不同层次的热力学革命。文明的起源就来自 138 亿年前宇宙奇点的爆发。在后世的发展中，寻求更高效率的质能转化，以在有限的能源维度中获得更多的生产生活资料是永恒的课题。人类从运用自身的体力、脑力，突破畜力、水力、风力等自然力的局限，到利用化石能源等创造蒸汽力、电力、算力等人造力，推动了文明的发展与进步。

具体的路径从两个方面展开。首先，动力的变化既对每个体系单独的变化产生直接影响，也限定着体系演进的广度和深度。正如马克思指出的那样，"各种经济时代的区别，不在于生产什么，而在于怎样生产，用什么劳动资料生产"[2]。生产动力的发展和人类文明的演进相互交错，刻画出不同文明时代的鲜明特征。我们以生产体系为例。在农业文明时期，由于人力和畜力耕作的土地始终有限，小农经济规模始终不经济，周期性的饥荒高悬在每个人头上，人类陷入"马尔萨斯陷阱"。到了工业文明时期，由于蒸汽机、内燃机和电动机提供了几个数量级的能量提升，消费品匮乏的局面很快结束了，人类第一次实现了有意义的经济起飞。到了信息文明时期，算力成为新动力，计算机、软件推动生产在全世界展开，推动生产效率实现了新飞跃。我们再以治理体系为例。在农业文明时期，落后的交通通信设施以及缺乏"数目字"管理，给以王权为中心的帝国治理带来了极大的技术性困难。成吉思汗缔造的庞大蒙古帝国在他去世之后很快就分崩离析。弥补这些缺陷需要通过郡县制、城邦制等制度实行广泛的"行政性分包"，以及发挥乡绅等社会人士的影响力，从而维持统治的局面。到了工业文明时期，由蒸汽机和内燃机驱动的工厂极大地壮大了资产阶级的实力，掀翻了具有人力和土地优势的地主阶级的统治，蒸汽机驱动着工业国家的舰船开往世界各地，电力动力技术转化为电力通信技术，人们实现了高效的远距离沟通，被誉为"日不落帝国"的大英帝国诞生，其影响持续到现在，现代资本主义国家得以建立。到了信息文明时期，基于计算机和互联网的电子政务广泛应用，政府和公民之间搭建起了更广泛和直接的联系通道，更多数据的应用提升了决策的科学性和民主性，人类开始迈向法治和数治的新阶段。

另外，通过一连串连锁反应，动力内核和外层六大体系共同推动经济的发展和文明的演进。根据我们的观察，一般规律是，更强劲的能量输入首先导致了生产能力和效率的提升。在社会可以供应超出日常生活所需的物资后，自给自足的小农经济开始出现交换，商品经济萌芽。随着人类将动力引入车马商船，市场覆盖范围扩大。这包括区域贸易，也包括国际贸易。事实上，在汉武帝派张骞出使西域之前，粟特人已经在中亚地区的商路上川流不息；在明朝断绝对郑和下西洋的资助后，中国人、日本人、葡萄牙人、荷兰人仍在东南亚海面上往来不止。[3] 生产和交换的深化，促进了社会消费扩容。汉唐的市场充斥着西域的特产，《清明上河图》展示了北宋繁荣的店铺和富裕的生活，而英帝国更是建立了人类历史上第一个摆脱消费品匮乏的现代国家。这种强劲的需求带动了市场规模的扩大和分工的深化，推动了经济第一波的增长和相应的生产剩余的积累，为中长期投资奠定了基础。一方面是硬性的基础设施的改进。农业社会时期体现为农田水利和漕运车马驿道，形成了全国性的市场和治理疆域。工业社会时期则体现为城市间的铁路、公路和水路交通设施以及城市内部的各种市政基础设施，进一步推动了市场范围的扩大，降低了贸易的成本。另一方面则是软性的科学技术的发展。当人类从日复一日的繁重劳动中抽身，摆脱了农业时期的饥荒，国家有更多的剩余支持高等教育和打造学术团体，也有优质的实验条件支撑科研时，技术就第一次成为独立的生产要素。技术革命反过来重新发明"动力"，促进更大范围的产业结构升级，新增长范式得以建立，从而形成第二波的经济增长。以上颠覆性的变化，共同塑造了特定时期政府治理的范围、要素和工具，推动治理模式从人治转向法治，从国内治理转向全球治理。这样的历史进程，在两次革命中表现得淋漓尽致。

从大国兴亡史来看，动力变化深刻影响大国兴衰。一言以蔽之，谁掌握最先进的动力，谁就能在世界竞争中占据主动，昂首屹立于世界民族之林。

在农业文明时期，庞大的劳动力让中国长期领先世界。由农业文明自然发展而形成的区域性大国有四大文明古国——古巴比伦、古埃及、古印度和中国。但在这一时期，没有一个国家的文明比中国更发达、更先进。11世纪的中国就拥有由杰出的运河系统连接起来的、有灌溉之利的平原，其带来足够肥沃的土壤。当时，中国的城市也比欧洲的城市更加繁荣，比如掌握了活字印刷术，纸币流通更早，商路四通八达。11世纪末，中国冶铁业达到了繁荣顶端，每年能生产铁约12.5万吨，比700年后英国工业革命早期的产量还多。在工业革命时期，蒸汽动力的发展依赖于煤炭、金属等能源，英国紧紧抓住动力革命的契机，实现了生产力水平的飞跃，积累了大量的国家财富和富裕人口。1801—1911年，英国人口从1 050万增加到4 180万，年增长率为1.26%，GDP（国内生产总值）年均增长率为2%~2.25%。德国和美国沿着类似的路径，步入世界强国之列。相反，现代动力在中国的发展则大大落后了。1783年人类第一艘蒸汽轮船诞生之后，西方便不断地改进。但直到约100年后，在列强坚船利炮的轰击之下，清廷洋务派才支持徐寿和华蘅芳建造了中国第一艘蒸汽轮船。这是中国近代衰亡和落后的一个注解，也是一个根源。

进入信息文明时期，人类又一次面临一次动力更替的历史契机。数十年前，未来学家阿尔文·托夫勒就指出，未来属于会利用网络和计算机的国家。随着信息技术的发展，算力就像农耕文明时代的水力、工业文明时代的电力一样，日益成为信息文明时代的关键生产力。[4]

有研究显示，一国的计算力指数与GDP走势呈现显著正相关，计算力指数平均每提高1个百分点，国家的数字经济和GDP将分别增长3.5‰和1.8‰。[5]可以说，未来大国竞争的焦点就在算力，得算力者得天下。这也是我们研究算力经济的最大的初衷。我们要有时代的紧迫感，从科学上、技术上、工程上和经济上做强、做优、做大算力经济，以强大的算力推进中华民族伟大复兴。

第一篇

观往知来，动力变化推动
人类文明演进

第一章
自然力推动人类进入农业文明

在漫长的农业经济时期，人力和畜力提供了 85% 的生产动力，低功率、不稳定的动力输出限制了生产及交易规模的扩张和国家治理能力的提升，人类始终处于"马尔萨斯陷阱"之中。缺乏生产剩余和实验条件的支撑，科学也停留在"知其然而不知其所以然"的经验科学阶段。

人力和畜力是农业文明的主要动力源

人的活劳动是最直接的动力。大约一万年前，人类以采集和狩猎为生，女性负责采集营地周围可供食用的东西，包括植物块根、浆果、坚果、蔬菜、昆虫、蜥蜴、蛇类、啮齿类动物、贝类等[1]，男性负责狩猎其他动物，提供蛋白质丰富的肉食，同时掌控武器并守护部落安全。采集时代的人类对大自然的了解十分详细，但与环境进行抗争的能力不足，缺乏有效的自我防卫手段，族群需要通过不断迁徙去寻找新的食物。当时，人类的个体寿命普遍很短[①]，在一定地域面积内可以养活的个体数量很少。自然灾害一旦到来，婴儿和年老体弱者不得不被抛弃，这导致新出生婴儿的存活率很低。随着从采集、渔猎中获得的收益逐渐减少，加上在采集时期与农作物逐渐产生的互驯关系[②]，人类社会进入以耕种和畜牧业为主的农业文明时期。

早期农耕仍以劳动力为主要投入。人们在播种前将较大的土块打碎，经过犁地、耙地、平整处理之后，用手推车、木制水具或肩挑水桶将粪肥和其他有机废料运输到田地里，再用叉、倒、舀的方式将其送到土里。到了收获的季节，人们手工收割谷物最为耗时，相当于犁地时间的 4~5 倍，这直接限制了一个古代家庭能够耕种的土地面积。据统计，在中国的粮食种植区，每年 3—9 月几乎使用了所有的劳动力（94%~98%）[2]；在印度的夏季高峰月，需要的劳动力是实际可用劳动力的 110% 以上。[3] 在收获谷物后，人们将其撒在打谷场上，使用棍棒或者连枷击打，让它们一捆捆地撞击格筛，或将它们放在特制梳具上进行处理。随着动物逐渐被驯化，人们可以驱使动物踩踏摊开的谷物，或让它们拉着沉重的滑橇或碌子在上面碾过。而在使用动物、水和风车完成机械化之前，谷物的碾磨仍然需要繁重的体力劳动来完成，扬谷（从谷物中分离谷壳和污垢的过程）只能依靠篮子和筛子来手动完成，油、甘蔗甜汁等也需要通过人或动物的操作来榨取。此后较长的一个时期内，人口密度的不断提升带来了更高的能量消耗需求，

[①] 人类祖先的平均寿命只有 10 岁左右，40 万~50 万年前，"北京人"的平均寿命为 15 岁，而新石器时代 6 000 年前的半坡人的平均寿命只有 30~40 岁。

[②] 澳大利亚的美拉尼亚人从事农业不久，就会种植 10 种山药、14 种面包树、52 种香蕉、220 种芋芳；北美印安人用 10 个不同的词称玉蜀黍成熟过程中的各个阶段，以表明他们在种植活动中已经积累了丰富的经验。

但由于劳动力的功率输出不稳定，且难以长时间从事重体力工作，单调的锄耕首先被使用牲畜的犁田替代。

畜力的运用是一项"根本的能量进步"。在一般情况下，动物的牵引力能够达到体重的35%，在竭尽全力的几秒钟内甚至更高。[4] 马是最强大的役畜，一般能以1米/秒的速度在田里工作，比牛快30%~50%；两匹重型马两小时内的工作量可以达到表现最好的两头牛的两倍。而畜力在单位土地上的有效劳动相当于人力的3~6倍。为了完成在既定面积土地上种植谷物的准备工作，一名农民需要用锄头劳作100个小时，而使用役畜则可以节省2/3的时间。依赖锄头的耕作不可能达到畜力所能达到的规模。根据估算，为了做出同一匹马相等的功，需要2~14人。[5]

除了农田劳作之外，役畜为灌溉提供了能量，在很大程度上让人类免于长时间的负重体力活动，并让粪肥、牛奶、肉和皮革等附加收益产生。人力与畜力相互配合，把森林变成耕地，以深耕细作的方式开垦肥沃的草原土壤，以及从矿井中拉起重物[6]，显著提升了农业的集约程度，带来了更多的轮作种植。反过来，这些进展又让人们能驯养大量更强壮的动物。畜力的使用让耕地面积扩大，同时，稳定的动力输出大大提高了农业生产效率。

但整体上，人力和畜力的缺陷也十分突出。相对于后来的各种人造力，人力和畜力的工作效率始终难以提升。按照能量成本的计算方法，劳动力的输出功率始终在50瓦左右，牛则为200~600瓦。这让人们去寻找新的动力。

风力的利用受地域环境的影响相对较小。在前工业时代，风车是平原地区和受季节性强风影响的亚欧干旱地区的强大原动力。例如，东欧地区的高杆风车、西欧的塔式风车和罩式风车等。据估算，一架普通荷兰风车的功率与 10 个人或两匹马的功率大致相当。旧式美国风车经常被用来提取盐，但应用数量一直很少。1800 年，英国风车的总数达到了 10 000 架；19 世纪末，荷兰约有风车 12 000 架，德国约有 18 000 架；到 1900 年，北海沿岸国家安装了约 30 000 架风车。[7]1860—1900 年，美国在向西扩张的过程中建造了几百万架风车，诞生了诸如哈乐戴、亚当斯和布坎南等很多风车制造行业的领军者。

在水力方面，人们发明了各种工具，以取水灌溉。最简单的工具包括编织紧密的或有内衬的篮子、像铲子一样的水瓢以及水桶，它们提水的高度不足 1 米。后来，工具发展为运用杠杆原理的汲水吊杆。印度常见的绳索提桶式取水装置，由两头或四头牛拉着绳索在斜坡上来回拉动。但水能的利用对地势要求较高，利用水力的装置必须建立在河流旁。然而并非所有的地方都有河流，而且水量的多少也受到季节的影响。在中世纪的英格兰，水力碾磨谷物占水力应用的 90%。

尽管如此，一直到工业革命之前，人力和畜力的使用依然占据绝对主导地位。罗杰·富凯的近似估算表明，英国人力和畜力的占比在 1500 年达到 85%，到 1800 年仍有 87%（风力和水力只占约 12%）。1815—1913 年，在工业革命的浪潮中，英国的马、牛和驴的总数增加了 15%，荷兰的增幅为 27%，德国的增幅为 57%。[8]

人类落入"马尔萨斯陷阱"

人力和畜力限制了农业文明时期生产能力的提升和市场范围的扩大，经济剩余极少，商品消费难以扩容，经济增长陷入长期停滞。人力和畜力的能量上限和使用范围使基础设施难以得到突破性改善。技术体系的变化仅呈现为实用技术的更新，尚未到达理论研究的高度。

产业结构以农业为主导，经济规模的小幅提高表现为生产的简单复制。薄弱的经济基础和"礼法并用"制度共同决定了以"人治"为核心的国家治理体系。20世纪中叶，有限的动力仍然限制着农业文明的发展，依靠生物能量获得动能的社会始终无法让大多数居民获得可靠的食物和物质财富。

男耕女织的"小农经济"

与以采集-狩猎为特征的自然经济相对应，铁犁牛耕技术的出现和推广叠加土地私有制的确立造就了农耕时期的"小农经济"，其表现为"劳动是财富之父，土地是财富之母"。中国2 000多年的封建社会，一直以男耕女织的小农经济为经济支柱，小农经济以家庭为生产和生活的基本单位，是农业和家庭手工业的结合。在这种模式下，作为主体的自耕农以土地为生产要素，独立生产并满足自身消费。为了保证赋税的缴纳和一家老小的生计，在自有土地上最大限度地提高单位产量成了首要任务。13—14世纪，英国的人地关系日趋紧张，人口的急剧增长导致了人均持有土地面积的下降，造就了一大批小土地持有者；劳动力的大量投入、手工工具的应用以及土壤肥力的提高，是英国小农经济模式取得进步的关键所在。自16世纪起，小农经济成了法国农业经济的主体。到1866年，法国仍有69%的人口居住在农村，拥有5公顷以下土地的小农占农户总数的56.3%。

"小农经济"在劳动力上的持续投入在一定程度上催化了精耕细作。精耕细作是指在一定面积的土地上，投入较多的生产资料，不断革新生产工具和灌溉技术，以进行细致的土地耕作，提高单位土地面积的产量。精耕细作下的"铁犁农耕"对应早期的手工农耕阶段，主要的生产工具包括犁、镐、锄头、铲、耙子等，它们用途广泛，但制作粗糙且主要依靠人力进行耕种。随着牛、马等役畜的应用，耧车应运而生，逐渐从播种宽度不一、行数不同的一脚耧、两脚耧发展到可以同时播种三行的三脚耧。更均匀的播种间隔提高了土地的利用效率，为后续除草、收割等工序提供了便利，但由于动力不足的问题没有从根本上解决，工具及技术的发展处于长期停滞的状态，农耕家庭在整体上可获取的生产剩余依然不足。

人口密度的不断增长使得农耕家庭不断增加在单位土地面积上的劳动力投入。这种"糊口"状态叠加技术的长期停滞，让"小农经济"模式一直无法转变为一种更为高级的模式，从而呈现出极度"内卷化"。黑格尔曾经对中国封建史有一个相对主观的评价：中国的封建社会只有朝代的轮回，中国封建历史的本质便是没有历史。这就是持续"内卷"所造成的"周而复始、不断轮回"。在我国封建王朝巅峰时期的康乾盛世，粮食产量得到了明显的增加，但是百姓的贫困是触目惊心的——中等农户全年收入不超32两，支出却是35两，等于辛苦一年，负债3两。在漫长的历史中，世界各地基本的生产和生活水平并没有什么大的差异，根据安格斯·麦迪森的估算，直到1500年，世界上最富有的国家的人均GDP，也只是最贫穷国家的3倍左右。

基础设施"顺势而为"

由于人力和畜力的功率有限，农业社会基础设施的特征是"顺势而为"，即最大化利用自然动力，以推动生产。

在农业方面，大规模的灌溉体系凝聚了古人的聪明才智。南方水田多呈梯状，农民们将通了节的竹筒首尾相连，做成引水渠，从更高的地方向下灌溉。农民在地势较为平坦的北方常用翻车，即龙骨车，其利用链轮传动来带动水槽内的刮板反转，从而将低处的水引向高处。另一种筒车发明于隋朝，是通过水流冲击让水轮转动，一般需要安装在有流水的河边，还需要有地槽。由于被引入地槽的急流让水轮不停转动，地槽里的水通过水轮上的木筒或竹筒到达高处，最终流进农田进行灌溉。但受限于水面与农田之间的高度差，运水效率并不高。在一些更具地理优势的地区，古人修建的大型水利设施成为旷世杰作。古代著名的都江堰水利工程充分利用当地西北高、东南低的地理条件，根据江河出山口处特殊的地形、水脉、水势，乘势利导，无坝引水，自流灌溉，使堤防、分水、泄洪、排沙、控流相互依存，共为体系，保证了防洪、灌溉、水运和社会用水综合效益的充分发挥。

在交通方面，水路是运输的主力。水路运输通过河流、湖泊和海洋等水域进行，古代的中国除了黄河、长江这些天然水道，还相继开凿了胥河、邗沟、鸿沟等人工运河[9]，也有水上运输工具，如宋朝的由 200 人踩着踏板来驱动的车船等。陆路运输则依靠人力和马匹拉拽，效率低下且方式极度落后。由夯实的土块和砾石组成的路面虽具有弹性但不耐用，大多硬度较低；随着季节的变化，路面上要么布满了泥泞的车辙，要么尘土飞扬；受雨雪天气影响，设计欠佳的软土或砾石道路无法通行，宽度也十分有限，只能允许驮畜通行。据资料记载，诸葛亮发明的"木牛流马"载重量为"一岁粮"（约 400 斤以上），每日行程为"特行者数十里，群行三十里"。而"千里不运粮"从侧面反映出古代后勤辎重部队的人马运输粮食的效率低下，人力和畜力在千里以上的运输过程中消耗的粮食占整体运输量的 30%~50%。

城市基础设施方面出现了体系化发展的萌芽，主要表现在依托周边环境顺势而建。中国古人在修建长城的过程中，在布局上考虑环境的地形地貌特征，遵循"因地形，用险制塞"，以占据地利、巩固防御为目的，通过修筑墙体等方式串联山崖、峭壁、沟壑、峡谷、河流、森林等自然险阻，形成了人造与天然互相补充的军事设施；为了最大限度地减轻运输的负担，在建筑材料和结构上遵循"就地取材、因材施用"，创造了夯土、块石片石、砖石混合等多种结构，在沙漠中利用了红柳枝条、芦苇与砂粒层层铺筑的结构，等等。而古罗马帝国最著名的供水系统是从亚平宁山脉引来泉水，通过精心设计的渠道和水道，将其供应给公共建筑、浴池和私人住宅，从而改善城市的卫生和居民的生活条件。

由于没有大功率的机械设备，这一时期基础设施的建设耗时极长，需要征用大量的劳动力。秦始皇修建 14 000 多里长城，历时 9 年，征用民夫多达 50 万人；公元前 212 年，秦征集隐官刑徒 70 多万人，分别修建秦始皇陵和阿房宫。古埃及的胡夫金字塔高 146.5 米，塔基每边长约 230 米，用约 230 万块平均每块重 2.5 吨的石材建成；所用石块都经过精工磨平，逐层叠砌，缝隙密合，不施泥灰。根据古希腊著名学者、历史之父希罗多德的记载：国王强迫所有埃及人为他做工，每 10 万人为一大群体，每一个群体都要工作 3 个月；在整个工期中，仅是修筑用于运送石头的道路就花了 10 年，金字塔本身的修筑用了 20 年。这种劳役代价惨痛。正如"孟姜女哭长城"所表达的那样，历史上滥用民力往往是暴力反抗的前奏。

简单商品经济支撑贸易

在农业文明时期，自给性与商品性两类生产与交换模式长期并存、此消彼长，呈现波浪式上升的过程。[10]

唐宋时期为史学家公认的中国经济史重要分水岭，也是商品经济发展的高峰时期。[11] 这一时期的农产品、手工业品繁盛，并且形成了专门分工、集中产区和固定地点交易的特点。例如，安徽祁门盛产茶叶，江浙地区以蚕桑为主要产业……此时，农村已经产生了供交易的墟市，其在形式上也已经超过自给性质的交换，部分商品通过商人运往外地。在宋代，墟市进一步发展为草市、镇市，但商品交换的主要形式还是以农村农业品供应城市为主。[12] 至清代，商品经济进一步发展，专业市镇形成。不出意外，在当时的动力条件下，这些市场总是位于水运发达的河流沿岸地区。例如，江浙的湖州、嘉兴、杭州、苏州形成了蚕桑与丝绸交易的专业市镇 20 多个、棉花棉布交易的专业市镇 50 多个。随着交换范围进一步扩大，各大专业市镇之间的交易增多。例如，东北地区的粮食运销到产布的河北、山东、江苏，广西、湖南的米运销到生产水果、蔗糖的广东。[13] 学者认为，明清时期，我国由传统自然经济社会向近现代商品经济社会过渡。[14]

　　尽管出现了少数以商品交换为主要营生的农户、手工业者乃至商人，但就整个社会层面而言，小农经济下的自给性与商品性交换共存的局面未能改变。[15] 即使是在最为发达的明清时期，江南的典型农商户也处于"数月之织，可供数口之用。其余或换钱易粟，或纳税完官"（清《荒政丛书》）的状态，以纺织品为代表的商品的交换依旧属于"以副养农"的依附性质。[16]

　　随着商品交换的经常化，货币产生了。考古发现，我国早在夏代就开始以天然海贝、骨贝、石贝作为货币。至商代，铜贝、银贝及包金贝等开始出现，我国货币向金属货币过渡。[17] 商业活动的繁荣催生出一系列金融创新。例如，长途贸易催生了唐代的"飞钱"，即异地汇兑出现了。在北宋时期，商贸进一步繁荣，货币需求激增，远距离贸易也需要更加轻便的货币，而各地币制不一产生了诸多不便。在此背景下，四川成都 10 多位富商联合发行了一种信用票据，其用于替代钱币流通，即"交子"，被认为是我国最早的纸币。[18] 到明清时代，钱庄、票号等金融机构出现，银钱兑换和汇兑业务产生。[19]

在西汉时期，人们开始探索对外贸易。在汉武帝的指挥下，沿着张骞开辟的道路，江南丝绸等商品一路向西，经过中东，再到欧洲，从而形成了陆上丝绸之路。而海上丝绸之路是从我国东南沿海出发，经红海，最终抵达地中海沿岸国家。到唐宋时期，前所未有的经济生产率使得当时的中国经济居世界首位，我国的对外贸易量也远超以往任何时候，海上商道成为同外界联系的主要通道。[20] 以丝绸、瓷器为主的商品流通让中国在 16—18 世纪成为世界上最大的资本输入国 [21]。但这些商路韧性不足，受战争、灾害、政策等因素的影响，时有时无。例如，两汉开辟的陆上丝绸之路在两宋时期就中断了。在清初，清政府实施海禁、闭关锁国，对外商路基本中断。

从全球来看，12 世纪以后，欧洲内部的商品交换日益频繁，地方市场逐渐形成，东西方间的国际贸易也开始出现。[22] 直到 15 世纪地理大发现之前，欧洲的商品交换仅达到地球表面总面积的 1/10。15 世纪 80 年代，葡萄牙航海家迪亚士到达非洲南端好望角。15 世纪末，哥伦布横渡大西洋，发现美洲。同一时期，达伽马通过好望角发现印度。16 世纪初，麦哲伦首次完成环球航行，欧洲通往印度和美洲的航路才最终打通，为后来欧洲的掠夺和三角贸易打下了基础。

农产品和手工业品消费

在农业文明时期，为满足基本的饱腹需求，人们的消费主要以粮食等农产品为主，以织布、农具等手工业品消费为辅。《清明上河图》以最直观的方式记录了我国农业历史上繁荣时期的都市消费盛况。它描绘了北宋都城汴京（今河南开封）的商业活动，展现了当时人民的消费篮子，包括蔬菜、水果、肉类、鱼类、面食、茶叶、医药等日常需求品，弓箭、木器、书画、笔墨、酒、旅店、占卜等享受类商品及服务。此外，据记载，来自各地的进口商品，如东南亚的香料、药材、犀角、象牙、珊瑚、珍珠，日本的硫黄、水银、沙金及扇子等工艺品，高丽的人参、绫布、文具等，也在此聚集。可以说，当时的北宋都城是一个消费型城市。[23]

遗憾的是，这种消费状态并非农业社会的常态。受制于有限的生产力水平，人们在多数时候只能看天吃饭。即使在丰年，大多数人的消费也只能满足日常需求，周期性的饥荒贯穿各朝各代。据统计，自西汉至清代，仅有史可查的饥荒灾害就高达4 000多次，2 000多年间达到平均每年两次。在清乾隆时期，英国马戛尔尼使团访华，据其观察和记录，清朝平民的生活十分困苦，残羹剩饭都能引起哄抢，这与"遍地黄金"的憧憬形成鲜明反差，社会的贫困程度让英国使团十分震惊。

饥荒这把达摩克利斯之剑悬在农业社会所有人的头上。人类历史在"人口增长—饥荒、战争和瘟疫导致人口急剧减少—人口再增长"这一过程中不断循环往复。至19世纪末，即使是农业社会高产区的作物产量，如我国沿海地区、欧洲西北部、日本中部，也仅仅触及可用能量和营养利用率的上限。总之，社会财富无法通过生产规模的扩大而增加，统治阶层以节约至上的低消费为主要的倡导方向，用以平衡整个社会的供给和需求，"贵义贱利"、"黜奢崇俭"的观念就是在这种物资极度匮乏的状态下产生的。

经济学家布拉德福德·德朗指出，在工业革命前，世界的人均GDP长期停滞。公元前13000年（新石器时代），世界人均GDP为90国际元。经过10 000多年，到了公元前1000年，世界人均GDP才上涨了67.7%，达到约150国际元。到了1750年，世界人均GDP上升到约180国际元。也就是说，在近3 000年的时间里，世界人均GDP仅增加了20%左右。传统农业虽然历史悠久，复原能力和适应能力强，但也很脆弱，容易受到冲击，无法满足日益增长的需求。

科学研究难以成为独立部门

亚里士多德强调，哲学和科学之源具有非功利性。提供闲暇和自由让希腊成为科学和哲学的发源地。但受限于低效的农业生产，孕育科学的土壤并不肥沃。从人力的使用来看，仅食物生产这一项任务就占社会总劳动的3/4以上。农业收入除了维持最低生活水平的消费外，绝大部分用于非生产性开支，如战争，建造宗教（或其他性质的）纪念碑，维持贵族的奢侈生活；没有足够的支持科学研究的资源，使得科学研究难以成为独立的生产部门。

在古代中国，芸芸众生中仅有的智力还遭遇了历史性、长期性的"大分流"。我国的科举制度源于汉，兴于隋，盛于唐，成于宋[24]，隋唐以来影响中国社会1 300多年。不少学者对科举制度提出批评，认为该制度使得官本位的教育及考试价值观根深蒂固。[25]"学而优则仕"成为万千士子的唯一出路。张衡、沈括等人首先是政府官员，然后才是科学家和工程师。特别是明朝的八股文出现后，严重阻碍了近代科学技术的产生和传播，以致中国开始落后于西方。[26]宋元以后，科举考试内容逐渐单一化，从"四书"（《论语》、《孟子》、《大学》和

《中庸》）的文句中命题，对经文的解释以《四书集注》为准，不许答题者自由发挥。明代进一步规定了行文的格式，即"八股文"，每股（部分）的字数均有限定。考试"不详其述作之意，每至帖试，必取年头月尾，孤经绝句"，加之后来的"文字狱"，可以说，这套制度扼杀了思想和创造力。[27] 在对外科技交往方面，明清时期闭关锁国，不仅限制国人出海，也限制洋人经商，给中国的经济社会发展带来了巨大的阻碍。

此外，由于测量仪器简陋，农业文明的科研活动以记录和描述现象为主，缺乏更深层次的认知。例如，我国早有温度概念，古人以"火候""物候"来观测温度高低。例如，"炉火纯青"最初就是通过炉火颜色来判断炼丹温度。也有文献记载，先秦时已有"冰瓶"，通过"水—冰—水"的形态变化来推测温度。此外，《淮南子·说山》记载了我国最早的湿度计，"悬羽与炭，而知燥湿之气，以小明大"，即利用木炭吸收水分的原理测量空气湿度。再如天文观测，我国早在夏朝就有了专门观测天象的场所，即"清台"。在后来的朝代中，圭表、日晷、浑天仪等天象仪器被发明，用来观测和记录日月星辰的位置，但依靠肉眼的观测能力极其有限。这些测量仪器虽然出现时间早，但并未向精确化发展。直到清朝、明朝，温度计、望远镜才分别由西方传教士传入我国，徐光启上书崇祯帝，建议自制望远镜，后花费20多年才制造成功。[28]

没有精确的科学仪器和精密的科学实验，科学知识就只能停留在经验层面上。如学者所总结的，我国古代的科学集中于唯象研究，即着眼于采集、命名、分类工作，而非观念演绎。在本质上，古代科学就是"博物学"。[29] 以"博物学"视角来看，中国古代科学有天、地、农、医四大体系，它们各自又覆盖极其广阔的科目。

以我国古代天象学为例，吴国盛指出，其本质不是研究行星运行规律，而是天界博物学、星象解码学、政治占星术、日常伦理学等；与天象学一样，地学也并非单纯记录地质现象，而是被人为地赋予祥瑞和灾异的意义；我国古代的农学和医学则以植物志、药物志、技术志等文献，详细记录和表述了历代的相关内容，其中，以《农政全书》《本草纲目》为其巅峰。但以今天的科学分科原则和实证主义科学观来看，古代博物学更接近于编年式的资料收集和整理。总的来看，在农业文明时期，科技发展交替出现上升和停滞，与现代科学传统相去甚远。

"人治"下的传统社会

在农业社会阶段，古代中国是治理上架构最完善、治理水平最高的国家之一。自秦朝起，我国结束了从西周到战国 800 年的诸侯割据，形成了"大一统"的治理体系。其特征是突出皇权下的中央集权。正如《诗经·小雅·北山》云："溥天之下，莫非王土；率土之滨，莫非王臣。"在亲自掌控下，皇帝建立了各种各样的政府机构，实现了地方政府在政治、经济、军事等方面的高度控制，对大大小小的全国事件进行决断。以北宋为例，宋代君主在地方高层政区分别设立转运使司、提点刑狱司、安抚使司、提举常平司等既相互独立又相互牵制并直属于中央的行政机构，分别执掌地方财权、司法权、兵权和民事权。同时，它们又都行使监察府、县官员的权力。即使"天高皇帝远"的边疆，也要依靠"八百里加急"传递紧急信息，以保持中央与边陲地区之间的联系。

然而正如黄仁宇评价的那样，这也是一种政治上极为早熟的治理体系。当时的交通、通信条件，很难支撑这种"中央集权"庞大帝国的有效治理。历史上一些疆域广阔的帝国最终都分崩离析了。一代天骄成吉思汗曾东讨西伐、南征北战，其帝国领土面积为4 500万平方千米，是人类历史上最庞大的帝国，但在其死后，帝国很快崩塌。分久必合、合久必分成为历史的铁律之一。因此，大一统的帝国必须通过某种程度的向下分权来缩小治理的单元，从而在一段时间内维持对社会的管控。在秦汉以前，周朝时期的周王室使用"分封制"把疆域土地划分给诸侯，以加强周天子对地方的统治，受封的诸侯在自己的领地内享有较大的独立性。在秦汉以后，分封制改为正式的郡县制。其中郡是中央政府辖下的地方行政单位，组织机构与中央政府相近，直接受中央政府节制。郡以下设县或道，一般万户以上的县设县令，不满万户的县设县长，对最基层进行管理。此外，政府还调动士绅、宗族等地方精英，形成"皇权不下县"的"士绅支配"的基层社会治理模式，用家族宗法来增强治理的有效性。

国外也大致如此。在亚历山大大帝和罗马帝国时期之后，西方历史上也出现过试图凭借武力统一整个欧洲的政治家，例如中世纪的查理曼、近代的拿破仑等，但其无一例外都走向了失败。公元前8—前6世纪，在地中海希腊半岛独特的地理环境中，希腊在特定的历史条件下出现了约200个奴隶制小国，史称"城邦"或"城市国家"，小国寡民是城邦的突出特征，交通、通信和管理的成本较低反而具有较强的活力。中世纪的意大利城市，包括威尼斯、佛罗伦萨、热那亚、比萨、锡耶纳、卢卡、克雷莫纳等，都已经成为大型贸易都市，孕育了资本主义的萌芽。

农业文明的技术水平低下也导致了国家治理出现技术性困难。黄仁宇反复提及中国古代缺乏"数目字"管理。事实上，当时中外都是如此。现代统计思想在19世纪才开始萌芽，美国以数据推算整个国家的经济情形出现于1832年。在此之前，很多基本的统计数据都具有很大的争议性。比如，在中国历史研究中，人口数量就是一个很有争议的问题，在不同估算中甚至有数量级的差异。中国古代也缺乏对世界信息的了解。在明王朝的历史上，如果张居正了解到当时全球白银的供需行情，那么一定不会做出征收白银的决策。这个错误的政策将明王朝推向了深渊。

在农业文明时期，基于庞大的人口规模，中国成为领先国家。尤其在综合国力鼎盛的汉、唐、宋，具备劳动力优势的中国在世界发展中的潮头地位毋庸置疑。1720—1820年，中国GDP在世界GDP中所占比重的年增长率高于整个欧洲。以"农业四大发明"稻、大豆、茶、养蚕缫丝和"农业四大发明之外"的农具、农书、重农思想、可持续发展理念为代表的交流活动，促进了世界农业文明的专业化和全球化，并通过影响西方产业革命的基础——农业革命，改变了世界进程。

第二章
人造力推动人类进入工业文明

从 18 世纪开始，人类实现了从"盗火"到"造火"的转变。蒸汽机、内燃机和电力技术的相继发明，为生产提供了更加强劲、集中和可靠的动力支持，生产模式也由此从手工工场向机器大生产转变。人造力随后用于驱动火车、轮船、汽车等交通工具，促进了商品交换与国际贸易的发展与繁荣，为资本迅速累积和科学革命奠定了基础，共同催生了伟大的工业革命。自此，人类终于摆脱了"马尔萨斯陷阱"，开启了现代化发展新进程。

人造力代替自然力

蒸汽机释放生产力

蒸汽动力是第一种规模性的人造力，其发明源于产业需求。工业革命前的英国已建立起较为发达的棉纺织业和煤矿开采业。然而，当时纺织业的水力纺纱机的生产效率提升已经遇到瓶颈，生产的选址也受限于环境与天气；人力、畜力也已经不能满足煤矿开采业深井抽水作业的需求。

蒸汽机最早可追溯至 1 世纪，古希腊数学家、工程师希罗发明了其雏形。至工业革命前，许多工程师、发明家，例如帕潘（1679）、塞维利（1698）、纽科门（1705）等，都曾对蒸汽机进行了各种形式的优化与改造。在前人的基础之上，瓦特在 1765 年发明了分离式冷凝器，成功对蒸汽机进行了改良，这标志着工业革命的开始。随后的 20 年间，他持续钻研，最终成功制造出联动式蒸汽机，该机器可让其他机械装置工作，适用于各种工厂的生产，因此被称为"万能蒸汽机"。"万能蒸汽机"的平均功率达到 20 千瓦[1]，直接突破了当时工业生产的动力瓶颈，并且只要有煤炭供给，蒸汽动力就可以在任何地方驱动各类机械，进而打破了自然力给生产带来的各种地理、天气限制。

内燃机带动汽车、石油等产业发展

在蒸汽机中，化石能源需要通过水蒸气转化成机械能，这导致热能转化效率极低[①]。蒸汽机还有体积重量大、响应速度慢、操作维护复杂等劣势。为此，工程师尝试将锅炉与气缸合并，使燃气燃烧直接推动活塞做功，内燃机应运而生。

内燃机的原型设计在 1862 年由法国工程师德罗夏完成，其设计的四冲程循环（进气—压缩—燃烧做功—排气）成为大多数现代内燃机的模板。10 多年后，德国工程师奥托制造出首台由煤气驱动的四冲程内燃机。然而，煤气密度低、体积大、不易储存。后来，德国工

---

① 瓦特的早期蒸汽机的能源转换效率不到 5%。

程师戴姆勒在 1883 年制造出由汽油驱动的内燃机。内燃机的优势在于有着高热转化与低重量，一台铝制四缸内燃机的重量功率比（功率载荷）约是瓦特蒸汽机的 1/77 [2]，因此内燃机特别适用于可移动场景。随着内燃机技术的不断进步，多缸制、不同排列的内燃机系统出现，在内燃机功率水平进一步提高的同时，重量功率比下降。内燃机逐渐取代蒸汽机，成为大多数移动式机械的动力系统，也为后续汽车、飞机等交通工具提供了强劲动力。[3]

电力技术使远距离传输能量成为可能

电力技术与内燃机同时代快速发展，电力使得人类首次实现远距离传输和分配能量。

虽然闪电等自然现象一直存在，但电的本质并不为我们的祖先所理解。关于电的研究记录最早可追溯到公元前 6 世纪的希腊，哲学家泰勒斯发现摩擦过后的琥珀能够吸引轻小物体。[4] 直到 18 世纪，荷兰物理学教授穆申布鲁克才发明出能够保存静电的装置——"莱顿瓶"。同时期，意大利物理学家伏打发明出能产生连续电流的电堆，为人类研究电能提供了基础。1752 年，富兰克林借助莱顿瓶在美国费城开展了著名的"风筝实验"，成功证明自然界的闪电与"摩擦起电"具有相同的性质。[5] 1831 年，法拉第用各种导线、各种运动进行实验，最终得出"磁生电"的结论，揭示出电磁感应规律。麦克斯韦在此基础上，以数学方程全面统一了电荷、电流、磁场、电场的变化，完整的电磁学体系得以建立，为后续各类电力技术、通信技术的产生奠定了基础。

利用电磁学知识，1866 年德国科学家西门子发明首台自激式发电机，1870 年格拉姆制成的环状电枢自激式发电机成为现代电机的雏形，电力自此能够被人类生产。不久后，爱迪生改进了白炽灯，使得电力成为一种可以稳定照亮人们生活的能源形式。很快，变压技术、远距离输电技术等取得突破，在工业化国家传播开来。至 19 世纪 80 年代，英美等国已出现第一批商业性发电站。通过电厂和电网，能源的使用端与生产端得以分离，人类首次实现了能量的远距离传输和分配。恩格斯指出，电的利用是"一次巨大的革命"，认为电力不仅极大地增强了生产力，还成为消除城乡对立的有力杠杆。

人造力推动人类进入工业文明

蒸汽机、内燃机和电力的发明与发展开启了人类历史上两次波澜壮阔的工业革命。工业革命的本质就是动力革命。第一次工业革命主要发生在英国，始于 18 世纪后期，在 19 世纪中叶达到顶峰，并逐步传播至整个西欧。第二次工业革命发生在 19 世纪 70 年代至 20 世纪初，其中心转移至美国。这两次工业革命让电力、石油、钢铁、化工等重工业逐渐成为主导产业，现代产业体系形成，其对人类社会的方方面面产生了深远影响。

制造体系大变革

人造力替代自然力成为主导生产力，带来了生产效率的极大提升与生产体系的巨大变革。

"万能蒸汽机"发明后，纺织业最早将蒸汽动力引入生产，学者认为，"棉纺织业是英国工业革命的领头羊，工业革命的过程就是棉纺织业发展的过程"。[6] 早期的万能蒸汽机的功率是水车的 5 倍，蒸汽动力一经引入，便打破了水力纺纱机的生产力瓶颈，纺纱生产不再受制于水力大小，纺纱机能够持续、可靠地运转。工厂更多地靠近人口密集处，以靠近劳动力和市场。企业家引进蒸汽机后，白天用它为棉纺织厂提供动力，晚上则用它为谷物加工提供动力[7]，以创造更多的收入，使全天候生产成为现实。分散性的家庭工场、手工工场已无法承载大量的机器、能源、人力的需求，工厂制第一次实现了对生产要素的集中管理，规模经济克服了分散生产的成本劣势；雇佣关系取代学徒关系，工厂开始出现分工作业。越来越多的"阿克赖特式工厂"在兰开夏、德比、曼彻斯特等地建立，推动了棉纺织业集中化和巨型化的趋势。[8]

集中生产的工厂制还催生出更多的技术变革。芒图指出，一旦生产集中，任何一道工序的创新就都会给其他工序造成压力，从而激励技术的进一步创新。[9]1825 年，罗伯特发明自动纺织机，以蒸汽动力带动滑轮，再带动传动带，进而带动纺织工具。仅 20 年后，英国的自动织布机数量就已达 25 万台。[10]蒸汽动力、工厂制使得纺织业产生规模经济，纺织业成为近代"第一个向资本主义生产方式转变的大工业"。[11]

新生产力搭配上新的生产组织形式，提高了各行各业的效率和产量。在纺织业，英国的原棉消耗量由 1800 年的 5 200 万磅①增加到 1850 年的 5.9 亿磅[12]；在煤矿业，19 世纪初英国实现约 1 500 万吨的年产煤量，是整个欧洲大陆的 5 倍以上；在冶金业，19 世纪中叶英国铁产量达每年 200 万吨，超过世界其他地区的总和。[13]在产业结构

---

① 1 磅 ≈0.454 千克。——编者注

上，农业人口大幅减少，二、三产业成为新增长点。19世纪初，英国从事农业、工商业、其他职业人口的比重分别为35%、45%、20%。至19世纪70年代，三大产业人口比重分别为14%、55%、31%。[14]

新的生产力、生产组织形式还刺激了新产业的出现。德国工程师本茨所发明的内燃机三轮汽车在1886年获得专利，成为公认的世界上第一辆汽车[15]，标志着汽车产业的开启。从本茨所处的时代到20世纪30年代，被称为"汽车发明家的时代"，主要工业国相继建立起自己的汽车产业。[16]内燃机的广泛使用带动了对液体燃料的需求，大大促进了石化工业等重工业的发展，加速了现代工业体系的形成。

世界市场形成

生产效率的增长以及人造力驱动的交通工具共同促进市场交换体系产生变革：不仅商品交易的范围、效率得到扩大和提高，随着资本交易的繁荣，现代资本市场也日渐成熟。

正如前文所述，在农业文明时期，货物的运输主要通过马匹和人力带动车、船的方式实现，无论是在速度、距离还是持续性方面均受到了很大的限制，并且人们需要携带很重的粮食以维持能量摄入，极不经济。蒸汽动力、内燃动力先后用于驱动交通工具，大大拓展了运输半径、提高了运输效率。在铁路运输方面，1830年，斯蒂芬森将蒸汽机引入铁路机车，他所制造的"火箭号"蒸汽机车速度达到14英里①/小时，后来铁路运输时速提高至20~30英里，是马车的3倍，同等距离所需时间仅为之前的1/3，带来了"时间与空间的湮灭"。[17]

---

① 1英里≈1.61千米。——编者注

在航运方面，蒸汽船、运河体系连通了英国的主要工业城市，单位运输成本下降至驮运的 1/9。由于运输成本大大减少，煤炭的售价降低了一半。[18] 在远洋航运中，蒸汽船取代帆船，实现"逆风行驶"，载重更大、速度更快。"大西方号"于 1838 年首航，将帆船跨大西洋航行所需时间缩短了一半：前往纽约仅需 15 天。[19] 1843 年启航的"大不列颠号"则是第一艘使用螺旋桨推进器的大型蒸汽船，吨位达到 3 000 吨级，动力达到 1 000 马力。[20]

陆路运输、内河航运、近海航运、远洋航运，形成了环环相扣的稠密的全球交通网，"世界越来越小，贸易越做越多"。[21] 1854—1856 年，英国出口贸易中的工业制造品占比达 85%，进口中的原材料占 60%、食品占比为 30%，其贸易伙伴从欧洲国家扩展至美洲国家及其殖民地，世界市场终于形成。

随着机器化大生产规模扩大以及贸易日渐繁荣，投融资需求推动资本市场繁荣发展，资本成为进入交易的新商品。在早期的纺织厂中，住房、厂房等只占工厂投资的 1/8，但棉纺织机器变得复杂而昂贵，特别是蒸汽机的引入，大大增加了所需投资的规模，工商业的主要融资来源由个人借贷转向银行。[22] 至 19 世纪 40 年代，英国股份制银行数量已超百家，为现代银行业的发展指明了方向。[23] 此外，股份公司、股票交易与专业投行也逐渐兴起。从 18 世纪下半叶开始，股份公司由纺织业逐渐扩散至其他行业，成为制造业企业普遍的组织形式，促进了资本交易市场的发展。[24] 19 世纪初，伦敦证券交易所获得官方认可，理查森-奥弗伦、罗斯柴尔德等专业投行机构逐步出现，英国现代金融体系基本建立。[25] 同样的趋势也在大西洋彼岸出现。1811 年，纽约证券交易所正式建立。通过证券发行，美国资本市场为运河、铁路、工业的建设输送了大量投资，铁路证券成为初期最主要的交易品种。通过资本市场的并购交易，一批具有规模效应的工业托拉斯形成，如通用电气、杜邦、美孚石油，并很快发展成为世界级企业。

消费革命兴起

工业生产带来的大量、多种类、便宜的工业品使消费端受益，伴随着各阶层收入的提高，消费革命兴起。[26]英国成为第一个真正迈入近代消费社会的国家。[27]

强劲的工业生产结束了商品匮乏的局面。在最先大规模应用蒸汽动力的纺织业，产品产量大幅增长、生产成本大幅下降。伴随着纺织、材料、染色等方面的一系列技术进步，服饰质地得到改善，色彩、造型等变得丰富。进入18世纪，历史上只有贵族才有资格和能力消费的高级面料和款式很快被大众化、市场化。服饰消费已经从功能性需求转变为展示需求，劳动阶层已经开始购买一些"奢侈的时尚服饰"，以满足节日或特殊场合的穿着需要。[28]能源以及冶金技术的进步使得金属制品被大规模、低成本制造，伯明翰、谢菲尔德等金属制品中心兴起。伯明翰以五金制品闻名，谢菲尔德以刀叉等厨具、餐具闻名，其成为"英国制造"的代表。[29]英国生产的各式各样的日用金属产品不仅在国内市场受到欢迎，还随着往来的商船销往其他欧洲国家及美洲各国。据统计，19世纪中叶（1846—1867年）工人家庭的人均消费增长了42%。[30]英国人的蔬菜、肉类消费大大增加，人均肉类消费从1863年的52磅，翻番至1884年的108磅。[31]当时的英国工人日常可消费牛奶、黄油、肉类等食物，也能偶尔消费蔗糖和茶叶。[32]同时，由企业主、商人、专业人士、政府公务员等构成的中产阶级崛起。

[33] 在新兴中产阶级中，奢侈消费盛行，香料、咖啡、茶叶、瓷器等进口产品最受欢迎。

进入 20 世纪，电灯、电话等家用电器、汽车等新动力消费品逐渐走入平常家庭，成为人们日常生活中不可或缺的一部分。[34]福特在 1903 年创立福特汽车公司，通过流水线生产，成功让当时 2 500 美元的汽车价格下降到 950 美元，至 1926 年进一步下降到 290 美元；截至停产，福特 T 型车共销售 1 500 万辆，实现汽车消费的大众化。[35]

现代化基础设施相继建成

如马克思所总结的，过去 100 年"所创造的物质财富超过了以往一切时代的总和"，工业革命带来的经济剩余的增加、财富的积累为基础设施改善提供了资金支持。

得益于工业大生产，各类生产资料、产品和信息的跨城乃至跨国的传输需求高涨，英国等工业国家迎来了三轮基础设施的建设、升级大潮。[36]首先是 18 世纪上半叶，大量煤炭及其他产品的运输驱动了公路、运河系统的改造。到 1750 年，英国收费公路总里程已达到 3 300 英里，覆盖伦敦、利物浦、曼彻斯特、伯明翰等几个大都会区的公路网形成。在水运系统方面，英国开展了大规模运河航道改造，通航里程在 1750 年达到 1 600 英里，运河体系已覆盖内陆地区。进入 19 世纪初，铁路建造热潮来临。铺轨材料从木头过渡为铸铁、锻铁，预示着交通体系的根本性变革。[37]1825 年，斯蒂芬森设计制造的蒸汽机车在新铁轨上试车成功，标志着"火车时代"的到来，随即开启了约半个世纪的英国铁路大建设。1870 年，英国已建成的铁路里程数达到 15 500 英里，实现了铁路网的全国性覆盖。（部分年份的英国铁路营运里程见表 2-1。）当时，铁路资本存量已超过 2.3 亿英镑，远超公路和运河。[38] 在海运方面，新的蒸汽船航速、吨位大幅提高 [39]，与之配套的港口得到建设和升级，如伦敦、利物浦、布里斯托尔、赫尔等大型港口。19 世纪初，近半的国际贸易通过利物浦港进行，利物浦港成为这一时期对英国国库贡献最多的组织；伦敦港则集中了各类的海事服务机构，如劳埃德船级社，伦敦逐步发展成为世界海事和金融中心。[40] 20 世纪初，莱特兄弟制造的飞机试飞成功。在第一次世界大战结束后，首条国际民航航线开通，空前加强了世界各地的联系。[41]

表 2-1　英国铁路营运里程

年份	营运里程（英里）	年份	营运里程（英里）
1843	1 952	1847	3 945
1844	2 148	1848	5 127
1845	2 441	1849	6 031
1846	3 036	1850	6 625

资料来源：钱乘旦. 英国通史：第五卷 [M]. 南京：江苏人民出版社，2016

在城市内部，随着工程机械的进步与城市化进程的加速，现代基础设施体系逐步形成。格拉斯哥、曼彻斯特、伯明翰等工业城市迅速发展壮大，至 19 世纪中叶，英国 5 000 人以上的城镇由 106 个增加到 265 个。[42] 城市化推动了城市交通基础设施的建造。1863 年，伦敦建成了世界首条地铁——大都会铁路。19 世纪末，第一批有轨电车、第一批燃油公交车先后投入使用，极大地方便了城市生活。城市化还推动了传统设施的升级，特别是经过 19 世纪 30 年代的霍乱暴发、19 世纪 50 年代的"伦敦大恶臭"事件后，城市排水、堤坝、隧道、自来水供水等基础设施系统得到改善。[43]

除了客货运，信息的快速传递也极为重要，通信基础设施得以快速、大规模建设。其中，电报系统最为典型，其需求来自蓬勃发展的铁路运输业。传统上，列车运行信息通过车载信号旗、信号球的方式进行传输，但其受距离、天气的影响很大，人们迫切需要更加高速、可靠的传输方式。1837 年，英国人惠斯通和库克发明的磁针式电报机在伦敦火车站首次试验成功，然而，其系统无法进行长距离传输，因此未获大规模应用。[44] 在同一时间的大洋彼岸，莫尔斯设计出一套用点、划和空白的组合来表示字母、数字和符号的编码系统，即"莫尔斯电码"，它成为电信史上最早的编码。此编码方式只需要传输两种电信号，因此大大简化了其电报系统。他还发明了中继器，以解决长距离下信号衰减的问题。1844 年，他从华盛顿向巴尔的摩成功发送了首封莫尔斯码电报[45]，随后，该系统得到快速应用。1866 年，主营电报的西联公司成立，至 1900 年该公司已拥有 20 000 多个电报局，电报线总长逾 93 万英里，累计传输电报 6 300 万条。[46]

越洋电报电缆在 1857 年由英国大西洋电报公司开始铺设，19 世纪末，英、法、德、美已通过电缆相联，世界因此变"小"了。[47] 电话的发明则以贝尔 1876 年申请专利为标志，至 20 世纪的头 10 年，覆盖全美的电话网建设达到高峰。1896 年，意大利工程师马可尼取得了无线电报系统世界上第一个专利，在 1901 年实现首次横跨大西洋无线通信。很快，越来越多的天线塔在各国树立起来，广泛运用于航海通信和广播传送。[48]

科学成为独立生产要素

工匠的技术积累让瓦特蒸汽机出现，催生了第一次工业革命，法拉第的电磁理论直接为第二次工业革命奠定了理论基础。工业革命与科学革命相互促进，这个时期所取得的科学进步远超之前若干世纪的总和。[49]

历史学家认为，科学革命是经济发展的必然结果。[50]强劲动力让机械高速运转，财富得到快速积累，从而为这个时代的工程师、科学家提供了有力支持。首先，工业革命带来的财富积累推动了英国工程、科学教育的进步。19世纪上半叶掀起了一波办学热潮，特别是各类机械学校和工学院。[51]伦敦国王学院、欧文学院等学院就是在这个时期创办的。这些新建的学院将实用科学放在首位，极大地推动了科学技术的发展和传播。其次，各类科学团体、文化团体兴起，为科学研究提供了支持，例如皇家艺术协会、新月协会、曼彻斯特文学与哲学协会等。据统计，1780—1850年英国的各种科学团体由10多个增至139个。[52]在当时的英国皇家学会，贵族会员占比常年保持在10%左右，为学会提供了资金支持和社会声望。[53]

无独有偶，这一时期的一些知名科学家、发明家均出自富裕家庭，例如19世纪自然科学三大发现的提出者：细胞学说的魏尔肖、能量守恒与转化定律的焦耳以及自然选择学说的达尔文。其中，焦耳出自经商家庭[54]，其父母为其聘请的家庭教师是近代原子论的提出者道尔顿，可见其家庭条件的优越。大学毕业后，焦耳着手建造试验设备，经过35年、400多次实验，他用数据证实了热和功的相当性，能量守恒与转化定律得到证实。[55]无线电通信技术的发明者马可尼，同样出自成功的经商家庭，从小就在自家庄园中开展各类实验，后又辗转英国、美国、加拿大等多国进行研究、实验，并最终将其发明商业化。

在这一时期，科学方法亦产生质变，人类知识的发展经过神学阶段和形而上学阶段后，终于来到科学阶段。[56]一方面，动力进步让新的、更加精密的科学仪器、实验设备出现。19 世纪下半叶，电动机技术日趋成熟，电动机开始被安装在机床内部，用于驱动磨床、滚齿机、金属切削机等各类机床。其配合材料学的进步，大幅提高了生产效率和加工精度。[57] 同时，测量技术也大大提高。19 世纪中期，美国人布朗发明游标卡尺和千分尺，将测量精度提升至 0.025 毫米，至 20 世纪 30 年代，精密量具已能达到 0.001 毫米的水平。[58]

另一方面，在设备进步的同时，科学思想也进步了。穆勒在 19 世纪发展了培根的归纳法，提出了探究因果关系的"穆勒五法"，其在科学假说的构建与确证中起着重要的作用。[59] 牛顿和莱布尼茨带领人类进入数学推导的世界。[60] 他们分别从不同角度发明微积分，其应用不仅体现在最微小的原子尺度上，也体现在最宏大的宇宙尺度上。[61]

在此背景下，18 世纪、19 世纪突破性的科研成果在各个学科中涌现。在化学领域，元素概念、元素周期律被提出，放射性元素被发现，有机化学开始发展。在物理学领域，迈尔、亥姆霍兹、焦耳各自独立发现了能量守恒与转化定律，麦克斯韦提出电磁场理论。在生物学领域，达尔文在 1859 年出版《物种起源》、1871 年发表《人类的起源》，奠定了进化论的基础；巴斯德、李斯特等人在微生物学、消毒技术等领域取得的进步，为近代外科奠定了基础。科学技术真正成为新生产要素。

现代资本主义国家形成

在两次工业革命时期，生产、生活、经贸等方面翻天覆地的变化，塑造了全新的治理体系，现代意义上的资本主义国家体系形成。

从国内来看，谁掌握先进的动力，谁就掌握政治话语权。新兴资产阶级取代地主阶层，成为国家的主导。他们要求废除大量封建法条，强化产权保护。英国在 18 世纪末至 19 世纪初出台财产法案、圈地法案、法定机构法案等系列法案，分别界定了个人与家庭产权、个人土地产权与公共物品权的范围；在 1852 年修订 17 世纪的《垄断法》为《专利法》，大多数工业化国家也于 19 世纪颁布了类似法律，专利权从君主授予变为可通过申请获得的、受法律保护的独占性无形财产权。[62] 资产阶级主张经济自由和国际贸易。自由贸易的最大阻碍之一《谷物法》在 1846 年寿终正寝。随后，英国废除《航海条例》，大部分商品的关税取消，英国成为第一个自由贸易大国，标志着经济自由主义在英国的确立。[63] 资产阶级进一步谋求政治权利 [64]，通过推动议会改革、放宽选举资格，增加新兴工业城市席位，推动议会活动公开化、透明化；选举权的进一步放宽，加速了传统土地贵族的相对没落。[65]

此外，资产阶级与无产阶级的矛盾日益尖锐。随着资本主义生产方式的确立，生产的社会化与生产资料私人占有制之间的矛盾扩大化 [66]，工人运动兴起并突破了区域、行业局限，全国性的工人运动组织的斗争出现。英国当局出台《济贫法》，保障了组建工会的自由，促进了财富再分配。随后出台的《矿井法》《工厂法》《十小时工作法》《公共卫生法》等进一步改善了工人的劳动条件。[67] 进入 19 世纪 40 年代，工人运动已传播至多个欧洲国家，其组织性、政治性更强，运动浪潮一直持续到 20 世纪初。各国劳工在劳工立法和社会变革方面取得长足进步，以无产阶级政党为代表的现代大众型政党形成，传统资产阶级政党也开始向现代大众型政党转化。[68]

从国际上看，动力的进步大大扩展了国家的治理疆界。城邦国家消失，西方资本主义国家的殖民活动向全球扩张。在工业革命前，欧洲国家的殖民活动主要集中在南、北美洲。在工业革命后，以英国为首的资本主义国家凭借其贸易、军事优势，打开了亚非国家的大门。从18世纪中期起，英国政府先后将印度、锡兰、新西兰纳为殖民地。在19世纪的最后30年间，英国的殖民地增加了425万平方英里[①]，殖民人口增加了6 600万，宏伟的"日不落帝国"形成。至1914年，欧洲列强直接控制的区域达到地球面积的85%[69]，大大超出了农业文明时期的国家边疆范畴。

工业革命也深刻改变了世界版图。随着两次工业革命在西方国家接力传播，美、英、德、法等国的国力在18世纪、19世纪出现了巨大的飞跃，快速成为世界强国。西欧制造业在全球所占份额从18世纪的12%上升到20世纪初的28%。在第二次工业革命中飞速崛起的美国，其制造业全球占比在18世纪不到1%，至20世纪中叶时，已达47%。[70]正当西方国家工业革命如火如荼展开之时，在世界另一边的清王朝对种种翻天覆地的变化反应迟钝。工业革命开始后，中国GDP在世界GDP中的比重出现断崖式下降，至新中国成立前仅占5.2%。[71]面对西方国家的殖民侵略，一些有识之士开始将西方科技引进国内。我国第一台蒸汽机直到1862年才由徐寿、华蘅芳在安庆内军械所制造成功。这种迟滞的动力转换既是近代中国衰落的写照，也是衰落的一个重要根源。

---

① 1平方英里≈2.59平方千米。——编者注

第三章
算力推动人类进入信息文明

计算机的发明是人类进入信息文明的标志。围绕计算的能力提升和应用，计算机辅助活动渗透到生产、消费、治理和科技创新等各个环节中，催生新业态、新模式，大幅提升人流、物流、资金流流动效率，推动人类进入信息文明的新时代。

大规模算力登上历史舞台

算力，顾名思义就是计算的能力。随着生产、交易规模的扩大，人类对计算能力的要求日渐提升。从历史上看，人类的计算能力经过了 3 个发展阶段。

手动式计算是算力工具的起源

手动计算时期最为原始、漫长，从人类历史初期一直到 17 世纪。人类直到需要面对"部落有多少居民""采集了多少果实"等数量统计问题时，才有了计算的概念，最简单的手指计数开启了人类文明。手指计数简单，但计算能力和范围有限，不能保存结果。春秋时期，人们发明了算筹，通过摆放长度、粗细不同的小棍子来表示数字和保存结果（见图 3-1）。史上第一本记述算筹的专著是 1 500 年前的《孙子算经》，"运筹帷幄"这一词语就与算筹计算有关。但是算筹仍无法应对复杂运算，三国时期魏国人管辂的《管氏地理指蒙》一书甚至以筹喻乱。在元代以后，算盘取代了算筹，轻便灵活，而且能够通过口诀算法解决更大规模的加减乘除问题，被钱学森评价为"对世界的贡献远大于四大发明"[1]。西方历史上也有广泛使用的手动计算工具，例如，纳皮尔计算尺、对数尺等。纳皮尔计算尺能够将复杂乘除运算转换为加减运算，极大地减轻了当时科学界的计算量。从手指到计算工具的使用，生动地展现了人类文明演进的剖面，但这一时期仍可谓之"原始"，计算结果的获取最终仍要依靠人类动手、动脑，工具的自动计算能力为零。

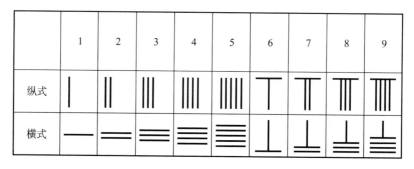

图 3-1　用算筹表示数字 1~9（"布棍"模式）

机械式算力提升了计算的执行效率

随着基础科学的进步和资本主义的扩张，手动计算再也无法应对计算量激增、精度要求提高等问题。在大工业时代，机械工具逐步渗透到生产生活的各个环节中，解决了人力不能触及的诸多劳动难题，更高效率的机械计算登上历史舞台。在机械算力探索阶段，人类从不同维度完成了人脑思维向机械算力的简单转化。17世纪40年代，法国数学家、哲学家布莱兹·帕斯卡发明了能做6位数加减法的帕斯卡加法器，奠定了现代计算工具的理论基础。通过在一个条形盒子上安装齿轮，在齿轮边缘刻上0~9的数字，再使用一根拨针在齿轮上拨出相应的数字，帕斯卡实现了机械装置对人脑思维的模拟。帕斯卡加法器的出现将人类从庞大、烦琐的计算中初步解放。随后，莱布尼茨在此基础上进行优化，发明了历史上第一个可以进行四则运算的机械式计算器——莱布尼茨乘法器，并提出了二进制运算法则，从而奠定了现代计算机的理论基础。19世纪初，英国数学家查尔斯·巴贝奇发明了差分机，其在英国工业革命中完成了诸多复杂计算，间接让航海、天文等多个科学领域取得突破性进展。

电子计算标志着现代算力的产生

电子计算机的演进历史代表了算力的变迁，其硬件更迭总体经历了5个阶段，即电子管计算机—晶体管计算机—集成电路计算机—大规模和超大规模集成电路计算机—智能计算机，每次元器件的进化都带来了算力水平的显著提升。

第一阶段为电子管计算机。1945年，冯·诺依曼定义了现代计算机制造和程序设计的核心思想——二进制运算和存储程序工作方式，从此算力进入大规模、高性能的时代。世界上第一台电子计算机埃尼阿克在1946年诞生于美国，主要用于满足军事和科学计算需求。

埃尼阿克体积巨大、能耗惊人，占地170平方米，重达30吨，每小时耗电量约为140千瓦，每次开机都会让费城西区的整体电路黯然失色。尽管能耗高、可靠性差，但埃尼阿克的计算速度是机械式计算机的1 000倍，是手工计算的20万倍，极大地提升了计算效率，并揭开了计算机时代的大幕。1953年，在经历了一段时期的探索和改良后，美国IBM（国际商业机器公司）701计算机发布，成为第一批批量制造的大型计算机，为电子计算机迎来商业化契机。

第二阶段为晶体管计算机。20世纪50年代，晶体管作为体积、重量、速度、价格和耗电等方面性能均优于电子管的重要部件，成功应用于计算机，从而极大地提升了计算性能，推动计算机的应用范围进一步拓展至更多政府部门、大学和一些商业领域。同时，与计算机配套的操作系统和更高级的编程语言也应运而生，新的软件产业和程序员、分析员等新职业出现。在这一时期，作为商业应用代表的日本电气公司制造的NEAC 2203的运算速度提升至每秒运行加法几万次至几十万次。

第三阶段为集成电路计算机。集成电路的出现让计算机更快、更稳定、更轻便。1964年，美国IBM研制成功了第一个采用集成电路的通用电子计算机System/360，其兼顾科学计算和日常事务处理功能，是集成电路应用于民用计算机的成功范例。1965年，英特尔创始人之一戈登·摩尔提出了著名的"摩尔定律"，认为在价格不变的条件下，集成电路上可容纳的晶体管数目每隔18个月便会翻番，性能也将翻番。随后，集成电路计算机的产品线迅速扩张，用户涵盖范围广，从中小企业到大型企业机构，产品涉及高、中、低端不同性能的计算机，其平均运算速度可达到每秒几十万次至几百万次。

第四阶段为大规模和超大规模集成电路计算机。在 20 世纪 70 年代后，芯片制造工艺显著提升，大规模和超大规模集成电路成为计算机的主要电子器件，可以在硬币大小的芯片上容纳几十万到几百万个元件。在这一阶段，计算机发展呈现两大趋势。一是以微处理器为核心的微型计算机，其在真正意义上让算力进入千行百业、千家万户。1971 年，英特尔公司研制出以 4004 芯片为主体的 MCS-4，它是第一台 4 位微型计算机。第二代微型机的代表性产品有英特尔公司的 Intel 8085、摩托罗拉公司的 M6800、Zilog 公司的 Z80 等。此后，微处理器每 5~8 年更替一次，直至 1993 年，英特尔公司推出了 Pentium 的微处理器，实现了 64 位的内部数据通道。二是运算速度超过每秒亿次的超级计算机，以 1976 年美国克雷公司生产的 Cray-1 为代表，其运算速度为每秒 2.5 亿次。从 Cray-1 诞生到 20 世纪 80 年代，Cray 系列超级计算机一直盘踞全球计算机处理速度之首。

第五阶段为智能计算机。这一时期的计算机将信息采集、存储、处理及通信同人工智能结合在一起，具有形式化推理、联想、学习和解释的能力，能够帮助人们进行判断、决策以及开拓未知领域，人机之间可以直接通过自然语言（例如声音、文字）或图形图像交换信息。20 世纪 80 年代末至 90 年代初，在日本第五代计算机项目的带动下，全球掀起一阵"智能计算机热"。当时的热点是面向智能语言和知识处理的计算机，研究重点是并行逻辑推理。[2] 21 世纪以来，深度神经网络的成功和大数据的兴起，使得超级计算和计算智能出现历史性的会合。未来第五代计算机的发展路径，必将与人工智能、知识工程和专家系统等研究紧密相连，并为其发展提供新基础。

计算机辅助让经济社会实现新飞跃

现代算力的发展开启了信息文明新时代。农业文明和工业文明是通过机械延伸人的肢体劳动边界；而信息文明是对人脑力的延伸，通过突破脑力计算边界，让人类的生产、生活出现更多可能。[3]

信息技术产业突飞猛进

算力提升了人们分析数据、创造知识的能力。数据和信息价值凸显，并开始作为独立的生产要素进入生产。人类进入信息化生产时代。这一时期生产体系的最大变化是，以半导体产业和软件产业为代表的信息技术产业崛起。

20世纪60年代，仙童公司开发了世界上第一款商用集成电路，成为美国半导体业界的"黄埔军校"。20世纪70年代，不只新加坡、日本等亚洲国家，连像苏联这样的竞争对手都在复制美国的芯片和芯片制造工具。[4]1982年，日本超越美国，占领了过半的全球市场份额。之后韩国、中国台湾半导体产业先后崛起。1976年，全球半导体数据市场销售金额仅为29亿美元左右。[5]美国半导体行业协会（SIA）数据显示，1986年这一金额增至263亿美元，2022年已超过5 740亿美元[6]，1976—2022年增长了近200倍，年均复合增速约为12.2%，远高于全球GDP同时期约3.1%的年均增速水平（见图3-2）。

计算机需要软件驱动。从机器语言和汇编语言开始，人们不断发布更加友好的编程语言。这让计算机变得更强大，推动了软件产业的发展。20世纪60年代末，"软件工程"概念诞生。从20世纪70年代开始，以SAP为代表的大型商用软件供应商不断涌现。发展至今，软件在工业生产中的应用更加广泛，既有 ERP、CRM、SCM 等提高企业管理水平的软件，也有 CAD、CAE、PLM 等提高制造过程的管控水平、改善生产设备利用率的研发设计软件，还有生产控制类软件如 MES、APS 等。2020 年，全球软件市场规模约为 1.35 万亿美元，其中工业软件市场规模达到 4 358 亿美元，占比约为 30%。

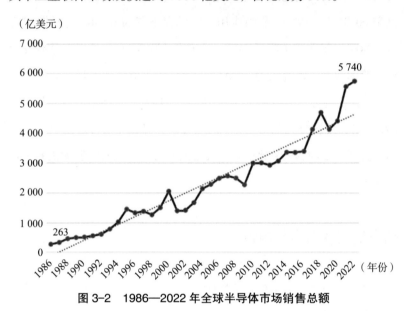

（亿美元）

图 3-2　1986—2022 年全球半导体市场销售总额

资料来源：根据美国半导体行业协会（Semiconductor Industry Association，SIA）公开的世界半导体交易数据（World Semiconductor Trade Statistics，WSTS）官网的数据自制，https://www.wsts.org/67/Historical-Billings-Report

　　值得一提的是，硬件和软件衍生出了相互加强的过程。按照安迪-比尔定律，处理器等硬件性能的提升有利于软件的优化和升级，反过来软件性能的改善也将促进硬件的发展。从 20 世纪 80 年代末起，"Wintel 联盟"长期主导全球 PC（个人电脑）市场，形成双寡头垄断格局，占有超过 90% 的市场份额。2010 年，全球 PC 销售量约有 3.75 亿台，其中大部分 PC 都采用了英特尔的 x86 处理器，而微软的 Windows 是主流的操作系统。[7]

计算机软硬件在生产体系中的应用，为传统产业生产效率的提升起到了"不可阻挡"的作用。以库存管理为例，在计算机发明之前，库存管理全部依赖人工，即通过手工记账完成。20 世纪 50 年代，航空发动机制造商率先尝试用计算机来进行一部分库存管理。20 世纪 60 年代，ERP 大范围应用，使库存下降 30%~50%，延期交货减少 80%，制造成本降低 12%，员工人数减少 10%。[8] 以产品研发为例，美国波音、洛克希德、NASA（美国国家航空航天局）等航天巨头研发出工业软件来代替人工制图，代表性软件包括洛克希德公司的 CADAM、波音公司的 CV 等。时至今日，NASA 联合通用电气、普惠等公司研发的 NPSS 软件，一天之内就可以完成航空发动机的一轮方案设计。

信息消费成为全新内容

计算机对消费领域的最大影响就是使信息消费成为消费的全新内容。电子计算机沿着小型化、移动化和智能化的方向，实现了计算能力的普惠。

最初的大型计算机造价高昂、不易携带，而小型电脑的操作方式简陋，存储依靠打孔纸带，个人购买者以研究人员和电脑发烧友为主。随着计算机软硬件不断完善，计算机逐步进入寻常百姓家。1974 年，《计算机解放》（*Computer Lib*）宣称："现在已经到了大众都能了解而且必须了解计算机的时候了。"1975 年，美国 MITS 公司发布"牛郎星8800"（Altair 8800），宣告 PC 时代到来。1981 年，第一台真正意义上的可携带笔记本电脑 Osborne 1 问世。随后，苹果、IBM 等 PC 厂商百花齐放，让 PC 市场的渗透率大幅提升。1999 年，全球 PC 出货量突破一亿台。2001—2011 年，随着全球互联网用户数量的大幅增长，全球 PC 年出货量从 1.2 亿台增加至 3.65 亿台，年均复合增长率为 10.12%。

手机的出现是个人计算能力提升的另一个里程碑。相对于 PC，手机有着更好的移动性。早期的手机被称为车载电话，主要应用于汽车行业。在"大哥大"取得成功之后，诺基亚的功能机在 2G（第二代移动通信技术）时代风靡全球，但当时手机的主要功能还是通话。1999 年，首款能通话的黑莓手机 RIM 6230 问世，有强大的电子邮件功能，支持 Push Mail 电邮服务。美国"9·11"恐袭事件发生后，在现场通信一片混乱的背景下，黑莓手机能及时传递现场信息，受到了美国政要和商务人士的青睐，这启示人们手机需要更强大的办公功能以及更多其他功能。2007 年，第一代 iPhone（苹果手机）问世，具有 600 兆赫的 ARM 11 处理器，3.5 英寸①真彩电容屏幕，且多点触控、移动版 Safari 浏览器、双指缩放的谷歌地图、iTunes 统一管理都是非常惊艳的设计，带来了手机终端的革命性体验。在苹果手机的引领下，手机芯片性能更加强大，屏幕尺寸不断扩大，手机性能和计算机性能越来越接近。在不需要办公的情境下，手机可以最大限度地替代电脑。2011 年，全球智能手机出货量首次超过 PC，是智能手机从小众市场走向真正的大众商品的里程碑。[9] 微软创始人比尔·盖茨当时认为，手机在未来可能是人类唯一需要的电子终端设备，MID（移动互联网设备）、GPS（全球定位系统）甚至笔记本电脑都将被手机取代。2013—2021 年，全球智能手机市场收入从 3 167.9 亿美元上升至 4 633 亿美元。

---

① 1 英寸 = 2.54 厘米。——编者注

在此期间，泛消费电子产品也快速增长。新一代试听播放器MP3等产品更小、更薄、更轻、更环保，通常内置传感器、处理器和软件，要求与互联网相联；其产品数据、应用程序在产品云中储存并运行。[10] 全球电子消费品市场收入从 2013 年的 9 192.5 亿美元上升至 2021 年的约 1.08 万亿美元，市场增速明显加快（见图 3-3）。

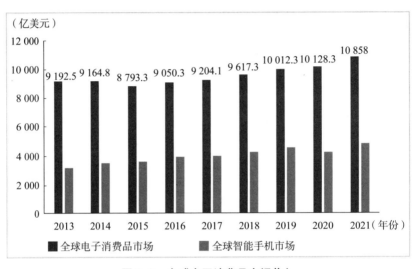

图 3-3　全球电子消费品市场收入

图片来源：Gartner（November 2020）

像软件一样，手机和消费电子终端的渗透为移动互联网铺平了道路。网上购物、社交媒体、共享单车、打车软件、移动支付等丰富多彩的移动互联网应用为人们的生活带来了巨大的便利。2022 年，全球消费者共下载了 1 436 亿个 App（手机软件），在全球 App Store（苹果应用商店）和 Google Play（安卓的官方在线应用程序商店）的支出总和为 1 330 亿美元，两个数据都创下了历史新高。

铺就信息高速公路

计算机硬件、软件应用水平的提升进一步凸显了信息和数据的价值。面对蓬勃发展的信息经济，1993年，美国政府发布"国家信息基础设施行动计划"，提出要建设美国的"信息高速公路"，构建由移动通信网、计算机、数据库和日用电子产品支撑的完备基础设施体系，推动医疗、教育、制造业共同"触网"，引领一个时代的浪潮。其他国家紧随其后。1995年，日本政府发表了《推进高度信息通信社会的基本方针》，提出一体化推进高速信息通信网络普及，建设世界先进的信息通信网络。1999年，德国制定《21世纪信息社会的创新与工作机遇》行动纲领，提出"发展传输速度更高的互联网基础设施、实施'全民享有互联网'项目和帮助平时接触不到网络的弱势群体上网"三大目标。在主要国家的带动下，全球掀起了以"三张网"为代表的世纪性的信息基础设施建设浪潮。

第一张网是移动通信网。相对于固定通信网络，移动通信网让人们进一步摆脱了通话时的地域限制。从20世纪七八十年代开始，按照10年一代的速度，移动通信技术始终有规律地演进升级。1G（第一代移动通信技术）实现了最基本的语音通话，2G实现了移动通信从模拟到数字的跨越，3G（第三代移动通信技术）和4G（第四代移动通信技术）开辟了移动互联网时代，5G（第五代移动通信技术）让峰值速率、用户体验、连接密度和网络能效等关键能力显著提升。2022年，5G已覆盖全球所有大洲。目前全球移动用户达54亿人，占人类总量的68%。移动连接总数为84亿，超过全球人口总数。

第二张网是互联网。1968年，具有4个节点的实验网络阿帕网诞生。当时它的传输速度仅为50kbps（千比特每秒），是独立的军用网络。随着 TCP/IP 协议的推出，更多计算机网络可通过此协议互相连接，信息交换、资源共享的范围和规模迅速扩大。20 世纪 90 年代，万维网正式诞生。1993 年一年实现了全球服务器从 50 个到 500 个的高速增长。[11] 此后，互联网发展进入大众熟知的 Web1.0、Web2.0 时代。到 2022 年，全球网民有 51.6 亿人，相当于全球总人口的 64.4%。

第三张网是物联网。1999 年，美国 Auto-ID 中心首先提出"物联网"的概念。2005 年，ITU（国际电信联盟）发布了《ITU 互联网报告 2005：物联网》，提出无所不在的物联网通信时代即将来临。2009 年，IBM 提出"智慧地球"构想，即将智能技术应用到生活的各个方面，让智能化覆盖地球。在物联网环境下，道路、桥梁、路灯等由混凝土、沥青和钢制成的传统基础设施，越来越多地融合了信息、数字技术，变得更安全、更高效、更可持续。到 2022 年，全球联网设备增长至 144 亿件，约为全球人口的两倍。

三张网的建设对人类影响深远。首先，其推动了经济的发展。目前全球运营商每年资本开支超过 1 500 亿美元，有力地拉动了社会投资。有学者回顾，美国信息高速公路计划实施后，所创造的价值远超其工业化 100 多年创造的总和。[12] 其次，全球化进程大大加快。从这个时候开始，世界真正变成了"地球村"。人类的计算能力也在应用中得到飞跃，"云计算"这样的新型计算形态诞生了，再加上爆炸性的数据增长，为信息经济的更高水平发展提供了更强的动力。

电子化交易让世界成为"地球村"

信息技术的进步和信息基础设施的发展，让商品流、信息流和资本流的交易加速。

在商品交换领域，信息技术在零售行业高度渗透。[13]在基于集成电路的通用计算机发明后不久，世界上最大的零售企业沃尔玛便尝试用计算机来跟踪存货。1979年，该公司使用卫星网络连接总部、分销中心和全球数千家分店，实现了数据和音频的双向实时传输。沃尔玛也是最早应用条形码、ERP系统等技术的企业之一。它通过建立"联合预测补货系统"（CFAR），实现了从供应到配送、零售、客户的端到端的信息化覆盖，大量数据被实时传输回总部，总部进行运算、预测，这使其流通效率大大领先于同行。[14]1995年，杰夫·贝佐斯在美国成立亚马逊，开启了纯线上销售的时代。仅用了5年时间，通过品类扩张和国际业务扩展，亚马逊从最初的"网上书店"发展到"电商帝国"。20年后，亚马逊市值超越曾经的"零售之王"沃尔玛，成为全球市值最高的零售商，其销售额也把沃尔玛远远甩在了身后。在亚马逊的影响下，世界电商行业方兴未艾。从20世纪90年代到21世纪初，全球电子商务增长了约45倍，线上贸易金额从80亿美元增长至3 720亿美元。进入21世纪的第二个10年，贸易全球化推动跨境线上交易更加活跃。埃森哲研究数据显示，2015—2020年跨境线上交易B2C（商对客）业务年均增速达27%，贸易金额达9 940亿美元。

在信息流动方面，人类第一次出现了信息和数据大爆炸。在有限的注意力下，迅速找到有用信息变得更困难和更有价值。信息搜索业态产生。1995年，拉里·佩奇和谢尔盖·布林发明出基于关键词、反向链接数的网页排名算法。1998年，谷歌公司正式成立，公司使命是"组织世界各地的信息，使其普遍可访问和有用"，很好地体现了互联网给人类信息交换带来的革命性影响。谷歌成立两年后，每天所处理的搜索次数达到1 500万次。谷歌随即推出的图片搜索、地图搜索、学术搜索、数字图书馆和谷歌翻译等服务，为各类信息的获取提供了便利，打破了信息交换的障碍。

在资金流通领域，线上支付越来越多地替代了现金支付。1996年，美国两大信用卡国际组织发起制定保障互联网交易安全、适用于B2C模式的安全电子交易协议（Secure Electronic Transaction，SET），随后在全球推广。随着1998年网上支付服务商PayPal的成立、2004年支付宝的成立，网络支付变得更加便捷，线上交易实现场景化和服务无界化。到2022年，全球支付规模超过175万亿美元。计算机与互联网还改变了金融交易体系。在传统上，金融数据的获取和金融交易通过面对面或电话、电报进行。1971年，全球第一家电子交易所纳斯达克成立，将500多家做市商的终端与自动化系统连接起来，进行信息和数据的交换。没有交易大厅、借助电脑屏幕获取报价的形式极大地提升了整个股票交易市场的效率和准确率。20世纪70—90年代，纳斯达克完成了"电话交易—简易数据交换网络—全生命周期定制化网络"解决方案的转化，成为第一个日交易量超过10亿股的股票市场。1999年，纳斯达克的成交额达到11万亿美元，首次超过纽约证券交易所，成为全球最大的证券交易市场。[15]在信息技术的加持下，全球资金流的增长速度是贸易的2倍，是生产的4倍，全球金融市场进入7天×24小时"金钱永不眠"的状态。

"计算科学"大放异彩

如前文所述，最初计算机正是为辅助军事和科研而诞生。1943年，为了更快速、精确地进行弹道轨迹运算，埃尼阿克的研发正式启动。在"曼哈顿计划"中，埃尼阿克帮助计算核裂变的复杂方程，大大加快了原子弹的研发进度。20世纪70年代，美国研究人员将计算机运用于数学研究，以证明世界三大数学猜想之一的"四色猜想"。该猜想的内容为，任何一张地图只用四种颜色就能使具有共同边界的国家着上不同的颜色。随着国家数量的增加，所需计算量呈指数级增长，人工不可能完成。伊利诺伊大学的研究者利用计算机做了100亿个判断后，最终证明该猜想。这种"暴力美学"轰动了世界。

由于人类在各学科内的研究向更深层次迈进，面临的研究问题日益复杂，越来越多的数据和计算密集型领域出现，如量子力学、分子建模、物理模拟、空气动力学等，因此人们对计算能力的需求越来越大。人们利用计算机对复杂现象进行模拟仿真，推演出越来越多复杂的现象。这一模式越来越多地取代实验，逐渐成为科研的常规方法，从而形成了图灵奖得主吉姆·格雷概括的科学研究的第三范式——计算科学。

在这个历史进程中，超级计算技术大放异彩。数量庞大的CPU（中央处理器）分组成多个计算节点，这些节点互相连通，协作解决特定问题，在核模拟、密码破译、气候模拟、宇宙探索、基因研究、灾害预报、工业设计、新药研制、材料研究、动漫渲染等众多领域的研发中应用广泛。例如，在材料研究中，研究材料中原子的性质和排列，可以在短时间内"算出"几百甚至上千种材料的结构信息、热力学稳定性、电子结构信息等，从而大大缩短新材料的研发周期和成本，"算出"前所未有的新材料。专家指出，世界顶级的超算有"至少超过1/6的机时是用在材料相关领域内的"。[16] 在气候研究中，美国飓风中心过去20年的统计显示，预测风暴路径的误差已从2005年的100英里下降到2020年的64英里，这主要得益于超算的应用。在医学研究中，DeepMind 开发的 AlphaFold 可在短时间内测试大量不同的算法，预测出人类等生物超过 35 万个蛋白质结构，为合成生物学的发展、生物改造工程等提供了工具。[17] 在新冠疫情防控期间，不少国家的政府、学界、业界共同发起了面向 COVID-19（新冠病毒感染）的高性能计算联盟 [18]，通过提供免费的计算资源来加速对 COVID-19 的研究，并提高未来全球健康威胁的响应能力。我们可以看到，强大算力已经成为现代科研的基石。

电子政务重塑政府治理

政府治理体系是国家治理体系的重要组成部分。计算机的大量应用深刻改变了政府治理的方式。在信息化和数字化的浪潮下，最突出的变化是政府加快了上线的进程，电子政务体系随之建立起来。联合国经济社会理事会将电子政务定义为"借助信息通信技术手段的密集性和战略性优势，有效提高效率、增强透明度、改善财政约束、改进公共政策的质量和决策的科学性，赢得广泛的社会参与度"。[19] 电子政务的实质是把工业化模型的大政府通过互联网转变为新型管理体系，以建立电子政府，适应新的社会运行方式。[20]

国内外大量研究表明，电子政务的使用和推广在提高政府效能、优化营商环境、促进腐败治理、提升政府信任度和满意度等方面产生了积极作用。[21] 在改善治理方面，电子政务提高了政府的公开度、透明度。2013—2015 年，联合国 193 个成员国中有 106 个建立了政务数据开放目录，46 个国家拥有专门的数据门户网站。在提升服务方面，电子政务促进了各类政府服务的便民化。美国在 31 个州建立并开通"内部收入服务系统"，允许个人纳税者通过电子途径同时向联邦和州政府缴纳税金。2000 年，日本正式启动"电子政府工程"，推进政府办公电子化、无纸化，以及实施政府网上采购计划。在成本效率方面，电子政务信息化能够大幅节约成本、提高效率。例如，美国环境保护署估计，相比邮寄，通过网上分享文件每年可实现 500 万美元的成本节约。欧盟通过网络开展竞标活动后，每年减少了 20% 的预算。[22] 此外，信息化的政府平台能够有效消除数字鸿沟。[23] 联合国报告表明，多数政府优先提供了健康、教育和社会保障方面的在线服务，并让更多传统意义上的弱势群体受益，如贫困人口、残疾人、老年人等。[24]

2020 年暴发的新冠疫情是全球电子政务、政府治理情况的试金石。它迫使政府重新定义政府职能，并推动加速制订数字化解决方案，确保公共服务的连续性和社会稳定。联合国 2022 年的调查报告显示，发展指数从 2020 年的 0.598 8 提高到 2022 年的 0.610 2。全球范围内提供在线企业登记服务的国家比 2018 年增加了 30%，达到 162 个，通过短信或 App 提供服务的国家的数量增加了 38%，移动服务最常见于教育部门（127 个国家）、环境部门（116 个国家）、卫生部门和就业部门（115 个国家）[25]，在疫情应急管理方面发挥了积极作用。

尽管如此，从人类文明发展的漫长历史来看，人类仍处于信息文明的早期。随着算力不断变得强大，其对文明的影响将会渗透到每一个角落并全方位展现。与 20 年前《黑客帝国》等科幻电影中设想的智能虚拟世界相比，今天的计算机软硬件性能还需要增强，数据孤岛还没有打通，机器人等智能终端的功能还需要完善。中国、美国、日本和部分欧洲国家各有优势和前景。但从能量转化方向来看，算力是瓦特向比特转换的工具，是算法运行的载体，是产生和运用数据的源泉。算力越强大，信息文明水平就越高。

第二篇

蓄势赋能，算力经济发展

方兴未艾

第四章
理解算力经济的基本概念

算力经济的一般性定义

算力经济是一个新概念。2018 年，中国科学院计算技术研究所张云泉博士首次提出"算力经济"概念，指出以超级计算为核心的算力经济将成为衡量一个地方数字经济发展程度的代表性指标和新旧动能转换的主要手段。从超级计算到云计算，算力经济发展方兴未艾，呈现出算力服务异军突起、智能计算中心列入新基建、传统算法与人工智能（AI）算法深度融合等多个趋势特征。中国电子信息产业发展研究院的温晓君等人认为，在《中华人民共和国国民经济和社会发展第十四个五年规划和 2035 年远景目标纲要》发布的背景下，加速经济社会数字化转型和国家治理现代化，对计算的要求全面升级，生产端、流通端、消费端对高效算力资源的共性需求呈现指数级增长，涵盖先进计算软硬件系统产品供给体系、算法算力平台基础设施、"计算 +"赋能行业的算力经济有望成为我国经济中长期发展新的增长极。中国信息通信研究院在《云计算白皮书（2022 年）》中指出，算力经济是一种全新的经济范式，其并不过分关注云计算、人工智能等单一数字技术产业的发展程度，而是更强调从算力生产、算力调度、算力服务以及算力消费等算力产业链各环节出发去衡量数字经济发展程度。

总的来看，算力经济的概念是一个不断深化的过程。以上这些观点各有侧重，从不同角度提炼了算力经济的关键特征、影响因素、内在结构；有的强调算力经济的技术属性，有的强调算力经济的重大意义，有的则从政策和经济发展的角度阐述算力经济的内涵，为我们理解算力经济的内涵和外延提供了重要的启示。

在上述概念的基础上，我们试图总结出一个一般性的定义，使得这个定义更为稳定和有包容性。经过第一篇的分析，我们已经将算力的性质类比于人力之于农业文明，蒸汽机、内燃机、电动机之于工业文明，认为其是推动信息文明的动力。有的学者甚至直接将算力看作人类的"三次能源"或者"四次能源"。那么，参考经济学中对能源经济的定义，我们就能对算力经济的内涵进行界定。既然能源经济学是探索"人类如何面对有限的能源资源并进行权衡取舍的科学"[1]，那么我们也能得到算力经济的一般性定义。算力经济是围绕算力资源的配置形成的一系列经济活动和关系的总称，日益成为拉动经济增长的新的增长极，是贯穿人类信息文明的主导经济形态。

通过这个直观的定义，我们试图强调算力经济的4个基本特征，或者4个研究重点。一是经济性。算力经济是一个经济范畴的概念，不是工程概念，也不局限于某一项具体计算技术。因为经济学是研究资源配置的科学，所以算力经济是围绕算力资源的配置而形成的经济形态，既包括生产力，也包括生产关系，会对人类文明的各个子系统的发展产生深远的整体性影响。二是主导性。人类每一种经济形态的诞生都有漫长的发展历程。正如工业经济以手工业的形式在农业文明中萌发，算力经济也随着计算能力的诞生而孕育、萌芽、演化、发展壮大。只是在人类进入 20 世纪，大规模高性能计算得到普及，围绕算力和算力的渗透应用建立起全新的信息文明形态后，算力经济在经济生活中的主导位置才逐渐体现出来，到了可以归纳总结的时刻。面向未来，算力是运行算法的基础，是挖掘数据价值的工具。算力供给越充分，算力经济越发达，信息文明程度越高。三是综合性。正如能源经济学是一个交叉学科，研究算力经济也需要在交叉领域做文章。我们要把经济学、管理学等社会科学概念同信息技术的最新发展趋势，特别是云计算、超级计算、智能计算和量子计算等算力技术和生态的发展趋势联系起来，在上述一般性的定义上不断拓宽算力经济的研究课题，发掘新的时代内涵。四是体系性。算力经济包括两个层面。其在狭义上是围绕算力供给、需求、交易、应用、监管等一系列资源配置活动而衍生出来的经济形态，本质上是中微观产业经济甚至是企业经济。而在这个基础之上，广义上的算力经济还包括算力经济的宏观影响，我们需要更广泛地探究算力经济对人类文明体系产生的宏观影响。

狭义的算力经济体系

从技术属性来看，算力与电力有很多相似特征。例如，生产性，电力与算力都能够直接作用于生产，提升社会生产力；异质性，电力的主要来源包括水电、火电、风电、核能、太阳能等，算力包括超算、智能算力、量子算力等不同算力；可运输性，电力可以通过电网运输到不同地域，运算的结果也可以通过通信网运输到不同地域；可计量性，电力规模可以用千瓦时进行计量，算力规模也可以用 Flops（每秒浮点运算次数）等单位进行计量。

从以上特点出发，未来算力市场的配置将类似电力市场的配置，形成特定的上下游产业链。电力经济上下游包括电力的生产、传输、交易、应用等环节，算力经济上下游也大致会包括以上环节。

一是基础算力的构建方。各种类型的数据中心，集成上游半导体厂商提供的异构计算产品，建立云、边、端协同的数据中心、超算中心和智算中心等计算基础设施，为全社会提供基础算力。数据中心不仅有这些集中式的算力供给，参考虚拟电厂的模式，未来还会有相当比例的自用型分布式算力进入算力池。例如，家庭计算机的富余计算能力，可以通过网络进行共享。未来，汽车就像一台流动的服务器，也可以通过技术手段提供边缘计算服务。

二是算力网络的建设方。各类网络工程公司负责算力运输网络基础资源、调度和运营能力建设，如算力整合、算网融合、绿色供给等，同时统筹在算网运维、算网安全等方面的问题。

三是算力资源的调度方。正如水力发展离不开水网，电力发展离不开电网，发展算力经济也需要建立算力网络，从而实现不同计算资源的灵活调度和按需分配，提高算力资源的利用效率，真正把算力变成"一点接入、即取即用"的社会级服务。

四是算力交易的组织方。未来，全国算力可能形成多层次的算力交易市场，既包括区域性的算力交易市场，也包括全国性的算力交易市场，其为算力供需双方提供算力上网、供需撮合、交易购买、调度使用等综合服务。

五是算力服务的提供方。由于算力供给和需求具有异质性，算力经济需要有一级市场和二级市场，特别是需要算力服务的提供方结合垂直领域和具体场景，对基础算力进行二次开发，形成 Pass 级算力工具或 SaaS 级算力应用，以丰富算力交易品种，提升算力服务。

六是算力服务的需求方。目前，我国算力的应用范围不断扩大。据中国信通院统计，2021 年互联网、服务、电信、金融、制造、教育、运输是算力需求较大的行业。其中，互联网的算力需求占了半壁江山。未来，所有行业都将是算力的需求方。

七是配套服务的支撑方。例如，基础数据、模型算法和能源资源的供应方，算力交易相关主体成立的行业协会等自律性社会团体，以及围绕算力服务开展技术、经济与政策研究的科研机构和智库单位等。

八是算力市场的监管方。政府监管部门对算力市场进行宏观管理，建立监督管理制度和组织管理体系，对需要进入许可的算力业务实施申请、受理、审查、决定和管理。目前，云计算已经成为国际服务贸易的新兴领域。未来，算力经济的监管不局限于一国之内，需要更多的国际协作。

当然，实际运行中，也可能需要一个企业同时承担多个角色。此外，由于电力已经成为一种国际服务贸易产品，算力也可能成为一种国际服务贸易产品。未来，算力经济也将涉及更多的跨国交易、监管主体（见图 4-1）。

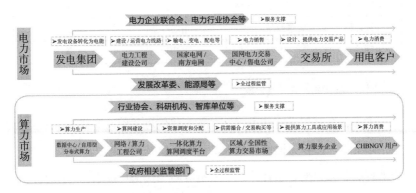

图 4-1　未来的算力经济（产业）体系

广义的算力经济体系

算力经济不会影响农业文明和工业文明的成果。时至今日，人造食品还没有普及，现代燃煤发电技术基本上是让加热后的水所产生的蒸汽来推动蒸汽轮机，这些传统动力和经济要素仍将继续发挥作用。但算力经济时代的生产方式与农业、工业时代的相比，在生产、交换、消费、科技、基础设施和治理六大文明支柱体系方面出现了显著而系统性的变化，成为一种经济增长的新范式。特别是随着算力发展到高级阶段，算网数智深度融合，信息能量深度协同，算力将无所不在、无所不能，这些经济特征也将更加凸显（见表4-1）。

表4-1　广义算力经济体系的标志性特征

	农业经济	工业经济	算力经济高级阶段
基础设施体系	农田水利基础设施	传统基础设施	新一代信息基础设施
基础动力	人力、畜力	蒸汽机、内燃机、电力	算力
科技体系	经验科学	理论科学	数据密集型科学
生产体系	小农经济	机器大工业	智能制造
主导生产要素	土地、劳动力	资本、技术	数据
消费体系	农产品和手工业品	工业品	人本消费
交换体系	简单商品经济	市场经济	通证经济
治理体系	人治	法治	数治

资料来源：根据公开资料整理

未来，在基础设施体系方面，新一代信息基础设施成为未来社会的基础支撑。以算力网络为代表的新型信息基础设施加快建设，融合人工智能、大数据、云计算、区块链等新一代信息技术，加速水、电、气、路等传统基础设施数字化转型。各类基础设施在城市大脑的统一管理下，实现资源、能力和信息的无缝衔接、编排调度，共同为城市居民提供智能安全、便捷高效的公共服务。在生产体系方面，得益于管理成本和市场交易成本的降低，企业将逐步分化成超大规模和专精特新两类。企业在内部设立以工业4.0为代表的智能制造体系，在外部依托产业大脑强化产业链资源整合，致力于通过提供划时代的创新产品赢得市场竞争，实现指数级增长。在消费体系方面，后增长时代的价值观将会树立，以追求人本消费，更加注重提高产品的人文价值和社会价值，促进人的全面成长，提升幸福指数。在交换体系方面，无现金交易更加便捷安全，信用货币体系面临重构，共享、协作与按需分配将在更大范围内实现。在科技体系方面，强大算力将催生新的科研工具、新的科学范式，从大数据中发现规律、总结规律，从而形成"第四范式"——数据密集型科学，即通过数据驱动研发等模式提高研发效率。在治理体系方面，强大算力让工业时代的法治进一步升级到法治与数治相结合的治理模式，即依托政府大脑等智能决策中心，加快扁平化、柔性化转型，按照C2G（消费者与政府间的电子商务）的模式精准提供公共服务，引导多元主体加强对公共问题的科学决策，以有形之手强化对公共问题的治理。

对于这些内容，我们将运用未来学的方法和逻辑，在接下来的章节中详细阐述，以呈现出一幅算力经济高度发达时期的人类文明图景。需要指出的是，超越经济的逻辑、实现人与自然和谐共生是未来文明发展的根本诉求。在高度发达的算力经济的支持下，人类文明各个子体系的交互影响将变得更加显著。面对这样的不确定性，从宏观上运用系统观念，在一个更宽泛的视角下识别出那些深度衔接的要素之间的关联，深刻剖析其中蕴含的对人的价值与福利、对社会的可持续发展的深层次影响，将变得更有意义。这也是我们分析的重点。

第五章
算力经济呈现新的增长机理

动力与经济增长的关系是动力经济学的经典命题。在算力经济时代，算力、数据、网络等新的生产资料进入生产函数，给宏观经济的总量增长和内在机制带来了新变化。从理论层面总结这些影响和机制，有助于更好地理解算力经济的本质，并为未来算力经济的治理提供依据。

算力投资"I"的"乘数效应"

乘数效应是指经济活动中某一变量的增减所引起的经济总量变化的连锁反应程度。由于投资、生产、消费各环节相互联系，一元的原始投资通常能够带来数倍于投资增量的国民收入的增加。根据中国信通院的测算，2020年以计算机为代表的算力产业每增加一元投入，将带来3~4元的经济产出。在行业方面，以制造业为例，如果将传统工厂改造为智能工厂，那么算力上每一美元的投入，预期将带动10美元的相关产值提升。[1]本章利用投入产出表对算力投资、网络能力投资的乘数效应进行测算，结果显示，以电子信息制造和信息服务业为代表的算力、网络的原始投入每增加一元，就为经济带来约 3.5元的拉动，尤其是对制造业的拉动最明显（见表 5-1）。从与 GDP 增速的关系来看，有研究显示，算力指数平均每提高一个百分点，国家的数字经济和 GDP 将分别增长 3.6‰ 和 1.7‰。[2] 而且算力基础设施条件越好，这种带动作用就越强。

表 5-1　算力、数据、网络能力对经济的拉动

行业	对 GDP 的直接拉动（元）	
交通运输、仓储和邮政	0.140 2	
住宿餐饮	0.025 7	
信息传输、软件和信息技术服务	0.038 2	
公共管理、社会保障和社会组织	0.001 4	
农林牧渔	0.027 9	
制造	2.579 3	
卫生和社会工作	0.001 0	
居民服务、修理和其他服务	0.014 8	
建筑	0.002 5	实体经济 3.363 7
批发零售	0.198 3	
教育	0.001 1	
文化、体育和娱乐	0.005 3	
水利、环境和公共设施管理	0.003 1	
电力、热力、燃气及水生产和供应	0.090 4	
科学研究和技术服务	0.024 2	
租赁和商务服务	0.090 6	
采矿	0.119 7	
金融	0.091 5	虚拟经济 0.123 9
房地产	0.032 4	
合计	3.487 6	3.487 6

推动劳动生产效率"J"型提升

ICT（信息、通信和技术）产业长期以来面临"索洛悖论"，即 ICT 产业技术进步对生产力效率的促进作用在国民经济核算中不显著。但从工业革命的发展历程来看，通用目的技术（General Purpose Technology）作为产业革命中的关键共性技术，对产业转型、经济增长具有显著的推动作用。在新一轮产业革命中，云计算、人工智能与 5G、大数据等通用目的技术融合，可以有效提升劳动生产率。[3]

深化专业分工，提升劳动生产率

早在 200 多年前，亚当·斯密就在《国富论》中深刻论述了劳动分工是经济增长的源泉。分工使个人专门从事某项作业，有利于节约时间、发明创造和改进工具，从而提升劳动生产率。[4]

算力和网络加速向各行各业融合渗透。一是产业内的分工细化。数据资源的海量积累和应用促进了网络架构师、算法工程师等新岗位不断产生，劳动力从生产部门向技术创新部门加速转移，从而催生出新的产业。二是跨产业的协同深化。随着专业化分工、产品服务多样化不断推进，产业生产链、创新链不同环节的上下游企业甚至产业外的配套产业之间的关联程度日益加深。相关方在行业大脑的组织下形成一个协同有序的产业发展聚合体，从而提高了产业链整体的协作水平，进一步提升了劳动生产率。

促进生产自动化，提升劳动生产率

随着劳动分工的发展，越来越多的手工生产可以被机械生产替代，这使得自动化生产成为提升劳动生产率的又一动力。如我们在前面所分析的那样，在生产领域，网络汇聚了大量的算力和数据，为人工智能模型的训练创造了有利条件，使得培养数字化、网络化、智能化劳动力成为下一阶段的重要方向。算力、数据、网络通过对劳动、资本等生产要素的功能倍加和智能替代，促进了工业机器人、智能控制等新型人工智能劳动力的产生。人工智能通过智能技术平台，特别是新型智能工具，替代了体力劳动和部分脑力劳动。远程人机沟通和人机协同高效地完成了更复杂的工作任务，扩大了机器的操控范围，打破了时间和空间等传统劳动边界，推动了劳动密集型产业向自动化、智能化、无人化升级转型，促进了生产效率的提升。

对生产率的促进存在时滞效应

尽管算力、网络等要素的渗透将提升劳动生产率，但这种提升有时滞效应，前期投资对生产率的拉动作用相对较小，后期逐步体现，整体呈现"J"型趋势。[5]这与20世纪后期传统信息技术对生产率的影响类似。究其原因，一方面，技术的渗透需要时间，尤其是在不同产业中的渗透是不平衡、不充分的，如当前的数字化水平呈现三、二、一产业依次递减，制约了整体生产率的提升；另一方面，以电子计算机为代表的传统信息技术在提升要素生产率方面需要互补性条件的支持，比如为推动智能制造技术落地，需要 XT 技术深度融合才能实现端到端深度智能，从而导致提升生产率存在时滞效应。相关研究表明，

ICT 使用部门的生产率提升有 5~10 年的滞后，ICT 资本增长尤其对滞后 5 期的全要素生产率增长有显著的促进作用。

突破知识生产的 "S" 型限制

在信息经济时代，由知识和信息驱动的内生增长模型第一次让人类从理论上看到了突破报酬递减、实现持续增长的可能性。但正如人类的工业革命有高潮也有低谷，人类的知识生产也不会一直加速。由知识和信息驱动的内生增长，在算力经济发展的高级阶段将更加显著。

"S" 型增长

数据本身不是知识，在相对匮乏的情况下，数据价值在短期内随着使用量的增长快速提升，知识产生的速度也将快速提升；随着数据量的增长达到一定的规模，在没有技术进步的前提下，数据价值的提升将趋缓，长期带来的边际知识产出将显著下降，这使得知识的生产呈现 "S" 型增长。[6] 根据西蒙娜·阿比斯等学者对 2015—2018 年美国金融企业积累的数据价值进行的估算，其数据存量价值从约 320 亿美元增加至 405 亿美元，但这 4 年间的增速呈现递减趋势。

加速跨界知识重组和生产

在算力经济时代，算力、数据和网络赋能将优化知识生产方式，提升创新速度。一方面，网络传输能力和数据计算能力扩大、提升了人类搜寻、匹配、组合、验证知识的范围和速度，推动了跨界知识

"大海捞针式"集成创新，孕育了新的科学发现。另一方面，更为重要的是我们此前提到的，算力、数据、网络等要素融合催生了数据驱动研究的新范式，将创新速度提升到前所未有的水平。例如，在医药领域，强大的计算和智能化分析技术可自动提取药学和医学知识，加速新药研发进程等。通过应用大数据、人工智能、全球生物医药数据集，针对新冠病毒的疫苗研制仅用了不到 1 年的时间，而历史上成功的疫苗研制时间均超过 10 年。

赋能促进创新扩散

知识的扩散复制是未来加速创新的另一个通道。未来，在算力赋能方面，大数据、云计算等算力技术将让人类社会化行为、人文艺术、哲学思想等隐性知识实现数字化提取，提升知识分享范围和便捷程度。在网络赋能方面，网络促进数据跨层级、跨地域、跨系统、跨部门、跨业务流通，推动数字化形式的知识突破时空限制，在全球范围内实现快速扩散，降低知识溢出的成本，提高知识传播的效率，提升数据传递的实时性和精准性。在实际应用方面，目前已有部分学术期刊推出了基于数据、算力、算法的"人工智能秒读"，1 分钟即可快速解读深奥的学术论文，提升了科研理论的学习水平。产业界推出的知识计算解决方案，将算力、人工智能与行业知识结合，成为各行业、企业获取知识、转化知识的底座。

创造"T"型隐性经济价值

如何将数字经济纳入现有的国民经济核算体系仍然是一个时代难

题。如果将算力经济的价值贡献比作一座冰山，那么当前能够衡量的主要是有形的、能够以价格进行计算的部分，但大部分无形的、无价的隐性福利则被遗漏。从一定程度上讲，算力经济越发达，被遗漏的部分就越大。

消费侧扩大消费者剩余，促进社会福利提升

消费者剩余是指消费者消费一定数量的某种商品时愿意支付的最高价格与这些商品的实际市场价格之间的差额，衡量的是消费者自认为获得的额外利益。算力经济中的消费者剩余主要表现在以下几个方面。

一是新产品。数字产品的边际成本几乎为零，价格多为免费，难以核算。同时，数字技术带来了适应消费者偏好的多样化定制产品服务，进一步加剧了对衡量新产品价值的挑战。例如，消费者能免费在社交平台上互动，通过视频播放软件免费观看视频等，自身感觉获得了额外利益，但这未能反映在 GDP 上。

二是新模式。产品服务的数字化催生了平台经济、共享经济等新模式，打破了传统商业模式的禁锢；极低的搜寻成本能提高匹配与交易的效率，正不断创造出新的消费场景与需求。如在共享经济模式下，社交网络平台将搜集受众使用平台时所产生的行为数据，例如点赞、转发、评论、收藏等，通过大数据、智能化的处理，计算出互联网受众的内容兴趣、消费兴趣、消费能力、社交习惯等，并根据测算的结果推荐受众感兴趣的视频、广告，从而引导受众的各种行为。

三是新效用。产品服务、质量升级的迭代速度加快。新技术、新材料、新工艺的使用可能会让生产成本大幅下降；按照目前通行的

GDP 统计方法，尽管新产品科技含量更高，使用价值更好，但对 GDP 的贡献反而可能会减少。例如，1976 年希捷公司研制出 5.25 英寸的软盘，售价为 390 美元，在当时，这是一笔不小的开支，其容量不到 1MB（兆字节）；2020 年，一个容量 32GB（吉字节）的普通 U 盘的售价只有几美元。因此，按照目前通行的 GDP 核算方法，U 盘替代软盘反而使得信息存储行业贡献的 GDP 减少了。

生产侧创造无形资产，提升经济体竞争优势

算力、网络推动经济活动向知识密集型转变，无形资产加快积累并对提升企业核心竞争力起到越来越大的作用。与消费者剩余类似，上述影响未完全体现在经济核算中。

一方面，这低估了创新研发、组织、人力等传统无形资产。算力、网络等新技术不断提升研发创新对经济的潜在影响，促进业务流程和组织运营模式自动化、智能化升级，催生更多掌握新型数字知识和技能的劳动力，成为企业推动组织变革的重要资本，也是企业获得竞争优势并提高业务绩效的关键。

另一方面，这低估了电子信息技术扩散带来的新型无形资产。随着新一代信息技术向全社会渗透，无形资产的边界进一步扩张。例如，互联网企业产生的大量活跃用户、平台数据等新型无形资产未被很好地统计。再如企业使用云服务的强度一直在稳步上升，而云计算大多作为中间投入，其对企业生产效率和宏观经济的促进作用也没有反映在经济核算中。由于缺乏数据，定量分析很难进行。

可能加剧社会"K"型分化

区域层面：发达国家进一步拉开与发展中国家的差距

发达国家由于具备 ICT 领域核心技术、资本存量、人力资本的长期积累优势，能够更好地运用算力、数据、网络，因此成为新一轮科技革命和产业变革的重要推动者和受益者。对部分发展中国家而言，由于沉没成本较低，它们有可能实现弯道超车。而对大多数发展中国家而言，由于在技术、资本、劳动力等方面的基础条件较差，因此其在全球产业分工中的优势主要来自天然禀赋，而禀赋资源往往受到环境、气候等相关因素的影响。此外，由于处在同一区域内的国家与之存在直接的竞争关系，其可能在国际分工体系中被进一步边缘化。同时，发展中国家需要引进必要的算力、数据和网络技术，而这些资源的国际转移条件也是由发达国家控制的。因此，部分发展中国家在经济上受发达国家支配，依附于发达国家。

企业层面：数字原生企业获得比传统企业更大的发展优势

大型科技企业，尤其是数字原生企业（业务流程、交易和交互在很大程度上由技术支持，在内、外部运营中均依赖数字技术获取竞争优势），本身拥有大量的数据和强大算力，在算力、网络资源的加持下，相较于传统企业能够更好地构建市场竞争力，创造更高的经营效益，成为行业领先者。大多数传统企业还未实现数字化或者处于数字化转型初期，享受技术红利可能还需要较长时间，与科技企业的差距逐渐拉大。

个体层面：高级技能人才加速人力资本结构和收入分化

在推动算力和网络高质量发展的过程中，企业对于数据分析师、网络架构师、算法工程师等特定技术专家的需求增加，越来越多的传统低技能劳动力可能被替代。相关学者对欧盟国家进行的实证研究表明，欧盟高技能人才占总就业人数的比例从 1995 年的 31.1% 提升至 2005 年的 41.61%。[7] 由此，高技能人才需求的增加带来工资上涨，传统人员由于面临被人工智能或自动化替代的高风险，可能陷入工资减少或者失业的困境，进而加速人力资本结构和收入分化。我国代表行业平均工资变动趋势与上述研究结果一致。在我国一、二、三产业中，代表数据、算力和网络的信息传输、计算机服务和软件业的城镇单位就业人员平均工资在 2011—2019 年要远高于其他类型从业人员，且其工资增长率也高于其他行业人员。

总体而言，以上研究显示，算力在经济增长方面发挥了巨大的作用，使新的增长机制产生。目前，这一领域仍然是学术研究的前沿领域。后续随着产业数据的积累，强化实证分析将有助于进一步认识算力经济的本质。

第六章
算力经济与未来企业生产

在算力经济时代，企业生产组织形态与发展方式将实现重塑。从组织上看，强大的算力降低了企业的内部管理成本和创业成本，推动了企业规模向两极分化。从战略上看，面对日趋激烈的市场竞争，企业更需要依靠创新创造市场，实现新发展。

企业规模向"巨型企业"与专精特新企业两极分化

从交易成本理论来看，企业的出现原因和规模边界取决于组织内部管理成本和外部市场交易成本的比较。经济学家罗纳德·哈里·科斯在享誉世界的《企业的性质》一书中就提出，"当企业内部交易成本等于企业外部交易成本时，企业便停止扩张"（见图6-1）。未来，算力、算法和数据的普遍应用，将同时影响企业内部的管理成本和外部市场的交易成本，使得组织形态向巨型企业和专精特新小企业两个极端演变。

图6-1 科斯企业边界理论

"巨型企业"的诞生

传统大型企业总是饱受"大企业病"的困扰。在算力经济时代，强大的算力从决策、组织和控制3个层面降低内部管理成本，让巨型企业实现"大象快跑"。

从决策层来看，强大的算力将降低决策成本，强化管理者的决策能力。在决策时效性方面，企业在信息搜集、市场调研方面不再需要投入大量人力、物力和财力。通过建立数据中台安全地对接外部数据平台，企业可以实现从产品供需到金融、物流等国内外宏观、中观和微观信息的实时监测，从而更灵敏地做出反应，适应不断变化的市场环境。在决策科学性方面，外部专业人士、团队的聘任频率和必要性降低。各个领域的决策大模型可以帮助企业针对专业决策问题进行实时模拟分析，生成各种决策方案，并评估每个方案的经济和非经济的潜在影响，进而帮助企业管理者突破自身能力和经验的局限性，扩大决策场域边界并减少主观因素的干扰，预测市场趋势的发展，使管理者做出具有前瞻性的、精准的战略决策。在决策连续性方面，强大的并行计算能力能够让企业在同一时间处理多个决策问题，缩短决策的时间成本，提高决策效率。

在科幻美剧《西部世界》中，西部世界董事会的重要成员之一伯纳德就是一个人工智能机器人，而这样的科幻场景已经在现实中出现了。Deep Knowledge Ventures 是中国香港的一家专注于生命科学和人工智能领域的风险投资公司；2015 年，公司任命一台名为"VITAL"的人工智能机器人为董事会成员；它通过搜集和分析大量的数据，生成有关投资机会和风险评估的报告，帮助公司做出更明智的投资决策。

从组织层来看，强大的算力可以让大型公司优化组织架构，降低组织运行成本。不少互联网企业正在实施中台战略，横向拉通形成"小前台、大中台、强后台"的组织架构，更强大的计算能力让企业能够更快速地分析数据，快速响应市场变化，提高效率并降低人工成本，进而有力地支撑大军团作战甚至全球化运营。以华为为例，其卓越的财务共享中心连接着全球 200 多家子公司和 6 个共享中心，通过交易核算自动化、ERP 优化、数据调度优化、数据质量监控以及提升数据分析平台的性能，华为做到了全球核算实时可视，过程可跟踪、可管理，平均 3 天出月度财务报告初稿，5 天出月度财务报告终稿，11 天出年度财务报告初稿，以及每小时处理 4 000 万行数据。

从控制层来看，强大的算力以算力换人力，有效地降低了组织控制成本。大型企业为了统一思想观念、推进战略实施，往往需要反复进行会议沟通，传达思想，并对执行情况进行追踪。与人类员工相比，未来的数字员工更加冷静、客观，不知疲倦，并且具有强大的学习能力，可以在无须人工控制和监督的情况下高效率、高精度、长时间地工作。一旦一个数字员工得到某个指令、习得某种经验，它就会很快将其复制给其他数字员工；这些数字员工采取协调一致的行动，将大大降低大型企业在生产运营中的管控成本。例如，在客服领域，目前亚马逊云科技的智能客服的问题解决率已经高达 90%，可有效覆盖售前咨询、售后支持等领域。企业在客服领域的人力成本投入降幅最高可达 80%，从而实现省钱、省人、省力。即使发生宕机，它也很快能够恢复服务。

得益于这些改变，加之革命性的产品创新，自移动互联网浪潮出现以来，大型科技企业的巨型化趋势已经相当突出（见表 6-1）。如作为全球最大科技公司，苹果自 2018 年以来平均净利润增速高达 18%，2022 年市值曾一度突破 3 万亿美元，超过 2022 年 181 个国家的年度 GDP。当前，ChatGPT（聊天机器人）引发了全球性的 GPU（图形处理器）的短缺，大型企业之间形成算力军备竞赛。超大型企业为了能够更好地负担大型算力部署的成本，纷纷布局，以求在算力军备竞赛中取得胜利。例如，苹果公司计划在未来 5 年内投入 4 300 亿美元，其将用于数据中心扩建和芯片制造。这些企业对大型数据中心、高性能硬件设备以及顶尖的技术人才的控制力会更强，竞争优势将更加突出，从而实现名副其实的"大而广、大而强"。

表 6-1　全球最大科技公司榜单

排名	名称	国家	销售额（10 亿美元）	市值（10 亿美元）
1	苹果	美国	378.7	2 600
2	Alphabet	美国	257.5	1 600
3	微软	美国	184.9	2 100
4	三星	韩国	244.2	367.3
5	腾讯控股	中国	86.9	414.3
6	Meta	美国	117.9	499.9
7	英特尔	美国	79	190.3
8	台积电	中国	61.5	494.6
9	思科	美国	51.5	213.4
10	IBM	美国	67.3	124.3

资料来源：2022 年《福布斯》"全球最大科技公司榜单"

"专精特新"企业普及

如果说巨型企业受益于算力经济时代的内部管理成本的降低，那么未来"专精特新"企业则更多地受益于外部市场交易成本的降低。

从传统上看，中小企业的市场主要是高度专业化的利基市场或者长尾市场。这些市场具有定制化、专业化和差异化的特点，但往往规模性不足。企业在进行生产和市场活动之前，需要进行大规模的设备投资和管理投资。如果没有独门绝技，那么小企业往往经济效益不高，面临前期高额投资难以覆盖的风险，进而发展受阻，难以生存。

算力发展为中小企业带来了生机。一方面，"云创业"弥补了中小企业的资源短板。中小企业创业不需要一次性投入大量固定设备，算力资源的即时获取让中小企业无论是在项目初期，还是在业务高峰期，都可以根据实际情况从外部租用服务，减少了算力资本开支。例如，云视频会议软件 Zoom 使用 AWS（亚马逊云服务）的可扩展性和按流量计费服务，迅速为全球提供了大规模的视频会议服务。世界上最成功的移动游戏公司之一 Supercell 使用 Amazon Simple Storage Service（Amazon S3）每天储存多达 10TB（太字节）的游戏事件数据，利用 Amazon Kinesis 实时分发游戏数据，每天可以处理 450 亿个事件。算力的提高也将大幅减少小企业的运营开支。企业未来无须建立自己的招聘、财务、销售等职能体系，借助各类人工智能服务应用完成内部管理，就可以最大限度地降低运营管理成本。例如，在招聘方面，视频面试平台 HireVue 可以通过肢体语言、语音模式、眼神活动、声音大小、做题速度等不同的维度对面试者进行智能评分，并借助高算力和人工智能技术来模拟不同的招聘策略和流程，高效吸引和挑选人才。在财务方面，专门面向中小企业的 QuickBooks 不仅可以帮助企业开展日常的会计工作，为用户提供实时的远程访问和数据同步服务，还可以进行高级的财务分析，如现金流预测、盈利能力分析等。

另一方面，强大的算力放大了中小企业"小快灵"的优势。在赢得市场方面，没有后台管理压力的小企业可以将资源和精力集中在业务开发和市场响应层面。通过对大数据的搜集、分析和处理，企业可以实时获取和挖掘销售、库存、客户反馈等方面的信息，快速、准确地了解客户、市场趋势和业务表现，识别市场中的特定细分、消费者行为模式以及潜在客户群体，快速获取符合要求的个性化产品设计，为目标客户量身定制营销和服务策略，便捷地建立DTC（Direct to Consumers，直接触达消费者）商业模式。由于强大的算力促进了市场的整合，提升了市场的运行效率，中小企业可以更快地聚合长尾市场需求，在细分市场实现规模经济和范围经济，迅速实现商业成功。以互联网眼镜鼻祖Warby Parker为例，它是一家以线上销售低成本眼镜起家的小企业，依托人工智能与AR（增强现实）技术完成了在眼镜电商市场的开拓。在购买过程中，Warby Parker通过高算力支持的人工智能与浏览其网站但没有购买的人保持互动，提供个性化元素，以激发每位潜在客户的兴趣，引导他们在购买的各个流程中都能轻松找到所需选项。Warby Parker还通过线上视觉识别工具"Find your fit"（找到适合你的眼镜）提供视觉时尚建议，基于智能算法分析客户的面部，为客户推荐最适合其脸型的眼镜，从而吸引了一大批忠实客户。

值得一提的是，由于小企业一般没有大企业的科层制、官僚制等弊病，对高级创新人才有很强的吸引力。通过最大限度地激发精英团队的创业热情，小企业可以发挥大能量、创造大奇迹。例如，Zoom在新冠疫情防控期间创造了3个月用户增长20倍的奇迹。Supercell

游戏公司 2022 年的总营收为 17.7 亿欧元（约 18.96 亿美元），旗下两款现象级产品《部落冲突》和《卡通农场》在出品 10 年间累计收入分别突破 100 亿美元和 20 亿美元。全球最强大的人工智能公司之一 OpenAI 的市值已经超过 270 亿美元。

依靠创新创造市场成为企业最主要的生存策略

纵观技术发展历程，人类社会的技术革新就是以一个 S 型发展曲线代替另一个的过程，而且 S 型替换的周期越来越短，产品加速淘汰。2013 年，TCL 55 英寸彩电的售价是 7 000 元，而今天同样尺寸的、功能更多的彩电，售价仅为 1 300 元，下降超过 4/5；10 年前，诺基亚手机 N9 的售价是 2 499 元，今天类似功能的手机的售价仅为 216 元，售价下降到原来的约 1/10。[1]

未来随着算力的深入应用，企业将面临更大的创新周期压力和市场竞争压力。在强大算力的加持下，企业间传统的竞争壁垒将消失于无形。

信息优势曾经是一些企业的竞争优势。企业通过率先掌握一些市场信息占领市场。未来随着数字化水平的提高和算力的增强，企业自身也可以创造出大量的数据，信息稀缺性降低。例如，通过搜集车辆的行驶数据及依靠高性能的计算中心，特斯拉可以持续优化其驾驶模型和导航系统，并通过 OTA（Over-The-Air，空中激活）更新优化后的模型且将其推送给旗下车辆。不仅如此，随着数据要素市场越来越成熟，第三方开放的数据平台让企业能够更轻松地进行跨组织的合作和数据分析，打通主体之间的"数据壁垒"，获得更加丰富多元的数据储备。企业运用强大的算力能够在极短的时间内处理大规模数据，更快速地从数据中提取有价值的信息，并利用先进的数据智能化和可视化工具来提取和展现数据中的价值。即使是非专业的数据分析人员，也能够更便捷地理解和利用信息，这使得信息变得更易访问和理解，进一步消除了信息壁垒。

技术优势是企业核心竞争力的重要来源。未来研发模式从计算机模拟向数据驱动型研发转型，为企业提供了更多的创新机会和实验空间。云计算和容器化技术提供了弹性的计算资源和快速的应用部署环境，使开发人员能够更快地构建和测试新技术，从而加快新技术的研发和应用。一个新产品一经推出，特别是得到市场的积极响应后，马上就会有无数的在位者和替代者通过建模仿真、逆向工程进行复制，结合动态的、多元化的消费者偏好数据进行个性化、差异化迭代，"山寨"模式的应用将更加普及，从而消除了独占性技术优势。例如，谷歌的TensorFlow是一个端到端开源机器学习平台，它允许研究者和开发者快速地训练和部署大型的机器学习模型，这大大降低了先进机器学习的技术门槛，加速了新算法和模型的共享和传播。

在成本优势方面，传统企业的大型、专用性设备制造了巨大的沉没成本，阻碍了外部供应商的进入。未来，随着生产体系的数智化转型，软件成为主要投资对象。通过利用云计算、云储存等公共基础设施，企业只需按量支付实际使用的计算和存储资源所产生的费用，无须预先投入大量资本或签订长期合同，这大大降低了投资风险，抵销了在位企业的成本优势，从而使企业快速搭建和运行了新的业务模块，积极参与新的市场竞争。例如，爱彼迎使用云服务提供的数据分析和机器学习工具，优化价格策略、推荐算法等，提高了服务效率和用户满意度。

在这样的情形下，任何一种产品一旦进入生产环节，就会加速向传统产品甚至"大宗商品"的模式进行转变，产品甚至产业生命周期都将进一步缩短，超额利润的获得难度将大大增加。英伟达创始人兼首席执行官黄仁勋近期直言不讳地表示："我们公司从来不提市场份额……市场份额的整体概念表明，有一大群人在做同样的事情。如果他们在做同样的事情，我们为什么要这么做？"[2]当产品迭代速度变得飞快时，市场份额最终会成为一个过时的概念。

面对这种情况，塑造型或愿景型战略成为主流的企业战略。其基本含义是，面对高度不确定的市场和环境，企业要用好技术杠杆，率先引进革命性的新产品，提供独一无二的科技创新产品，甚至提供前所未有的价值体验，创造超大规模需求和超额经济利润。若想确保企业基业长青，原创性、跨越式、突破式的创新成为唯一的出路。例如，苹果公司的 iPhone 开创了移动互联网时代，特斯拉开创了电动汽车时代，英伟达的人工智能芯片开创了人类计算的新时代，OpenAI 开启了人工智能创作的新时代，树立了新时代的标杆。

更引人注目的是，随着算力算法的进一步演变迭代，企业科研、工程、组织能力也进一步增强，一些企业甚至开始扮演"神"的角色。尽管以现在的工程能力，人类社会还难以像《流浪地球 2》电影中描绘的那样，利用 MOSS 量子计算机推动地球变轨，利用核武器引爆月球，但许多令人惊叹的科学与工程研究已经启动。例如，在人类永生方面，算力水平的提高将促进抗癌疫苗、数字永生和脑机接口等多个领域的发展。在人工智能方面，超级算力可以帮助研究人员更快地找到高效的算法配置，提高 AGI（通用人工智能）模型的性能。在星际探索方面，高算力可以处理大量的导航数据和遥感数据，提高轨道器、着陆器和探测器的任务执行效率和成功率，帮助人类实现火星乃至宇宙探索的愿望。在能源方面，高算力可以帮助科学家更好地理解等离子体行为，优化设备设计、研究材料性能等，推动可控核聚变技术的发展和商业化应用。

产品制造由信息化制造向智能自主制造升级

纵观制造技术发展历程，人类社会经历了从手工坊、机械化、电气化到信息化的阶段，如今向智能化迈进。中国信通院的报告显示，智能工厂的典型应用已包括智能在线检测、工艺数字化设计、智能仓储、人机协同作业、质量精准追溯、在线运行监测与故障诊断、产线柔性配置、车间智能排产、精益生产管理、生产计划优化，占比超过50%。但从总体上看，制造业行业间、地区间、企业间发展依旧处于很不平衡的阶段。即使在中国这个全球最大的制造基地，企业数字化转型比例也只有约25%，制造业企业的生产设备数字化率不足50%，企业信息技术实现业务集成的比例不到20%，企业数字化转型成效显著的比例也仅为7%左右。[3] 未来，算力的加强将加速企业智能制造转型。

"XT+算力"实现端到端深度智能

智能制造的根本目的是以大规模柔性制造来满足客户个性化、多样化的需求。这种改造的本质，就是通过软件赋能，最大限度地克服生产设备的专用性，使得同一套设备、生产线在不增加成本的情况下，仅需简单的改造就能生产最多品类的产品。

为了达到这一目的，仅靠原有的自动控制系统或者 IT（信息技术）系统单独运行是远远不够的。例如，如果数据价值挖掘不充分，对生产流程的优化就不彻底。未来，强大算力充分融合 XT 技术，如 AT（自动化技术）、IT、PT（工艺技术）、OT（运营技术）、ET（设备技术）和 DT（数字孪生技术）等，实现端到端的深度智能，最终推动生产向自感知、自学习、自决策、自执行、自适应，乃至最终的"黑灯工厂"形态升级。

在工厂建设环节，强大的算力可以支持基于三维仿真进行的数字化规划，在虚拟厂房中对整个生产工艺的流程进行建模；开展产能分析与评估，在面对未来的市场需求时，动态模拟生产系统的响应能力；进行节拍平衡分析，优化现场调度，让装配任务和资源配置达到最优。例如，三一重工 18 号工厂充分利用数字孪生、柔性自动化生产、规模化的 IIoT（工业互联网）与人工智能技术，建立了数字化柔性设备制造系统，实现了工厂产能扩大 123%、生产率提高 98%、单位制造成本降低 29% 的目标。[4]

在工艺研发环节，强大的算力可以深化基于数据驱动进行的新产品研发模式，进行大规模的实时推理，加速模型训练、模拟和优化参数，实现高精度的虚拟模拟和仿真，提升产品设计、工艺配方、性能测试的效率。如灯塔工厂美的厨热顺德工厂搭建了"敏捷数字孪生平台"，基于 CAE/CAM 仿真技术，模拟产品性能和制造过程，100% 覆盖开发项目，提前发现问题，缩短设计迭代周期[5]，使研发时间缩短 30%、缺陷率降低 51%。

在制造环节，未来工厂将通过智能工业机器人的广泛布局实现无人化。智能工业机器人可以实时处理来自许多传感器（如摄像机、雷达、超声波等）的数据，在动态环境中及时发现生产问题；借助于复杂算法，对于多任务协调等复杂任务可以快速做出最优决策。例如，特斯拉"超级工厂"为 Model 3 的组装打造了一个拥有超过 1 000 台机器人及装配机器的高度自动化生产线，自动化程度高达 95%，包括运输、装载以及零部件焊接。特斯拉在整个生产线上配置了大量的扫描台，测量每辆 Model 3 上的 1 900 个点，并将结果与设计规格进行比对，误差仅为 0.15 毫米。[6]

在运营环节，企业可以打通 MES、ERP 等核心系统，以形成智能工厂架构，实现贯穿研发、制造、采购、销售、服务的全价值链智能化运营；通过获取生产、物流、设备状况等实时数据，实现生产过程透明化，建立前置预警、快速响应、及时处置、闭环改善的问题反馈处理闭环机制，打造全流程、全方位的智能制造先进生产体系。如联合利华和路雪太仓冰淇淋工厂部署了一次性扫描、一站式观看平台，在制造和食品加工等环节为客户打造了端到端的透明生产链、供应链，并根据消费者的数字化需求，打造了灵活的数字化研发平台，将创新周期缩短了 75%，从原来的 12 个月缩短至 3 个月。[7]

总之，未来工厂实际上是两个工厂。一个是实体工厂，可以像手机一样运行。工业互联网就是操作系统，工厂可以在下载安装各种类似 App 的工业软件后实现插电运行、无人干预。另一个则是虚拟工厂，可以建立工厂数字孪生，并与实体工厂进行虚实互控，提高生产效率。

"产业大脑"与供应链

互联网时代需求侧的潮汐效应更加显著。近年来"灰犀牛"和"黑天鹅"事件频发，增大了企业运营的不确定性。在新冠疫情防控期间，有关部门整体打通了口罩机等关键设备的产供销链条，有效保障了卫生物资产品的充足供应，保卫了人民生命财产安全。这也启发我们要跳出单个企业看产业，因为只有从产业链、供应链等处进行优化，才能进一步降低风险，增强生产韧性。

从当前实践来看，产业大脑以产业互联网为支撑，以数据资源为关键要素，基于数据智能的模型、算法和工具等，构建了一个能够对区域产业发展形势进行全面分析、研判的"智慧大脑"。[8] 从组成架构上看，产业大脑的整体架构包括工业互联网、行业数据仓、互联网门户、能力组件、应用场景和安全体系等部分，生成工艺技术、运营管理、行业知识与模型等可重复使用的数字化基本单元。产业大脑尚处于实践探索之中。未来，在强大算力的赋能下，产业大脑数据处理能力将更强，模型复杂度将更高，实时交互也将更加友好，从而在企业运行上发挥更大的作用。

从宏观上，产业大脑将引导营商环境持续优化。其通过集成政府侧经济统计数据、金融统计数据、基础人口数据等公共数据，以及行业内部相关数据，帮助政府更好地监控、分析和管理行业活动，并针对行业运行中出现的共性问题，及时出台相关政策，从而帮助企业化解困难。例如，上奇数字科技联合华为研发的产业大脑不仅可以通过可视化大屏进行实时动态监控和数据分析呈现，而且可以通过产业链穿透图，展示本产业域内企业分布及产业长短板情况，利用产业知识引擎提取和计算验证效果指标，从不同维度评价政策落实情况，为下一步战略调整提供决策依据。[9]

从微观上，产业大脑将有力地促进生产协同。通过对产业历史数据、整体市场信息的深度学习，产业大脑可以更加准确地预测产业发展趋势，协助产业链上的参与者进行资源的调配，使得生产、物流和销售环节能够提前做好调整，避免资源的重复使用和浪费，确保供应链的流畅；通过对产业链的各个环节实施实时监控，可以全面、系统地分析产业链的风险点，如政策风险、市场风险、环境风险等，提供风险管理和应对策略。在出现行业性的零部件断供、重大技术性难题等风险的情况下，产业大脑可以向其所知的优势企业发布需求，通过共享资源、合作研发、共同开拓市场等方式，协助各参与者共同优化，实现产业上下游协同攻关，从而熨平行业的波动。例如，IBM 的 Watson Supply Chain Insights（一个供应链解决方案）能够利用由人工智能支持的强大功能，准确地预测、快速地评估并更有效地降低业务中断的风险，进而优化供应链绩效。Watson Supply Chain Insights 不仅可以通过分析历史销售数据、市场趋势、季节性因素等，帮助链上企业更准确地预测产品需求，而且可以分析多种数据源，包括新闻、社交媒体、天气预报等，以预测可能对供应链造成影响的风险事件，如自然灾害、政治事件或供应商问题。[10]

第七章
算力经济与未来市场交易

强大算力深刻地改变了企业与客户的连接方式。在产品市场上，服务化的精准交付成为主流商业模式。在金融市场上，价值本位货币可能取代超发的信用货币成为新的价值尺度和交易媒介。在市场之外，随着价值发现和匹配的效率上升，更多物品进入共享经济，按需分配成为可能。

产品以服务化的方式实现灵活精准交付

产品服务化是指企业通过将产品和各类服务"打包"，以产品服务组合方式为消费者提供解决方案。20世纪90年代以来，第一产业与第二产业均表现出产品服务化趋势。从宏观数据上看也是如此。世界银行的统计数据显示，全球经济服务化趋势非常明显。2000年，全球服务业增加值在全球GDP中的占比高达60.17%，2009年为63.89%，2019年上升至69.97%。[1]在算力经济时代，供需两端的变化会让这一趋势更加显著。

交付服务

以服务为核心交付产品是服务化的第一个表现。正如前文所提到的，在算力经济时代，企业生产能力的提升让产品都成为大宗商品，而消费者的品质需求提升将使市场竞争白热化。产品端的激烈竞争促使企业通过提升交易、售后等环节的服务水平，提高产品的差异化和竞争力。

这是双赢的选择。对消费者而言，其能更好地满足自身需求。服务相对于很多有形产品实际上是必要的补品。就像空调、冰箱等电器需要安装、维修一样，服务是消费者使用商品的必要环节。未来，算力的增强使得企业更容易满足评估、选择、购买、接收、消费、处理等全生命周期的服务需求。一旦消费者购买某个商品，就自动进入了商品的服务链，从而推动了更多即时和预测性的服务化解决方案的出现，更好地满足了消费者的需求。例如，一些农业科技公司基于农业管理软件和工具，帮助农民实时监测和精细化管理其土地和作物，包括实时的气象数据、土壤水分监测、作物生长预测、作物健康监测等功能。农民可以通过 App 或网页平台访问这些工具，进行数据分析和使用预测功能，全流程个性化制订自己的种植计划，优化农田管理和决策，从而提高作物产量和质量。

对企业而言，其可以延伸价值链。随着专业化分工程度的加深，产品停留在生产过程和流通过程中的时间比约为 1∶19，生产过程创造的价值低于产品价格的 2/5，超过 3/5 的价值创造来源于服务环节。[2] 例如，在通用电气飞机发动机的整个产品生命周期的价值创造中，物理产品的销售只占总收入的 30%，而发动机的保养、维修等服务占总收入的 70%，利润点主要在服务，而不在发动机本身。[3] 未来，增值服务、客户支持、售后服务等，提供了更多展现差异化和个性化的机会，具有更高的附加值和利润空间。

进一步看，提供服务还能增强用户黏性，实现长期绑定。单一的产品是无法实现与用户绑定的，而拥有用户个性化数据、偏好记录和使用习惯的产品将能够锁定用户，这个策略在 iPhone 时代已经得到应用。通过 iCloud（云空间），用户可以在所有苹果设备之间同步照片、文件、联系人等信息。苹果的各个产品如 iPhone、iPad、Mac 和 Apple Watch 等，都能够协同工作。最典型的就是 AirDrop 允许用户在各种设备之间共享文件，Handoff 功能让用户在设备之间无缝切换任务。若用户转到其他品牌，则会失去这种信息同步传递的便利，这让许多用户为了更好的使用体验或者必要的软件选择继续留在苹果生态系统中。

个性化、差异化产品

服务化的第二个表现是根据客户需求，提供个性化和差异化的产品。产业界大力推动智能制造的目的是实现大规模柔性生产，但目前这种产品的个性化、差异化是很有限的。例如，有些汽车厂商推出"个性化生产"项目，即利用数字化生产和智能制造技术为消费者提供广泛的选项和定制服务，而消费者通过在线平台或专门的销售渠道购买，就只有车型、外观颜色、内饰材料等少数选择。另一些则是纯粹的"套娃产品"，即因为销售渠道的不同，而凭空形成不同的品牌。例如，当前手机行业里广泛存在的"套娃机"。尽管其分属不同品牌，但仅仅存在材质上的区别，包括摄影模组在内的外观和配置并没有太多变化。这也是手机等电子产品今年销量大幅下滑的原因之一。

得益于智能制造体系的升级，企业可以更加精准地提供个性化产品。这种变化将在两个层次上展开。一是借助数字化、信息化和算力水平的提高，实现对消费者终端需求的实时感知和精准把握。通过增加产品的种类来体现个性化。产品的种类越多，消费者的选择就越多，个性化的程度也就更高。例如，起源于国内、专攻国外 B2C 快时尚市场的电子商务公司 SHEIN 依托海量的消费者数据，不断优化算法，再通过谷歌、脸书等网站上的"爬虫"抓取时尚流行要素，一两天之内就可知道哪些产品好卖，然后快速进行补货，从而提高市场需求预测的准确度，满足消费者的个性化需求。由于单品的供给量通常不大，消费者"撞衫"的概率大大降低，且更换衣服的成本也不高，随时可以换上新装。

二是基于"硬件白盒化 + 软件定义一切"实现真正的个性化。未来，对大多数硬件产品而言，除了核心零部件之外，其他零部件都将是标准化的"白盒"产品。企业在标准化的硬件设备上以搭积木的方式完成组合建设，使得用户在更大范围内根据需求进行定制。更重要的是，软件在产品中的比重越来越大，以至于产品的功能主要通过软件呈现。在这个时候，产品功能可以实现真正的"千人千面"。

在这方面，特斯拉提供了一个鲜活的例子。2012 年，特斯拉 Model S 在汽车行业内第一次实现了 OTA 升级，开启了"软件定义汽车"的新时代。如今，特斯拉的"车辆围绕计算机打造"的方案，已形成了 Autopilot FSD 完全自动驾驶选装包、OTA 付费升级以及高级车联网功能三大软件订阅服务，不仅让软件付费订阅成为重要的利润增长点，而且让用户持续不断地获得了驾驶新车的体验感，让每辆车的体验感真正实现因人而异。例如，其在交互界面、动力控制、座舱体感、驾驶辅助等方面实现个性化定制，每一辆汽车完全适应用户自身的设置和特点，与用户高度协同；就像如今的智能手机，每个人的手机事实上都是独一无二的，即结合自己的偏好来设置参数、安装应用；同样，以后每一辆车都是"独一无二的汽车"。

按价值收费

我们现在都在为产品过量付费。很多产品功能都被闲置，以智能手机为例，每年各个手机制造商都会在市场上发布诸多新款手机，然而普遍性能过剩。例如，由于相机升级是智能手机硬件升级的重要方向，手机厂商在相机上的投入越来越大，持续增加摄像头数量，提升像素，优化光圈、变焦和广角等功能。然而，对非专业摄影者或视频创作者来说，最新的相机传感器难以发挥出应有性能，使用感知差异并不大。企业端也是如此。有统计显示，大约 1/3 的软件功能处于闲置状态。如果功能供给量能刚好契合客户需求，那么这无疑将为客户节约大量开支。

在这方面，云计算商业模式向前迈进了一大步。云计算包括 IaaS（基础设施即服务）、PaaS（平台即服务）、SaaS（软件即服务）三种模式。在实际的交付中，通常采用两种收费模式，第一种收费模式为基于订阅的支付方式。对产品或服务的访问是通过固定的、经常性的成本获得的。例如，按月、按季度或者按年计费。PaaS 和 SaaS产品经常使用订阅模式，如云存储或 Microsoft Office 365。第二种是现收现付云计算，是一种基于使用量的云计算支付方式，云用户只为实际使用或执行实际工作的资源付费。它的主要好处是没有资源浪费。用户只为他们使用的资源付费，而不用为可能使用或将来使用的资源付费，实现了按实时流量付费。例如，AWS 根据用户实际使用时长或者数据传输量来收取费用。其支付方式与支付水电费的方式类似，用户只需为所使用的服务付费，且停止使用后无须支付额外费用或终止费。按流量收费的云服务器能够根据实际需求灵活地调整资源，并且提供高质量的服务。这样一来，企业不仅可以避免高额的硬件投入和维护成本，还可以根据自身的实际需求灵活选择资源规模。当固定成本变成可变成本时，企业创业风险降低，有更多资源投入研发、营销等价值链的关键活动，从而实现更大的发展。

现有的云计算模式还有提升的空间。在 PaaS 和 SaaS 模式下，企业提供给客户的云计算还只是工具，需要提供人工定制化方案。工具产品往往需要根据不同企业的情况进行调整，难度非常大。每个版本的需求升级、漏洞修复、环境参数变化都需要高昂的成本，且有很大的风险，还需要投入高人力、物力和财力进行二次开发，这实际上也要消耗相应的成本。

企业实际上需要的是结果而不是工具。这使得未来 MaaS（模型即服务）成为新的商业模式。MaaS 是一种类云计算服务的新型人工智能商业模式；将人工智能大模型变成可服务化的产品，不需要用户具备较高的技术水平和较好的底层设施，其模式核心是基于"模型—细分工具—应用场景"传导路径的。通过对行业数据进行深度提炼，MaaS 提供了"即插即用"的行业知识，实现了软件形态"去工具化"。未来，用户在购买模型后，可能只要简单地授权，或者通过简单语言与软件直接交互，就能得到所需的分析产品。概括而言，这就是产品有价值就付费，无价值则不付费，从而进一步缩减购买、培训和后期使用成本，提高产品的使用效率。

现金和货币作为价值尺度和交易媒介的功能日渐式微

超级算力将定义下一代金融交易势能，加速金融体系的深层次变革。算力的飞跃将实现基于大市场的实时交易信息驱动定价，并促进无现金交易的使用场景的拓展与技术的发展。

无现金社会

毫无疑问，现金即将退出历史。20 世纪 50 年代信用卡出现，20 世纪 60 年代借记卡诞生，20 世纪 90 年代电子支付开始流行；而最近 10 年，移动支付和数字货币蓬勃兴起。这些替代性的支付手段凭借高效、低成本和卫生等优势，大大降低了现金的使用频率，缩小了其使用范围，人类正在步入所谓的少现金社会。据统计，作为欧洲第一个发行官方纸币的国家，瑞典目前的现金使用比率仅为 10% 左右。从全球来看，2014—2020 年，现金的使用比率从 49% 下降到 40%。巴克莱银行的预测表明，现金支付将在 2025 年达到一个临界点。届时，绝对现金使用量将开始下降，现金渗透率也将从目前的约 40% 大幅下降至 2030 年的 20%。[4] 然而，受限于数字货币交易的移动终端依赖、学习成本以及人们对电子交易系统的安全性的顾虑，如今现金依然出现在很多商业交易场景中。

未来，算力让无现金交易更便捷。高算力通过促进人脸、指纹、虹膜等多元生物识别的多模态融合，克服了数字鸿沟对人们无现金交易的硬件约束和使用限制。随着算力的发展和算法的优化，生物识别技术，尤其是多模态生物识别技术将飞速发展。多模态生物识别通过多种生物特征，如人脸、声音、指纹等，提高识别的准确性和可靠性。高算力可以处理多种生物特征的数据，进行复杂的特征融合和匹配，为商业应用提供更全面和安全的识别解决方案，大大降低使用门槛，提高使用效率。例如，亚马逊无人超市 Amazon Go 通过多模态生物识别等技术完成无人收银的线下交易。在使用计算机视觉系统和人工智能技术（将智能摄像头和重量传感器结合在一起）后，亚马逊商店就可以追踪顾客的行为。当他们从货架上取下商品时，商店就会创建一个虚拟购物清单。当顾客完成购物时，他们只需通过旋转门离开商店，因为顾客的亚马逊账户会自动付费。

未来，算力让无现金交易更安全。强大的计算能力可以迅速处理大量的交易数据，检测异常交易行为，使欺诈活动被实时阻止，而不是在事后对其进行处理。算力的增强可以实现更复杂、更强大的加密算法，像区块链这样的分布式账本技术系统就能使无现金交易更加安全，足以抵御攻击。例如，Visa（维萨）的支付网络每天处理数十亿笔交易，为了确保其网络和交易的安全性，Visa 在其研究中心进行了一系列的加密研究和开发，用超级算力来分析和处理复杂的交易数据，以及开发下一代的安全协议。量子计算在大规模支付和交易场景的反欺诈方面将发挥更关键的作用。目前已经有由金融机构与量子计算领军企业以量子机器学习框架为核心开发的、基于量子神经网络技术的机器学习欺诈检测识别模型。其通过图数据分析、社区发现等技术手段识别出关系图谱和异常交易，以及洗钱犯罪集团；将这些量子机器学习算法用于对资本市场的欺诈行为的甄别，相当于在欺诈"来临"前通过量子计算快速、准确"预警"，给金融业务披上"量子盔甲"，以避免产生大量资金损失。[5]

通证经济替代信用货币

算力对货币体系更大的影响是，可能导致信用货币的消失。货币形式从物物交换、实物货币、金属货币到如今的信用货币。尽管相较于前者，信用货币存在诸多优点，如较低的制造成本、较好的便携性、不受固定资产波动的影响等，但是其依然存在明显缺陷。信用货币本身没有内在价值，其价值来源于社会主体对它的信任，以及政府和中央银行维持其价值的主权背书。央行因政治压力、错误判断或操作失误而造成的通货膨胀，抑或政府持续地运行巨大的财政赤字并积累大量债务，都会损害人们对货币的信任和货币价值。尽管货币的电子化部分解决了制造和运输成本上的问题，但电子货币只是信用货币在形态上的电子化，并未从根本上消除信用货币本身的信任风险。

在未来社会，由于资源稀缺性在相当长的时间内依然存在，货币还会存在，但货币会衍生出新的内容与方式来消除信用货币本身的信任风险，通证便提供了这样一种路径。

通证是可流通的加密数字权益证明。相对于信用货币，它具备3个关键要素（见图7-1）。一是凭证，通证是以数字形式存在的数字权益凭证，代表着公认固有价值；二是可流通，通证由密码学予以保障，能够在一个或者多个交易网络中流通，具有真实性、防篡改性、保护隐私等能力；三是价值属性，通证能够表示任何具有经济价值的实物或虚拟资产，并通过算法激励让生态系统中的用户积极地产生更多价值。在理想情况下，通证可以代表一切权益证明，从身份证到学历证书，从货币到票据，从股票到债券，从钥匙、门票到积分、卡券。

图 7-1　通证三要素

　　在媒介交易方面，商品价格将实现即时、准确地去中心化生成。商品价格不再由中心化的机构或企业单方面决定，而是根据实时供求和市场条件完成动态、精准的自动化发现。通过高速计算，通证可以实时地反映市场需求和供给的变化，让价格快速调整，比今天市场价格的信号要灵敏几百倍甚至几千倍，使市场更加透明和公平，把有效市场甚至完美市场推到每一个微观领域中。未来，通证的总流通速度将成为最重要的经济衡量指标之一。

　　在价值分配方面，在通证经济社会中，每个人都在区块链上具有可验证的、唯一的数字身份。一系列的智能设备、算法对每个人的线上线下劳动贡献进行实时测量，然后把这种测量转换成具体通证激励，发放到贡献人的手里。这种发放具有多个特点：高精度，劳动者的线上线下的微小动作和行为可被精准测量；透明性，每个行为值多少通证都写在算法里，每个人都可以清楚地了解；实时性，只要劳动者创造了价值，就可以在高度数字化、信息化的环境中立刻得到奖励；端对端，传统的激励需要层层考核确认才能发放，而基于算法算力的通证激励能实现点对点发放。因此，劳动者获得的去中心化的通证可以替代中心化的信用货币，从而建立经济成果由资本（人的存量价值）、劳动（人的流量价值）、客户（人的信息数字价值）共同参与分配的通证经济制度。

共享和按需分配成为市场交易的新选择

共享经济是将拥有闲置资源的人与需要这些资源的人连接起来，让商品、服务、数据或技能等在不同的主体之间进行共享的一种经济模式。共享经济满足了人们的需求，降低了资源的消耗，符合人类社会可持续发展的大趋势。未来，共享经济将得到更大的发展。

共享机制更加健全

共享经济的核心在于允许个人分享闲置资源并从中获益。只有当这些资源能够与真正需要它们的人匹配时，这种模式才能实现其真正的价值。未来，超级算力不仅可以实现共享平台上的内容自动分类、标签化和归档，而且可以构建更智能的推荐和搜索系统，即根据用户的需求和历史行为进行个性化、智能化的推荐、匹配和回答。通过精确、快速的供需匹配，共享经济将资源从供应方转移到需求方。例如，借助数字技术和算法的资源汇聚和匹配能力，爱彼迎的业务已经覆盖了全球 191 个国家，超过 65 000 个城市，房源数量已达到 400 多万，实现了闲置房屋的供需双方的高效率和大规模的匹配。目前，爱彼迎的估值高达 310 亿美元，甚至已经超越了老牌豪华酒店希尔顿。[6]

此外，定价是平衡供应和需求的关键因素。合理的定价可以吸引更多的供应方进入市场，并鼓励消费者使用平台。传统交易对标准化产品进行定价比较便捷。例如，其可以通过市场法、收益法、成本法对不少实物产品进行定价，但非标准化的产品一般没有现成的定价方法。未来，强大算力可以根据产品的实际功能、使用量、用户需求、历史交易记录等，更快地制定出相应的定价模型，从而让不同的参与者认可，进一步推动共享交易；根据市场环境和用户需求的快速变化动态定价，推动供需平衡。例如，网约车平台可以实时监控用户需求和交通路况等信息，通过智能定价机制调整价格，以平衡供需关系，进而使用户获得透明、优惠的价格。

交易监督支撑着共享经济的发展。共享经济在很大程度上依赖于参与者之间的信任。当用户知道存在监督机制时，他们就更容易信任平台和其他用户。然而，由于共享经济的交易是非正式化的，与传统的服务供应商相比，共享经济平台上供应者的质量和安全标准存在较大差异。依靠高算力，平台可以运用复杂的机器学习算法和人工智能算法进行大数据分析，识别和预防欺诈行为。例如，优步容易遇到各种欺诈行为——虚假的乘客账户和司机账户以及虚假行程等。为了应对这些交易风险，优步利用大数据分析技术，实时监测异常的订单模式；利用机器学习算法对每一个订单进行风险评估，并考虑到乘客和司机的历史行为、行程的具体细节等因素，给每一个订单打分，高风险的订单可能会受到额外的审查或干预。在行车过程中，优步还会对乘客和司机的位置数据进行实时分析，识别出不正常的路线或不合常理的行程时间并及时干预。随着共享安全性的上升，共享可能会摆脱中心化的平台或组织，通过点对点的交换转变提高共享的效率。

共享更深、更广

得益于算力的支持和机制的完善，未来的共享将会更深、更广。从市场规模来看，未来共享经济规模将进一步扩张。据有关研究，

2022 年我国共享经济市场交易规模约为 38 320 亿元。从用户和消费侧来看，2022 年网约车用户、共享住宿用户和在线外卖用户在网民中的占比分别为 38.54%、6.63% 和 61.44%。[7] 从全球来看，尽管数据口径不同，但显示了同样的趋势。根据数据统计公司 Statista 的测算，2021 年全球共享经济市场规模达 1 130 亿美元，预计到 2027 年全球共享经济市场规模将达到 6 000 亿美元，实现近 5 倍的增长。

此外，可以共享的品类将更加丰富。比如，从消费侧来看，现在有共享单车、共享汽车，还有共享空间。再比如，爱彼迎已经实现了有形产品共享品类的极大扩张。在未来的算力经济时代，世界进一步被软件定义，共享的品类将从有形的产品向无形的产品延展。其中，最核心的就是个体时间的共享。它有多种表现形式。例如，个人把自己的时间以技能、知识或经验等形式变成一种可以"交易"或"交换"的资源，这样一来，人们就可以租用他人的时间来完成某些任务或学习某种技能。未来，由于复杂技能和专业知识的价值更高，这种技能和知识共享将变成共享社会的重要构成部分。另一种场景是，随着数据要素市场的成熟，个人可以通过将自己的数据授权、租赁给数据银行而获得数据存储"利息"。人的注意力也将成为可以共享的商品，这是目前的流量经济的一种升级版。随着信息量的爆炸，在互联网时代本来就已经非常稀缺的注意力将变得更加稀缺、更有价值。未来也许会有专门的注意力共享平台，人们可以把他们的注意力出售给那些需要它们的企业或个人。成功获得和保持消费者的注意力能够转化出更多的交易量、更高的用户活跃度、更高的品牌认知度和更高的市场价值。即使没有交易，也可以转变成一种注意力众筹。例如，一名艺术家或创作者需要人们的注意力来推动其项目，可以通过众筹平台来吸引和奖励注意力投入。

从企业侧来看，共享品类的拓展将从消费侧向生产端进一步延伸，生产能力的共享成为新趋势。在软件行业，全球的程序员已经展示了这种能力共享的可能性。GitHub 是一个全球范围开发者平台，提供代码托管、版本控制和协作服务，开发者可以创建代码仓库并将代码上传到仓库中，然后邀请其他开发者加入，从而创造出众多功能强大的软件产品。未来，制造业也将加入共享的浪潮中。在生产的元宇宙中，生产资料（如机器、原材料、知识产权等）可以数字化，工厂的机器可以实现数字孪生，进而在虚拟环境中进行模拟和优化，这种数字化生产资料可以更容易地被访问和共享。例如，Xometry 是一家美国分布式大型制造共享平台，通过数字技术和智能算法将客户与全球各地的制造商和加工厂连接起来；客户可以轻松获得所需的定制产品，而无须自己准备生产设施或与多个供应商协商。这将实现对社会闲置零散生产能力的有效利用。

按需分配

生产力高度发达使得劳动生产率大幅提高，生产资料与产品服务供给也变得更丰富，为按需分配打下了基础。

从生产资料的所有来看，生产资料的垄断性大大降低。算力作为未来社会最基础的生产资料，其成本将快速下降。随着量子计算技术的进步，量子计算机将让算力达到更高的数量级。人人享有普惠的算力资源。另一项从属于个人、不可剥夺的生产资料——灵感创意，将在互联网各类创意经济平台的帮助下具有普遍的变现渠道，从而形成规模化的创意经济。由于创意行业比其他行业雇用了更多的 15~29 岁的年轻人，因此年轻人高失业率的全球难题有望得到化解。

从劳动者的劳动意愿来看，我们后面要讲到，算力让人们能更专业地赋予产品技术属性，3D 打印等生产工具让生产本身成为一种消费。算力经济可以提升人们的收入水平，人们可以通过能力多样化、角色多样化变得更快、更高、更强，从劳动、创业中获得更多目标感和成就感。从这个意义上讲，生产成了人的内在需要。

从劳动产品的供给来看，基本生活资料将失去稀缺性。现在重要药品大幅减价这一现象，已经表明了人类生产力的巨大进步和发达程度。未来，强大算力将让生产力实现新飞跃，一片面包、一粒阿司匹林、一包纸巾这样的有形产品以及元宇宙中虚拟产品的边际成本将会趋近于零，从而出现无限供给。在这种情况下，基本消费品就没有竞争性和排他性，成为公共产品，可以像公共产品一样按需分配，提供基本公共服务。未来，当个人发出需求请求时，基于超级算力的智能推荐系统就可以根据用户的个人喜好和历史行为，向其推荐最符合其需求的基本品资源，并确保资源按需精准投放，这充分体现了共享社会高效的按需分配特征。

第八章
算力经济与未来消费升级

算力经济时代是物质的"丰饶时代"。根据有效需求理论，消费水平取决于收入（财富）水平和消费者的边际消费倾向。未来，人均收入提高会推动消费水平提升和消费结构持续升级，使"第四消费时代"更加丰富多彩。

参与式的品质化消费成为主流

生产成为消费的重要形式

移动互联网时代已经出现了消费者向"产销者"转变的趋势。消费者通过"点评""用户体验"等方式参与到产品的共创中。这给市场营销学提出了新课题。算力经济时代将会真正迎来阿尔文·托夫勒在《财富的革命》一书中预言的"大爆炸"，消费者将更深层次地参与到生产中。

这一趋势的出现首先是因为消费者的专业能力得到了提升。现在，面对纷繁复杂的品牌、系列、技术参数和红包优惠组合，很多消费者都有"选择困难症"，以至于催生了"买手"这一职业。未来，算力的发展会使每个消费者都有"智能购买助手"。它们既能基于对网络商品库信息的全景扫描，了解不同类别产品的功能特性、技术指标、适用场景，又能通过长期跟踪研究消费者的偏好数据，充分理解消费者的特殊需求。这将给消费者带来极大的便利，也能创造新的价值。例如，为消费者提供准确、翔实的产品使用说明和技术指标清单；对一系列产品迅速进行横向和纵向的技术指标比较，高效识别哪些是商家的"套娃产品"，哪些才是真正有价值的产品。更重要的是，智能购买助手对产品的推荐忠于使用者的指令，能够客观指出产品的潜在缺陷，帮助消费者摆脱厂商的营销轰炸；基于消费者的收入、偏好情况，还能提出产品改进建议等。消费者通过与智能购买助手的长期交互，加强了对产品技术指标含义、适用范围及改进方向的理解，有的甚至会成长为"产品专家"，可以就产品设计和生产提供深度见解。

其次是因为与厂家互动的渠道更加安全、畅通。众所周知，消费者画像具有巨大的市场价值。从市场调查到 App 采集，商家总是试图通过不同途径获得更多的消费者数据，以挖掘潜在商机，改进产品设计。但目前的数据要素市场尚不成熟，许多 App 采集是过度的、非法的，或者处于规则不明的"灰色地带"，给消费者带来很大的安全困扰。将来，数据要素市场的运行会更加规范。消费者可以将自己的个人数据，如身份、兴趣等基础数据，以及线上的浏览记录、购买记录和评价记录等动态数据，通过加密技术存放在独立公正的"数据银行"中，在需要的时候分层、分类、安全地授权给企业使用，以帮助企业设计出功能更全和适用性更好的产品。对于那些长尾产品，不同地域、阶层、年龄的消费者分散性的需求由"数据银行"更加细致、快速地分类汇总起来。消费者将通过数据、资金和智力的众筹，加速新产品的研发面市，真正实现"需求侧引领供给侧"。

在更高级的阶段，消费者将更深、更广地从事产品的生产与创造。不少国家都有DIY（自己动手做）文化，消费者可以通过创造自用的实物产品获得成就感、满足感。未来，消费生产模式将是这种DIY模式的升级版。一方面，消费者通过软件定义参与软性生产。在强大算力构建的生产元宇宙中，用户可以足不出户地实现对原材料采集、生产制造、运输等全流程虚拟场景的考察，进行实时线上交流，并结合自身需求进行产品形态、指标和功能的建模，深度参与产品共创、服务内容共创。另一方面，消费者通过3D打印参与实体生产。3D打印这种基于数字技术与材料技术的生产模式具有精确、灵活、节约、高效等特点，被认为是未来最具颠覆性的终极形态之一，但受到了成本和技术成熟度等因素的影响，目前应用尚不广泛。正如机器制造推动机器的普及一样，在未来强大算力的支撑下，智能制造技术将飞速发展，最终会让3D打印的设备成本大幅下降，并向4D（四维）打印等方向升级，最终实现普及应用。人们无须外出购物，只需要建模或者下载模型，将其输入3D打印机，随后获得商品。例如，在美剧《上载人生》中，人们已经无须外出购买食物，厨房里的一台类似咖啡机的机器可以打印各种美味食物。再如，在《流浪地球2》中，科学家在月球上利用量子计算机建模，通过3D打印方式快速建造各类建筑。"建模即所得"的时代随着算力的增强将会加速到来。

迈向更高品质的消费

品质是消费者永恒的追求。未来，经济持续发展会提高社会财富水平。人口老龄化、少子化以及单身文化等因素又导致家庭规模缩小，将带来人均收入的更快提高。更加富裕的消费者，需要更高品质的消费品。

直观来看，品质包括"品"和"质"两个方面。从"品"的方面看，随着算力经济的发展，人们的消费需求将进一步让上一个时期的"规模经济"转换为"范围经济"。不只是更具差异化、个性化的单品消费，更多品类的消费可以给人们带来巨大的满足。有学者利用阿里巴巴网上图书消费做了一个研究。市场上流通的 300 万种图书只有少量成为畅销书，大部分图书成为长尾书。随着数字出版社和网络书店的发展，长尾书的存储和销售成本趋于零，用户将有更多的选择，从而形成新的消费增长点。多品类对消费者效用的改进意义重大。研究显示，图书商品多样性带来的消费者福利已经高达支出水平的 120%。

未来，生产力高度发达，线上、线下的消费品类将更加丰富。由于生产的灵活性更高，元宇宙消费尤其空间巨大。强大计算与 XR 技术深度结合，构建出一个可交互的虚拟环境。在这个空间中，商品信息和营销信息的展示方式更加多样，如立体、可视化、可交互等。人们不仅可以购买现实世界中的商品的数字化版本，也可以购买虚拟的衣服、装饰、房地产、数字藏品等产品，满足自身精神需求，这赋予消费极大的多样性和便利性，实现了消费的空间扩张、场景重构和范式变革。[1] 彭博行业研究报告预计，元宇宙市场规模将在 2024 年达到 8 000 亿美元，普华永道预计元宇宙市场规模将在 2030 年达到 1.5 万亿美元。

"质"的提升至少体现在 3 个方面。产品技术指标的提升是基础任务。人们会一如既往地需要输出功率、显示效果、节能效果等工业属性。在这个基础上，随着人们科技素养、数字素养的提升，产品的科技属性将越来越重要。如果一台家用电器能同时承担洗衣、做饭等工作，那么它无疑会带来极大的便利。购买健康的产品也将是刚需。全球人口加速老龄化。到 2050 年，全世界 60 岁以上人口将翻番，增至 21 亿。2020—2050 年，预计 80 岁以上人口将增加两倍，达到 4.26 亿。在这样的人口结构下，人们希望智能科技让食物更绿色、空气更洁净、生活环境更安静、医疗服务更加高效便捷。当然，最为关键的是产品的人文属性。根据英敏特《2023 全球消费者趋势》报告，相比于追求功能和效率，消费者更注重从兴趣出发，实现自我满足。因此，未来技术表达是否更有温度，成为消费者日渐关注的重点。例如，在挑选智能家居产品的过程中，消费者不仅考虑安全性和便利性，还注重家庭成员的需求和情感体验，从而让家庭更加温馨和谐；选择智能手机时不仅考虑性能，还注重自身的使用习惯和心理需求，产品使用过程的愉悦感，等等。

工作时间减少点亮家庭消费场景

人类普遍实施 8 小时工作制已近百年。社会生产力的不断提升，让获得更多假期成为可能。2020 年以来，冰岛、西班牙等国已经实行 4 天工作制，冰岛甚至宣布获得"压倒性成功"。今后生产力将更加发达，算力替代人力加速进行，人们的居家时间可能超出在办公场所的时间，家庭功能将得到扩张，家成为新的消费场所。

家庭成为生产力中心

远程办公是互联网产业给人们塑造的一个美好故事，因为它能帮助人们实现职住平衡，省去通勤负担，但迟迟没有落地。在新冠疫情防控期间，人类终于进行了前所未有的居家办公实验。斯坦福大学经济学教授尼克·布鲁姆的研究数据表明，在新冠疫情防控前，全薪居家工作仅占带薪日的5%，在疫情防控期间，这一数字上升到50%，大流行之后降至25%，但与疫情防控前相比仍呈现出4倍的增长。仲量联行《2022年未来办公调研报告》数据预测，53%的企业将在2025年前为全体员工永久开放远程办公选项。这意味着家庭将日益成为生产力中心。

遗憾的是，目前的居家办公体验并不完美。办公领域的全球设计和创意领袖Steelcase的一份调研结果显示，仅有19%的人能够积极接受居家办公，而高达41%的人对居家办公经历不满意。出现这些问题的原因是多方面的，既包括职场收入方面的因素，也包括居家办公模式的内在缺陷方面的因素。例如，公司付给远程办公人员的薪酬更低；工作与生活缺乏界限，一些人抱怨"无法下班"；缺少交流和互动，影响沟通和团队协作效率；工作环境和条件设施不齐全，不能完全承接在岗工作的内容；等等。

未来，更强大的高性能计算将成为家庭配置，从而改善家庭的生产设施条件，提升居家办公体验。在办公环境方面，人们可以通过系统管理温度传感器、光照传感器、空气质量监测器等设备，根据季节、时间和人的状态及时调整室内温度、光照条件和空气质量，从而达到始终保持适宜的工作环境、节约电力消耗的目标。在生产力设施方面，随着基于软件的创意性工作增加，人们可以通过加密网络进入公司建立的专属数字办公空间，运用由家庭算脑和专线配置而来的企业级算力，高质量地完成方案设计、仿真、建模和3D（三维）展示等高级工作。在沟通协作方面，人们可以通过对虚拟形象进行超精细的美化减少面容焦虑，提升视频会议的沉浸感。对于一些不重要的会议，数字分身可以代替人们出席并整理关键内容，帮助人们合理分配工作时间。在辅助工作方面，各种各样的智能家电接管家务劳动，帮助人们集中精力，而不用一边工作一边考虑洗衣做饭。虚拟助理可以完成餐位预约、票类预订、会议安排等各种耗时费力的繁杂事项。在下班后，数字分身可以代替人们完成统计、运算等重复性、程序性的工作和其他待办任务。这样人们就能准时下班，开启温馨的家庭生活。若有需要，数字分身还可以根据一天的表现，及时提供工作绩效评估报告，并提出相应的改进建议，从而解决监督和激励问题。这些都将优化居家体验，提升工作效率。

家庭成为服务中心

从本质上看，家为人们提供的服务比较有限，主要集中在住宿服务上。如果考虑人要花费大量的时间装修、保养和维护房屋，以及偿还房贷，那么实际上人服务房屋比房屋服务人更多。未来，房屋会成为新的智能终端，将具备对人的主动服务能力，使得家庭成为服务中心。

"真智能"提升生活的舒适度。全球智慧家庭产业已发展多年。人们创造了智能音箱、智能门锁、智能空调、智能冰箱、智能窗帘等纷繁复杂的产品，以试图创造一个智慧的家庭。但商业模式不协调、标准不统一、技术不成熟等原因让智慧家庭服务的碎片化问题严重，其远远没有实现人们预期的智能水平。钛媒体的数据显示，当下智能家居用户的激活率尚不足 20%；使用一段时间之后，继续使用家电产品智能功能的用户不足 5%。未来，家庭 ICT 环境也将向云化转型。通过拉通不同软硬件端口，家庭设备分为基础硬件层、数据、能力平台层和应用层，由智慧大脑进行统一管理和自动配置。未来，人们不必记住每个设备的"Siri使用指南"，只要一进门，房屋就会自动提供从开灯到煮饭一连串的智能服务。随着使用次数的增加，这些服务还会不断调整，适应人们需求的变化。

"大智能"提升生活的便捷度。人们已经通过互联网实现了与商品和信息的连接。未来，人们需要更优的线上体验。例如，衣服和鞋帽等产品已经有较高的标准化程度，但定制产品更加合体。对于婴幼儿等体型变化较大的人群，买到合适的产品仍然比较困难。线上购买也需要多次试穿，还存在退换货问题。未来，手机、智慧穿衣镜等产品将嵌入更强大的计算能力和人工智能模型；在屏幕扫描后，机器视觉就能自动计算人的体型，快速进行造型设计，一次匹配大小、色彩和款式适合的衣服、鞋帽，从而省去了反复试穿的麻烦。更为重要的是，算力经济时代更多的服务是通过线上提供、下载使用的方式实现的，人们足不出户就可以享受到品类丰富的优质服务。例如，人们想品尝某位厨师的美味餐品，无须在线下排队，只要告知智能厨具需求，厨具就会自动下载该厨师定制的菜谱和操作方法，按照指定新鲜度的食材和火候进行烹饪。再比如，人们想享受某位按摩师的按摩，就可以下载这位按摩师的操作参数，按摩椅会根据体重、体型、身体状况、年龄和既往使用反馈进行精准调节，以提供最舒适的触感。公共服务方面也是如此，人们不再需要按部门逐一提交服务申请，只要在家完成身份认证，系统就会直接匹配社保、医疗、培训等一揽子服务方案，并让数字人提供一对一的指导，真正实现"让数据多跑路，让群众少跑腿"，减少对公共资源的消耗。

"强智能"提升生活的满意度。据统计，目前居民家务劳动平均时间为1.5小时。未来，人口老龄化需要更多优质的居家劳务活动，但少子化又限制了服务工人的供给。各种智能家电向各式各样的服务机器人转型且机器人大规模进入家庭，已是大势所趋。据国际机器人联合会统计，2020 年全球个人和家庭用途服务型机器人的销售额为65 亿美元，2023 年将达到 121 亿美元，未来还将高速增长。Pepper、LOVOT 等机器人已经可以提供语音控制、智能家居控制、安保监控、家庭娱乐等服务。随着机器人具身智能程度显著提升，家庭服务机器人将向着形象拟人化、功能通用化的方向优化。尤其在互动方面，机器人进步神速，ChatGPT 已经开启了人机无缝交互的时代。对话机器人 Ameca 在大模型的帮助下已经可以流利对话，通过多种表情表达不同的人类情感。女性机器人"索菲亚"拥有 63 种表情包，可以表达复杂的情感，并且具备思维能力，已经被授予沙特公民身份，成为史上首个获得公民身份的机器人。创业公司 Character.AI 的产品也十分有趣。用户可以创建个性化的机器人角色，与想象中的任何角色进行对话。如在 Character.AI 上，"爱因斯坦"的回复已经超过 160万次，内容包罗万象——既有爱因斯坦的相对论，也有宠物推荐。经过长期训练，其可以"比真人更懂真人"。

家庭成为社交中心

客厅是娱乐休闲、亲朋聚餐、客人接待和临时办公的重要场所，但在当前高昂的房价下，不少人直接舍弃了客厅，从而削弱了家的社交功能。从更大的面来看，当代人的心理连接并没有从媒介技术的发展中获益。麻省理工学院教授雪莉·特克尔在《群体性孤独》一书中形象地指出："我们为了连接而牺牲了对话。大家都熟悉这样的场景：家人在一起，不是交心，而是各自看电脑和手机；朋友聚会，不是叙旧，而是拼命刷新微博、微信；课堂上，老师在讲，学生在网上聊天；会议中，别人在报告，听众在收发信息。所有这些现象都可以归结为'群体性孤独'。"

人终归是群体性动物。未来，算力技术的发展将使社交更真实，从而有助于治愈这种"群体性孤独"。超强算力会为每个家庭制造一个新的虚拟休闲空间，大大拓展了家庭成员的社交渠道。起初，人们可以利用增强的视频会议系统与千里之外的亲友进行交流。例如，谷歌正在实验的 Starline 3D 视频通话技术，使用一个 65 英寸的光场显示屏，以及现场的 10 多个摄像头和传感器，从不同角度捕捉人体影像，通过深度学习进行实时压缩，再传输到另一边重建 3D 影像并播放出来，从而让人看起来有体积、有深度和阴影，实现了"更生动的回忆"。2021 年，Meta 公司在北美向公众开放了虚拟现实平台"Horizon Worlds"，其月活跃用户在次年 2 月首次突破 30 万，在 3 个月内增长了 10 倍。在虚拟现实平台中，拥有 Oculus 头戴设备的用户可以自定义五官、皮肤、发型和身材，在添加好友后互相通信并组织私人派对、家庭聚会，体验多人沉浸式游戏；隐私功能还可将用户之间的接触设置为固定距离之外，用于保障用户的至高体验需求。在更远的未来，超强算力会为人类建造"社交元宇宙"。可定制的虚拟形象成为人们在元宇宙中的标配，移动化、场景化和混合化的 VR（虚拟现实）社交平台将使"云聚会"成为可期待的事。每个人都可以根据自己的喜好设定身份、性格，系统通过既定的社交画像和兴趣图谱完成筛选和匹配，使人们能轻松地交流和互动；人们还可以随意设计、切换社交场景，不必日行千里就能在海边、在星空下甚至在古代获得巅峰社交体验。

物质需求被充分满足后，人们为自身的全面发展而消费

美国心理学家亚伯拉罕·马斯洛在《人类激励理论》一文中提出了需求层次理论，即人类需求分为生理需求、安全需求、社交需求、尊重需求和自我实现需求 5 个层次。[2] 未来的物质产品将非常丰富，人的生理需要和安全需要完全能够通过生产得到满足。此外，绝大多数"00 后"未来都有可能是百岁老人。面对这样漫长的人生，人们更愿意追求人生的宽度和厚度，通过个性、创造性和独立性"不受阻碍地发展"，从而赋予人生更加厚重的目标感和成就感。

人机协作成为必备技能

当下，人工智能技术已经给人类长期就业带来了巨大的挑战。对此，我们后面将展开分析。但按照李开复在《AI 未来进行式》（2022）中的分析，即使 20 年后，由强大算力支撑的人工智能也无法具备创造力、同理心和灵活性。这意味着智能机器人、智能助手对人的替代是一个渐进的过程。至少在一代人的时间内，人机协作是每个人都必须掌握的基本技能。

实现人机协作的关键在于发挥人和机器各自的比较优势。由于机器人在判断决策、艺术创意和复杂人际关系的处理方面尚未达到人类的既有水准，因此将主要从事一些不需要社交、高机械性和高重复性的工作，如客服、保险与信贷审核员、放射科医生、服装厂工人、卡车司机等。人们则可以摆脱枯燥的重复性任务，从事那些需要强社交、强创意或战略决策型的工作，如创业家、礼宾、市场公关、事业规划

师、运动康复师等。

在实际工作中，人类与机器也需要合理分工。例如，人类成为提示工程师，通过调整指令、格式化提问、链式思考（CoT）提示等技巧，帮助大模型给出更好的回答。在教育领域，人工智能可以分担教师工作中的作业批改、考试评分以及相对标准化的物理、化学实验等工作，人类则可将更多的精力倾注于学生的心智开发、个性化素质教育启迪以及心理激励等。人机协作可以提高工作质量。

为实现自由全面发展而消费

到达这个目标的根本路径是实现能力的多样化。大多数人都是工业教育体系的"产品"，技能单一且学习时间冗长。格拉德威尔在《异类》中提出了著名的"一万小时"定律，指出"一万小时的锤炼是任何人从平凡变成世界级大师的必要条件"，这意味着如果一个人每天工作 8 个小时，一周工作 5 天，那么成为一个领域内的专家需要超过 5 年的时间。这个时间并非没有压缩的空间。实际上，有人通过格拉德威尔的研究指出，优秀演奏者的练习时间甚至比一般演奏者少。其中真正的差别是，优秀演奏者不是平均用力，而是针对特定的问题反复进行练习，既改善了学习效果，又节约了时间。就像许多篮球运动员在训练中所做的那样，日复一日的投篮训练是为了形成对标准动作强有力的"肌肉记忆"。记忆越牢靠，动作越标准，命中率也就越高。这也适用于未来的技能培训。在学习体育运动或者乐器等需要肢体动作的技能时，人们可以佩戴特定的外骨骼机器人。这个机器人具有强大的感应能力，存储了这个领域专业人士的标准动作。它一旦识别到练习者的动作偏离最佳标准，就能马上给出提示，并立即进行纠正，直到练习者建立正确的"肌肉记忆"，稳定地表现出最佳水平。在学习了一项技能后，人们还可以如法炮制转入新技能的学习，真正实现"艺多不压身"。

人们技能的增加，进一步成就了角色多元化。工业时代社会生产组织中"一个萝卜一个坑"的发展路径被打破。越来越多的人成为"斜杠青年"，可以在一天中的不同时间和人生的不同阶段，根据自己的偏好灵活地选择职业方向。人们的工作和技能的不断变化，极大地拓展了人生的宽度。未来，人们还会有更多的数字代理人。这些代理人具有本体的特质，得到本体的授权，可以代表本体在线上线下、在虚拟空间从事新的工作，获得新的收入。这成为人们角色多元化的新的表现。

当然，全面发展所带来的成就感也是一种心理体验。在某种程度上，人类的愉悦体验就体现为各种化学技术和电信号。通过脑机接口的发展，未来人们可以更好地识别产生愉悦心理体验的物理体征和化学激素以及要素之间的复杂关系，量化"目标感和成就感"的生理含义；通过直接或间接的刺激提升积极体验的"激素水平"，改善情绪状态。

通往人机融合的奇幻未来

人机协作的最高层次是人机融合。在 1990 年的电影《剪刀手爱德华》里，男主人公是一个机器人，通过逐步的改造，最终成为一个法庭认可的人类。他的妻子也通过植入器官等方式，具有了类似永生的能力。电影描绘了人类和机器人最终融为一体的画面。未来，算力的发展可能让这种想象变成现实，使得人类从碳基生命变为"硅基生命体"。

这种演化将渐次展开。首先是我们提到的外骨骼系统（实际上"是一类可实现人机结合的可穿戴式机器人"），通过将人体的感觉、思维、器官与机器的感知系统、智能处理中心、控制执行系统相结合，达到改善人体物理机能及提高身体素质等目的，使人类变得更快、更高、更强。德国斯图加特工程研究机构的数据显示，外骨骼机器人可以让体力工作者的负重能力提高 10 倍以上；军工类外骨骼机器人可让实际负重与身体觉察比达到 17 ： 1，即搬运 170 公斤的重物时，穿戴者只会感到搬运了 10 公斤。

其次是引导精密的 3D 打印机打印器官。这是解决器官短缺问题的一个重要方法。未来，它可通过 CT（计算机断层扫描术）或磁共振成像等医学技术，获取患者的器官或组织的形状和其他细节信息；然后利用计算机辅助设计软件，调整器官的大小、形状和结构，选择最适合的生物材料，根据扫描数据对器官进行 3D 建模；最后利用 3D 打印机将生物医用材料逐层叠加，按照预定的设计和参数，制造出一个完全符合患者需求的器官，甚至包括细小的血管和组织等非常精密的器官。2022 年 3 月，3DBio 公司从患有先天性小耳畸形的患者身上提取了半克细胞，并利用专利技术将其培育成数十亿个体外细胞，以生产一种由胶原蛋白等组成的"生物墨水"；然后用特殊的 3D 打印机打印了一只一模一样的、完好的"活的耳朵"；最终成功将其移植到患者身上。

人类被植入的人造器官越多，就离机器人越近。脑机接口将人类与机器推向更精细的神经层次。我们在此不再赘述。相比于此，更进一步的是计算生物学。2019 年，瑞士联邦理工学院利用 CRISPR 技术，构建了一个相当于计算机 CPU 的生物等效物。这个 CPU 被插入一个细胞；在那里，它调节不同基因的活动，以响应专门设计的RNA（核糖核酸）序列，这使细胞实现了类似于硅计算机中的逻辑门。在遥远的未来，人类甚至可以调节器官的发育，使之具有特定的功能。

最后是通过数字永生实现个人情感意识的延续。数字永生是指利用人工智能等技术，将人类的思想、情感、记忆等信息转化为数字形式，并将其保存在云端或者其他载体中，从而实现人类意识或者个性的延续。简单来说，数字永生就是用人工智能把人体变成一个数据包，让其在虚拟世界中继续存在。2023年1月20日，吴孟超院士数字纪念馆运用声光电设备、物联网、全息投影技术等还原了逝者的全息影像，实现了逝者与生者"跨时空的对话"。线上3D虚拟纪念馆让逝者的人生故事可以被呈现，生前物品也可以通过科技赋能的方式永久保存，从而实现了真正的"数字永生"。到那时，四世同堂将演化为"万代同堂"，"我是谁"的终极哲学命题将更加扑朔迷离。

第九章
算力经济与未来基础设施建设

现代化基础设施体系是现代化国家的坚实基础和重要支撑。在算力经济发展的高级阶段，信息与能量深度融合，基础设施加速实现智能化转型，在经济社会发展中的基础性、先导性、战略性、引领性作用更加突出。

以信息能量协同为重点，加快布局建设新型信息基础设施

信息基础设施主要包括通信网络基础设施、新技术基础设施和算力基础设施等。其中，以云为核心的算力基础设施正加快成为数字经济高质量发展的有效推动力、促进社会进步的数智生产力、全球大国博弈的重要竞争力[1]，是当下最重要的基础设施。

算网数智深度融合的新型信息基础设施

建设强大算力基础设施，是算力经济时代"新基建"最突出、最

紧迫的任务,其最终目标是要实现"算力无所不在、算力无所不及、算力无所不能"。

算力无所不在,是指实现算力的充分供给,即"供得上"。算力包括基础算力、智算算力、超算算力。总体来看,全球算力供给高速增长,到 2030 年算力总规模有望增至 56ZFlops,平均年增速将达到 65%;分领域看,算力增长出现分化,基础算力、智算算力、超算算力规模将分别从目前的 369EFlops、232EFlops、14EFlops 增至 3.3ZFlops、52.5ZFlops、0.2ZFlops,平均年增速将分别达到 27%、80%、34%。[2] 显然,智算中心是未来算力建设的主角。有机构预测到 2030 年人工智能算力将增长 500 倍、占比超过九成,而通用算力仅增长 10 倍[1]。[3] 大模型所取得的突破性进展,打造出陡峭的"人工智能算力增长曲线"。全球人工智能龙头 Open AI 透露,2012 年至今,其人工智能训练算力需求呈指数级增长(已超 30 万倍)。据预测,按照目前人工智能训练算力需求 3.5 个月翻番的增速,GPT-5 所需计算量可能高达 GPT-3 的 200~400 倍。2023 年 3 月,ChatGPT 还一度"全球宕机 12 小时",用户无法登录,且收到"满负荷运转"的弹窗提示。这生动地展现了人工智能计算需求激增背景下的智算算力不足所带来的挑战。

目前,全球主要国家都制定了人工智能国家战略,紧锣密鼓地推进大规模智能算力基础设施建设。在国家层面,美国在 3 000 亿美元的投资计划中提出重点加强数据中心、智算中心的建设;德国《国家人工智能战略》提出,在原来 30 亿欧元的基础上再增加 20 亿欧元支持人工智能研究,继续加强对人工智能能力中心的建设。在企业层面,

---

① 华为的预测数据。

NTT（日本电报电话公司）2023 年宣布，计划在未来 5 年内向人工智能、数据中心和其他"增长领域"投资 590 亿美元；Meta 公司叫停部分在建数据中心，转而打造智算中心；作为业外企业，全球最大房地产投资公司黑石集团也瞄准了这一方向，出售了美国物业，转而投资智算中心。这些努力让智算中心的发展取得了突破。2022 年，全球最大智算中心已迈过 10EFlops 的门槛。

从商业上看，未来"算力工厂"和算力服务商等新的资产运营和商业服务模式将日渐成熟。"算力工厂"类似发电厂，主要的功能是组合上游的芯片、服务器等软硬件资源，成规模地生产算力。随着技术成熟度的不断提升，类脑计算机、量子计算机等新型算力资源也将得到规模应用。除了这些基础的算力工厂之外，高效的算力供给还需要算力服务商对算力进行"二次开发"，即通过算力资源的整合创新，提供配套的算力使用工具，打造丰富多彩的算力产品，降低算力应用的技术门槛，减少成本消耗，满足不同用户差异化的算力需求。

目前在算力服务领域，亚马逊、微软、阿里云等传统云服务巨头仍然占据主导地位，通过发挥全球布局的算力基础设施规模效应，有效地降低了算力使用门槛，取得了商业上的成功。不过，以 Harshicorp 等为代表的新型算力服务商正在积极入局。它们通过建立一系列开源工具，帮助企业实现云基础设施自动化、代码化，实现多云、多资源管理，或者提供超算公有云 / 行业云服务、智算云服务、设计仿真云和计算资源建设及运营等服务，为客户提供新的算力服务选择。在众多厂商的角逐下，算力服务的价格出现大幅下降。今年，国内云服务商大幅降价引人注目。实际上，国际上也是如此。如谷歌在 2023 年 3 月宣布将云计算引擎 Compute Engine 的价格和其他服务价格下调超过 30%。亚马逊紧随其后，将 AWS 价格分阶段下调

28%~61%。未来，随着算力工厂规模扩大、技术提升，规模效应将会进一步显现，中小企业将能更好地享受算力红利。

算力无所不及，是指实现算力的按需调度，即"用得上"。实现供需双方的高效连接需要借助通信网络的力量。实际上，用网络调动算力不是一个新的想法。在网络与计算互补融合的过程中，网络计算模型在"集中"与"分布"两种模式下就经历了多个变化阶段。[4] 在20世纪60年代的大型计算机时代，算力完全集中在大型主机上，通过通信线路连接主机，以供使用。到了PC时代，PC的普及促进了计算资源的分散，促使研究人员在20世纪90年代提出"网格计算"模型，即利用通信网络技术将大量计算机闲置的计算和存储资源联合起来，形成一个分布式的大规模计算机集群，来完成需要大量算力的任务。虽然这一设想当时未能实现，但为21世纪初的云计算奠定了基础。相对于完全分布式的网格计算，云计算的计算、存储资源仍然是集中部署的，但其可以通过网络访问的方式向分散的客户按需提供计算和存储服务，有力地推动了固定互联网和移动互联网的发展。

面向未来，算力驱动人类进入万物智联时代，产业互联网将迎来高速发展。在这一阶段，算力的需求和供给都将更加多元，算力的"分布"和"集中"又将呈现出全新的特征。从需求侧来看，未来政府、企业客户应用的业务多样性、数据多样性以及数据的潮汐效应将大大提升。工业互联网、自动驾驶、全息通信等业务对网络时延、带宽和确定性等条件的要求远远高于消费互联网。如L3~L5级别的自动驾驶要求端到端的时延不超过3毫秒，而传统的集中式的云服务时延一般会超过50毫秒。在这样的情况下，把海量数据上传到云计算中心进行集中处理的模式难以为继，因为其不仅会给网络带来巨大的带宽压力，而且无法达到具体业务场景的技术要求。分布式的边缘计算理念应运而生，即通过将数据存储、计算下沉到网络边缘靠近用户侧的位置，按时、按需提供更加便捷、可靠和经济的计算服务。

从供给侧来看，算力的供给也日趋多样化。在计算架构方面，由于有的应用需要计算平台执行逻辑复杂的调度任务，有的则需要计算平台高效率完成海量数据的并发处理，目前没有一种计算架构可高效满足所有业务需求。只有推动算力单元从单一的 CPU 向 CPU、GPU、DPU（数据处理器）、FPGA（可编程逻辑门阵列）等多架构演进，才能突破算力效率瓶颈。在算力空间分布方面，正如我们即将提到的那样，能耗限制着数据中心的发展，影响着未来算力供给的成本。但能源以及与之相关的气候、土地等自然要素的分布往往与业务的空间分布不一致，形成了算力供需不平衡的天然障碍。

因此，总体上，从网络与计算"集中—分布"的演变规律以及政企业务多样性的发展需求来看，未来算力在时空和结构上的供需不平衡压力可能更大。IDC（国际数据公司）此前的一项研究发现，计算资源的综合利用率普遍小于 15%，就是这种挑战的真实写照。通过网络促进跨地域、跨层级、跨主体算力的高度协同，是提升全社会算力资源利用效率的必由之举。

为了达成这一目标，未来首先是网络的连接泛在促进算力泛在。虽然人类经过了数十年的移动通信网的建设，但当下全球仍有 34%的人口没有接触互联网，非洲六成人口"不在线"[5]，超过 70% 的地理空间由于传统地面通信的局限性而未实现互联网覆盖。[6]未来，6G（第六代移动通信技术）将充分利用低、中、高全频谱资源，促进地面蜂窝网与包括高轨卫星网络、中低轨卫星网络、高空平台、无人机在内的空间网络相互融合，实现空天地一体化的全球无缝覆盖，随时随地满足安全可靠的"人机物"的无限连接需求，[7]从而为算力"无孔不入"奠定坚实的网络基础。其次，高性能网络将全面支撑算力跨地域调用，加速算力流通。在移动通信领域，6G不仅将成倍提升系统性能，如提供Tbps级峰值速率、10~100Gbps体验速率、亚毫秒级时延等极致连接，而且具有智慧内生、多维感知、数字孪生、安全内生等新功能，为算力的实时、高效、安全调度奠定了坚实的基础。固定宽带将运用新一代全光运力技术，引入400G/800G等大带宽传输技术，打造大带宽、低成本、低能耗的高效传输能力，成为运力的核心底座。持续强化末端覆盖将为用户提供无处不在的业务接入能力，满足业算感知、差异化承载等灵活入算需求，形成更高品质的算网服务能力。此外，一个最为突出的变化是算网大脑的诞生。其类似于生产环节中的"产业大脑"，即复杂的算力和网络需要与之匹配的中枢调度决策系统进行整体统筹，借助算网智能编排、算网业务智能感知调优、算网服务目录、资源布局、运营状态、成效评估等功能，实现"云、边、端"三级算力之间的灵活调度与算和网之间的高效连接，真正将算力相关能力整合成面向用户的一体化服务。

算力无所不能，是指实现算力的应用价值，即"用得好"。这体现在算力与日新月异的网、云、数、智、安、边、端、链（ABCDN-ETS）等多要素的深度融合。

在算与网的融合方面，算力借助网络更泛在，网络借助算力更智能，通信和计算将融为一体。算网融合也深刻改变了通信网络乃至运营商的业务定位。在过去，运营商以网为中心，未来可能以"算"为中心。这也是不少运营商加码数据中心的原因之一。在算与云的融合方面，从商业上看，云是未来大部分信息服务模式的终极形态。绝大多数的算力只有通过与云融合打破"算力孤岛"，才能真正成为社会级服务，最大限度地提高利用效率。算力与大数据融合，可以真正释放数据的内在价值。现在的大数据时代也是浪费大数据的时代。有研究显示，目前七成左右的企业数据未得到有效利用。有的机构甚至认为如果整体利用率不到 5%，那么实时利用率更低。没有强大的算力，就难以深刻洞悉数据背后的本质。算力与人工智能融合，可以形成 AIaaS（人工智能即服务）、MaaS 等智能服务新产品，进一步降低用户的使用门槛和使用成本，促进人工智能解决方案在千行百业中得到应用。算力与区块链融合，可以对分散的社会算力资源进行安全统一的管理，提升算力利用效率，为能源、金融、民生等重点行业提供安全保障。算力与物联网融合，可以更好地满足各类物联网业务中海量数据实时、就近处理的需求，促进创新业务落地。算力与存力技术融合，一方面可以储存大量的、可供计算的数据原材料，另一方面可以突破冯·诺依曼存算分离架构所造成的"功耗墙"瓶颈，满足人工智能技术与大模型发展的更高性价比的要求。

信息、能量基础设施协同布局

回顾历史，人工智能受制于算力、算法和数据，发展起起伏伏。面向未来，高能耗的挑战日益凸显。只有翻越这座高山，算力才能真正低成本地得到应用，算力经济才会真正实现可持续发展。

能耗挑战实际上在电子计算诞生时就已出现。1946 年，埃尼阿克的启动导致周围街区陷入昏暗之中。这台计算机的功率近 150 千瓦，相当于今天特斯拉超级充电站峰值功率的一半。76 年后，用于自动驾驶神经网络训练的特斯拉超级计算机 Dojo 进行电力和冷却负载测试时，也让当地变电站跳闸停电。Dojo 采用特斯拉研发的 D1 芯片，芯片模组单个服务器电流高达 2 000 安培，功率一度超过 2 兆瓦，甚至需要定制的电源供电。

未来，能耗将成为算力经济可持续发展的更大的障碍。从总量上看，超大型计算中心的年度能耗一般为亿度级别。据国际能源署的统计，2022 年全球数据中心用电量为 240~340 TWh[①]，约占全球最终电力需求的 1%~1.3%。如果算上用于加密货币开采的 110 TWh 用电，那么这一占比将提升至 1.4%~1.7%。[8] 未来，电力需求仍将快速增长。爱尔兰是欧洲增长最快的数据中心市场。自 2015 年以来，其数据中心用电量增长了 4 倍；2022 年的用电量超过 5 200 GWh，占到全国用电量的 1/5，相当于全国所有城市家庭的用电量。[9] 据预测，5 年后，爱尔兰全国 27% 的电力供应都将用于庞大的数据中心集群。从结构上看，人工智能服务器的功率比普通服务器高 6~8 倍。数据显示，OpenAI 训练 GPT-3 耗电 1.287 GWh，其大约相当于 120 个美国家庭一年的用电量。这仅仅是训练模型前期的用电量。谷歌人工智能每年的耗电量达 2.3 TWh，相当于亚特兰大所有家庭一年的用电量。微软悲观地认为，2030 年，人工智能将消耗全球电力的 30%~50%。此外，由于全球绿色能源供给不足，随着"碳中和"进程加速，能源供给将会更加紧张。部分算力设施已因供电压力过大而不得不暂停脚步，如 Meta 公司的荷兰数据中心计划就因此搁浅。[②][10]

客观来看，节能技术的贡献是相当有限的。一方面，大模型的训练效果遵循"缩放定律"，即与模型参数和训练数据的规模成正比。参数规模走向巨量化，数据量指数级增长带来更大的计算量，不可避免地导致能耗持续增长。另一方面，现有的计算架构存在天然

---

① 1TWh=10 亿度电。

② 荷兰政府在 2022 年初宣布，未来 9 个月"拒绝"所有占地 10 公顷以上的数据中心。

的基因缺陷。智算中心存在大量分布式并行计算，与千亿参数规模的人工智能模型并行产生的机内、机外集合通信数据量可达上百 GB（吉字节），数据频繁迁移的功耗巨大。数据搬运的能耗比浮点计算高 1~2 个数量级[11]，动态随机存取内存访问功耗是芯片内缓存功耗的 50~100 倍，从而进一步增加了数据访问能耗。[12]2022 年，英特尔第四代服务器处理器单 CPU 功耗已破 350 瓦，英伟达单 GPU 芯片功耗突破 700 瓦，人工智能集群算力密度普遍达到 50 千瓦 / 柜。

开源才是未来破局的关键。充分利用核能的核聚变正在成为新的选项。恰恰是苦能源久矣的科技巨头身先士卒。微软是最早下注核聚变的巨头之一，投资了 General Fusion（通用聚变）等初创企业。2023 年 5 月，微软签署了全球首份核聚变购电协议，Helion Energy（新能源公司）将在 5 年内建设核聚变发电站，为微软供电，而微软投资版图中 OpenAI 所掌握的技术将成为 Helion Energy 可控核聚变事业的推进器。Helion Energy 身后还有彼得·蒂尔、OpenAI 的首席执行官阿尔特曼、脸书的联合创始人达斯汀·莫斯科维茨等投资人。

另一条道路则是利用自然的力量，优化信息设施的空间布局。在这方面，各国的科技企业和工程师可谓各显神通。例如，微软直接将数据中心设在千兆瓦可再生能源附近；脸书的瑞典数据中心靠近北极，利用北冰洋的寒风降温；谷歌芬兰哈米纳数据中心、挪威勒夫达尔矿数据中心毗邻海湾，用冰冷的海水为服务器降温；瑞士的 SIAG Secure Infostore 在阿尔卑斯山脚下的"洞穴"里运营数据中心；阿里巴巴千岛湖数据中心和位于匹兹堡附近矿地下 220 英尺处的铁山公司 WPA-1 数据中心等通过淡水冷却技术实现高密度计算；吉宝即将在新加坡采用模块化设计和液氢动力建设由 20 艘驳船组成的浮动数据中心园区。

未来，太空可能成为服务器的新家园。太空的太阳能储量丰富，且太阳光的全部强度可被捕捉利用，能源利用效率更高，低温环境则有利于降低数据中心能耗。把数据中心等从地面迁移到太空的显著优势包括零排放、高效率、低能耗和低运营成本。这能够加强对太空数据的利用效率和传输速率，减少与地面之间的数据传输压力。自2019年SpaceX发射首批Starlink（星链）卫星以来，各国加速争夺太空算力资源，推进太空分布式算力部署。2023年2月，SpaceX发射Starlink 2.0卫星，已具备把可组网数据中心大规模送上太空的能力。这一趋势应当引起我们的重视。

面向未来城市建设更高水平的融合基础设施

融合基础设施是"深度应用互联网、大数据、人工智能等技术，支撑传统基础设施转型升级，进而形成的一类新型基础设施"，涵盖了工业、交通、能源、民生、环境等所有传统基础设施领域。联合国人居署、世界银行预测，未来世界将进一步城市化，到2030年超过60%的人选择生活在城市，到2050年这一比重将达到70%。[13] 都市圈、城市群成为密集人口的主要载体。城市居民对基础设施的便利、联通和高质量的需求将进一步提升，用算力为基础设施赋能从而提高城市各方面的承载力变得尤为重要。

更高性能计算组件支撑"城市众脑"

15年前，IBM在《建设一个智慧地球》中为智慧城市勾画了"3I"特征：连接（Interconnected）、感知（Instrumented）和智能

（Intelligent）。在初期，城市主要通过添加机械和电子部件等物理组件以及端口和天线等连接组件实现基础设施的"融合"，强调通过增强连接能力改变传统基础设施提供服务的种类和方式。随着大数据、物联网、云计算等新技术和产业的发展，感知、处理、控制、存储等器件与各类软件广泛分布，基础设施具备了丰富的"感官"，开始将以地理数据为主的物理世界信息以虚拟数字的形式进行存储、传输和表达。经过多年的发展，全球智慧城市已经初步实现了连接和感知，开始重塑政府、规划市民对城市的认知。这成为实现城市治理能力现代化的必然选择。[14]

但总体来看，全球城市长期停留在"感知"阶段，智能化水平仍然不足。物联网广泛应用于城市，智能传感器嵌入已建成环境，在为各领域运行提供性能监测的同时产生大量"信息尾气"[15]，数据的深层价值并未被挖掘出来。有研究发现，在长期进行智慧城市实践的41个全球主要城市中，智能硬件设施水平差距较大，仍未实现100%智能化管理覆盖。对超大城市来说，提升智慧水平尤为困难。其城市规模在智慧城市建设中往往成为障碍。这导致波士顿、巴黎、上海这类大都市在智慧城市评价中的综合得分不及单项得分。市民较少的苏黎世、奥斯陆、哥本哈根、斯德哥尔摩、赫尔辛基等城市在多项排名中位居前列。[16、17]

崛起的边、端算力正在打破这一局面。从需求侧来看，即将到来的万物智联时代迫切需要大规模边缘算力和端侧算力的支撑。IDC预测，2025年全球连接总数将达到1 000亿。华为预计2025年个人智能终端数将达到400亿。也就是说，平均每个人将拥有约5个智能终端，20%的人将拥有10个以上的智能终端。终端数和连接数的快速增长将带来数据的爆炸。两年后，超过70%的数据需要在边缘侧处理和存储[18]，到 2030 年，这一占比可能达到 80%。[19] 集中式处理模型下的网和计算设备难以承载如此巨量数据的网络传输和存储计算，急需边缘计算来"帮忙"；通过分布在边缘硬件和终端上的计算能力，快速、及时、近距离分析、处理与存储，就近、就地满足低时延计算需求。预计 2030 年全球边缘计算潜在市场规模将达到 4 450 亿美元，10 年复合增长率为 48%。[20] 边缘算力基础设施比重将从 14.4% 提升到 24.9%。

从供给侧来看，AIGC（生成式人工智能）推动应用端革命，大模型在边缘侧与移动端部署可能成为主要趋势，使得边、端算力更加"聪明"。目前物联网节点端设备的分布式人工智能已达到亿量级，嵌入式机器学习、微型机器学习等将继续推动其增长。高德纳咨询公司指出，几年后具备人工智能能力将会成为嵌入式产品的标配，到 2030 年，深度边缘侧人工智能设备的全球出货量将达到 25 亿台。[21]

这样一来，在城市的基础设施建设中，高性能的边缘 / 终端计算组件与物理组件、连接组件共同构成了更加强健的"城市迷走神经系统"[22]——通过调节"器官"功能实现各个系统协调运作。区域级别的巨量多源异构数据可以获取、快速传输、存储、分级分类、分析处理，并不断快速、高频动态迭代，形成跨区域数字资源池，为城市由监视、控制、感知、互联走向自决策、自优化和自治奠定基础。

未来，每个城市可能都有"CityGPT"。根据吴志强等人对人工智能城市的构想（见图 9-1）和"CityGPT"的架构设想，未来城市人工智能通过学习社会群落的组织和协同经验，逐渐形成超越一个大脑的"群体智慧"模式，发展出由主、辅、分、端四层构成的"城市众脑系统"。与目前单一的"城市大脑"相比，"城市众脑"作为更完善和高能级的"神经中枢",使城市能自我认知、诊断、修复和预测,从而赋予城市更强的生命力。

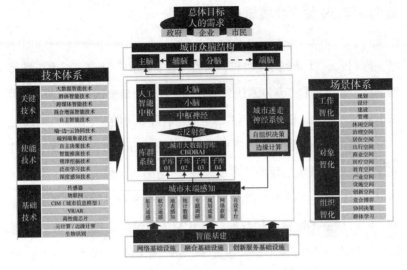

图 9-1　人工智能城市理论架构与众脑决策模型

资料来源:吴志强,甘惟,刘朝晖,等. AI 城市:理论与模型架构 [J]. 城市规划学刊,2022(5):17-23. DOI:10.16361/j.upf.202205002

在"众脑系统"中,"主脑"统筹全局,使城市各领域运营从烟囱式、碎片化向网络化、一体化转型,使城市具备风险洞察力和韧性,能更好地应对预期外的、虚拟和物理层面的冲击与挑战,并从危机中迅速恢复。"辅脑"作为助手,负责判断城市事件的类型和级别,筛选需要主脑进行战略决策的重要事件,同时分担重要等级较弱的数字任务,并备份重要城市数据信息。各"分脑"由高可靠运行的各领域基础设施及平台承载,类似章鱼八方伸展又从不打结的腕足,可独立运行,实现本领域自治,又相互配合实现分布式协同,推动跨部门数据贯通、信息交互。基于边、端计算的"端脑"广泛植入各领域固定和移动的各类设施,并连接公共部门和个人终端,以最快的速度满足现场计算的需求。

算力驱动未来"梦境城市"

库伯说:"上帝创造了乡村,人类创造了城市。"未来,城市在强大的"神经系统"和"众脑系统"的管理下,也可能变成一台计算机[1][2][3],城市规划、建设、管理、运营和服务等所有环节可能发生颠覆性的改变。

在城市规划阶段,算力将推动对城市海量异构数据的计算与应用,支撑实现城市数实层面的"多规合一"。遥感和图像数据、手机信令数据、出行软件数据等大范围、高精度数据为整体认知城市奠定了基础,同时创造了巨量异构数据。以 BIM(建筑信息模型)数据为例,埃菲尔铁塔的 BIM 模型集合超过 342GB,中国第一高楼上海中心的数据量达 250GB、三维构件数达 300 万个;这一数据到城市级别包含各类节点型、管道型基础设施[2],呈几何式增长。不断升级的算力将容纳、消化越来越多的城市数据,供计算机视觉、深度学习等人工智能技术进行仿真模拟,推演不同方案在不同规划期内的效果及影响,提升对人口变化、生态承载力、潜在收益及风险等因素的预测的准确性和科学性;将实现"城市向城市学习",从而不断修正城市模型,减少主观干预,推动规划选址、设施部署更加高效,最终通过数字孪生精准呈现。

得益于城市规划的优化,未来不同基础的功能协同也将变得更为顺畅。在交通领域,算力优化运力,"聪明的车"与"智慧的路"正

---

[1] 迈克尔·巴蒂在 2023 全球数字经济大会专题论坛上关于"数字孪生、图灵测试和城市模型"的演讲。

[2] 如变电站与电缆,高铁站与路网,局房与光缆,等等。

协同进化。未来，路端算力与车端算力高度匹配，道路将根据智能化需求和水平进行分级，RSCU（路侧计算单元）作为路端系统大脑，部署于路端独立节点设备、靠近传感器设备的位置或边缘云平台，将显著提升路端节点算力。当路端发现异常停车、行人、拥堵、交通事故时，道路就会向"交通大脑"发出警报，"AR实景监测"通过"光标"跟踪异常个体，及时问询、出警、救援；定制化、个性化的交通出行时代也将到来。在算力的支撑下，无人驾驶车辆可能兼具公共交通、私人交通功能，演变为可共享的、首尾相连的模块化工具；车辆随处可寻，乘客乘坐车辆可随时加入或离开行驶轨迹，可以获得安全、绿色的"无缝智能交通"的全新体验（见图9-2）。

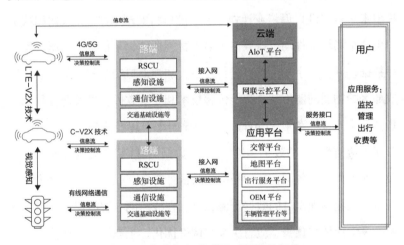

图9-2　高等级智能道路系统总体架构

资料来源：清华大学智能产业研究院，百度Apollo.面向自动驾驶的车路协同关键技术与展望2.0（2022年）[EB/OL]. https://air.tsinghua.edu.cn/info/1007/1917.htm

在能源领域，算力帮助城市迈向100%可再生能源和零碳排放。到2030年，城市能源需求将占到全球的3/4。[24]能源"分脑"远程操控能源、市政设施，智能调度能源配置和供给，提升利用效率，降低能耗水平，如让高能耗设施在峰谷时段合理运行、优化城市照明等。边端智能计算组件将帮助能源系统进一步明确和细化节能的目标，实施有针对性的能源管理，实现开源节流。其可在虚拟电厂等场景，增强用户侧需求响应能力，并管理能源存储，以应对需求高峰和间歇性可再生能源[25]；在分布式储能场景，创造出新的储能模式，以应对加速的新能源去中心化——光伏等分布式能源、电动车等"用储一体"的移动终端大规模接入，如将智能电动车作为移动的分布式能源载体，储能设备"反哺"电网，以辅助调节负荷。

港口和水网领域同样在加强计算组件部署和数字孪生应用。鹿特丹港、汉堡港、安特卫普港、新加坡港、洛杉矶港等全球知名港口均提出未来智慧港口倡议或计划。未来港口将实现100%无人化和数字孪生。全场域构件均可搭载传感器等智能器件，采集温度、压力等关键数据，并在数字孪生港口进行还原，加强港口安全和应急水平；集成部署的物联网能力结合智能传感技术和导航软件，可实现智慧港口集装箱卡车无人驾驶和AGV（自动导向车）智能控制，并推动港口智能供应链形成。"数字孪生河流""数据资源湖""流域大脑"等建设已如火如荼，各国正在加强构建与云计算等互联、互补的边缘计算网络，强化物理水域的数据资源融合、在线监测与智能识别、污染溯源、风险评估与预警、应急决策与调度优化、生态影响后评估等，以保障民生安全。受缺水和极端天气的影响，到2025年，中国40%的大城市将建设水务数字孪生平台，以监测水资源的供应、质量、弹性及用水习惯的变化。[26]

总之，未来城市将成为智能高效运行的"梦境"。随着算力技术的发展与应用，更多的城市学者、规划师们对城市科学的宏伟设想将走入现实，实现城市让生活更美好。

第十章
算力经济与未来科技创新

技术的发展与历史的发展一样，总是螺旋式上升的，算力经济下的科技创新也将是多维、多元、各领域交叉融合的深刻变革。算力技术的突破将引发算法创新、应用升级、学科协同互补的链式反应，从而共同绘就信息文明时代的科技蓝图。

基础技术与数据驱动型应用创新加速突破

随着算力相关技术加速突破、助力算法创新，以算力算法为基础、数据为驱动的新型技术应用大量涌现，为算力经济的发展提供了强大的技术支撑。

基础技术多样性发展

数据快速增长和应用场景多样化发展对计算性能和效率提出了更高的要求，算力也随之向多架构共存、多技术协同的方向持续演进。

一方面，CPU 通用算力逐渐从单一的 x86 架构向 ARM、RISC-V 等多种架构扩展，计算性能向更强、更高效的方向演进。

CPU 是计算领域的核心，以算力的个体封装产物"服务器"为例，其主板上运行的 CPU 就是服务器的"大脑"。上层软件如何在 CPU 上运行？指令集架构就是连接上层软件和底层硬件的桥梁，它就像是一个指导规范手册，规定了 CPU 能够做的事情。指令集架构一般分为复杂指令集架构和精简指令集架构两大类。

当前，CPU 通用算力正在经历一场架构的变革。传统上，x86 架构作为复杂指令集架构的代表，一直是主流的 CPU 架构。IDC 数据显示，2020 年全球服务器市场中 x86 架构的营收占比超 92%。但现在，随着 ARM、RISC-V 等精简指令集架构的崛起，CPU 通用算力开始逐渐从单一架构向多种架构扩展。ARM 架构在移动设备领域具有显著优势，目前占据了 95% 以上的移动计算市场。RISC-V 架构则具备开放和可定制的特点，近几年逐渐兴起并在嵌入式系统中应用。

复杂指令集和精简指令集各有优劣势，并且在互相学习，取长补短，逐步走向融合。例如，英特尔 x86 CPU 借鉴了精简指令集的设计理念，其中的"微程序"会把复杂指令集分解成一个个相对简单的指令来执行，类似精简指令集的模式。再比如，2005 年苹果通过引入罗塞塔这一程序将原来 IBM 的 PowerPC 指令集转译为 x86 指令集，后在 2020 年发布基于 ARM 架构的 M1 处理器，其使原来在 x86 架构上运行的程序可以在 ARM 架构上运行。多样化的架构不断发展，有效推动了计算设备性能的提升和能效的改进，为物联网、边缘计算等领域提供了更大的发展空间。

RISC-V 的诞生

RISC-V 指令集诞生于 2010 年，其开源的理念配合精简的架构从诞生之初便吸引了学术界和工业界的广泛关注。中国工程院院士、计算机专家倪光南曾多次在公开场合表示："未来 RISC-V 很可能成为世界主流的 CPU 之一，CPU 领域将形成英特尔、ARM、RISC-V 三分天下的格局。"

RISC-V 中的字母 V 是罗马数字 5，代表"第五代"。20 世纪 80 年代加州大学伯克利分校的戴维·帕特森教授提出了精简指令（RISC）的概念，在 1979—1988 年带领团队设计迭代了共四代指令集。在之后的 20 年里，x86 和 ARM 在半导体市场中脱颖而出，而 RISC-IV 却没有继续演进。2010 年，加州大学伯克利分校的克斯特·阿萨诺维奇教授和他的团队想寻找一款符合如下 4 个要求的指令集：易于实现、高效、易扩展、可不受限制地分享成果；于是与同校的戴维·帕特森、扬萨普·李、安德鲁·沃特曼组成 4 人小组，花费几个月的时间共同升级了 RISC-IV，一起创造出了 RISC-V 指令集的原型。经过 4 年的完善与推广，这款指令集逐步由校园走向了市场。

RISC-V 的蓬勃发展并非偶然，可以归因于其简约但不简单的设计哲学，精简、模块化、开源的特点得到充分体现。除了以上 3 点最显著的特点外，RISC-V 指令集在设计时也吸取了其他指令集发展中的教训，让自身更加规整、更加现代。正是这些特性让 RISC-V 这个"后来者"脱颖而出，在行业内受到越来越多的关注与青睐。

另一方面，GPU、FPGA等异构计算突破通用算力的性能瓶颈，为算力经济新场景提供更为极致的算力服务。

CPU的微架构已经非常成熟，半导体工艺制程自突破5纳米以来，依靠工艺进步提升CPU性能的空间急剧缩小，摩尔定律逐渐走向终结。因此，单纯依靠CPU的处理能力来满足业务高并发、低时延需求的方式无论在性能、功耗还是成本上都将不可持续，只有将处理工作分配给加速硬件，减轻CPU负荷，用硬件模块来替代软件算法，以充分利用硬件所固有的快速特性（硬件加速通常比软件算法的效率要高），才能实现性能提升、成本优化的目的。于是，引入硬件加速的异构计算应运而生。

相对于通用计算（又称同构计算），当前异构计算的计算资源类型越来越多元化。[所谓的异构就是CPU、SoC、GPU、ASIC（专用加速芯片）、FPGA等各种使用不同类型指令集、不同体系架构的计算单元，组成一个混合的系统，执行并行和分布式计算的特殊方式。]典型的计算资源包括通用微处理器、FPGA、GPU、NPU（神经网络处理器）和ASIC等，这些资源的不同组合可以构建种类繁多的异构计算环境。

异构计算技术的突破性进展，使得计算设备能够同时进行更多的计算任务，更好地应对视频监控、云游戏、机器学习等不同类型和规模的数据处理需求。以图像识别为例，x86、ARM等以CPU为单一计算单元的通用算力并不能满足超低时延、高可靠（低抖动、低丢包）的网络要求与并行计算能力的要求，此时就要请出异构计算的新星——GPU。GPU是面向视频处理等大规模并行计算的成熟方案，拥有强大的软件生态，能够在边缘计算场景中实现视频渲染和转码、人工智能的推理和训练。它驱动的上层应用存在于千行百业，与大家的日常生活息息相关。例如，我们"刷脸"进入办公区的行为，就是以 GPU 为核心的人脸识别应用告诉系统我们是谁。

英伟达——紧握人工智能的未来

GPU 也就是我们日常生活中常用的图形处理器，又被称为可以跟 CPU 相提并论的"第二枚大芯片"。GPU 的高速计算能力、节省时间和成本以及支持深度学习算法等特点，使其成为人工智能领域最不可或缺的一部分。可以说，高性能 GPU 是人工智能发展的硬通货。

要论当今 GPU 领域的领袖，非英伟达莫属。1993 年，英伟达诞生。1999 年，它在美国成功上市，并推出了世界上第一款图形处理单元——GeForce 256。GPU 的问世将计算机图形性能提升到了一个全新的高度，使得电脑能够流畅显示复杂的 3D 场景，不仅奠定了英伟达在显卡市场中的地位，也为后来人工智能的发展奠定了基础。此后，英伟达持续推进 GPU 技术创新。2018 年，英伟达发布了 Turing 架构，使光线追踪技术在显卡中得以应用，让游戏行业和人工智能领域实现了质的飞跃，进一步提升了 GPU 在人工智能领域的计算性能。2020 年，英伟达推出了 Ampere 架构，采用了更先进的流程工艺和架构，在数据处理和深度学习方面的优势更加显著。

人工智能的兴起将英伟达推至算力经济的前沿。它的处理器芯片在消费者市场和企业级市场上的占有率预估超过90%。事实上，全球主要科技企业如谷歌、微软、亚马逊、

> 特斯拉，以及几乎所有的人工智能公司都在使用英伟达的GPU。人工智能的产业东风让英伟达的身价水涨船高，其成为全球首家市值突破万亿美元的芯片公司，并成为当前市值仅次于苹果、微软、Alphabet、亚马逊的美股第五大科技股。"英伟达不仅处在人工智能的浪潮里，而且是浪潮得以成形和推进的原因，我们是全球人工智能的发动机。"

在算力技术持续突破并多样化演进的趋势的推动下，以算力为基础支撑的算法也将开启更为顺畅的创新之路。特别是在深度学习领域，算力的提升为模型的规模和复杂度带来了巨大的想象空间。深度学习模型通常由大量的参数组成，这些参数需要通过大规模的数据集进行训练。受到算力的限制，研究人员过去只能训练规模较小的模型。伴随着算力技术的提升，研究人员可以尝试更复杂、更庞大的模型结构，从而实现高效、可靠和快速的模型训练，更精准地捕捉数据的复杂特征、理解和生成自然语言、提高模型的表达能力和泛化能力，在各种任务中取得更好的效果。当前，深度学习模型已实现了从亿级参数的 Transformer 模型，到千亿级的 GPT-3 模型，再到万亿级的 GLaM 模型的参数规模突破。未来，算力技术变革的持续深化必将催生更多复杂高效的算法创新，为算力经济掀起科技浪潮。

数据驱动型应用创新不断涌现

伴随着算力的提升，人工智能、物联网、区块链、AR、VR 等新一代信息技术呈现出新的发展趋势，对海量数据进行分析和挖掘的能力不断增强，数据驱动型应用创新不断涌现，成为算力经济中的重要推动力。

人工智能技术下的数据驱动型应用创新

算力的发展推动人工智能向多场景、规模化、融合度高的阶段发展，大模型改变了人工智能应用范式，突破了人工智能发展的技术瓶颈，进一步提升了应用的丰富度。

从行业应用来看，除了传统行业应用，智能法庭、智能检察、智能能源、智能法务以及智能保险等领域逐渐引入人工智能技术，以提升行业效率。在金融行业，人工智能在产品、渠道和场景等层面采用自动化的智能流程，更加高效地服务用户。在医疗行业，随着医疗大数据逐步融合共享和开放应用，医学与人工智能相结合的产品开始真正落地，"人工智能＋医疗"产业化持续推进。近年来，人工智能的广阔应用前景以及技术的爆发式发展趋势，意味着人工智能逐步迈入发展的黄金时期。

目前，人工智能＋医疗行业处在成长期，人工智能＋影像是投融资热门之一。人工智能＋核心医疗产业链分为人工智能基础层、人工智能医疗技术层与应用层。其中，应用层可触达全医疗服务场景，如院内临床决策系统、手术机器人、智慧病案系统、医疗影像、药企新药研发与基因检测。目前该领域已涌入大量的互联网医疗公司和传统医疗公司。人工智能将助力医学知识图谱不断进步，为临床决策等多应用场景赋能。医学知识图谱为医疗信息系统中海量、异构、动态的大数据的管理和利用提供了一种更为有效的方式，提升了系统的智能化水平。知识图谱在医疗领域的意义不仅是全局医学知识库，也支撑着辅助诊疗、智慧病案等医疗智能应用。

同时，人工智能的规模在不断扩大。从小规模的模型到大规模的深度学习模型，参数数量不断增加，模型的表达能力和泛化能力得到了显著提升。其中，ChatGPT 大模型作为一个重要的里程碑，通过大规模的预训练和微调，取得了在自然语言处理任务中的突破性成果，改变了人工智能应用的范式。以 ChatGPT 为代表的 AIGC 技术极大地降低了内容生产的门槛，这种技术突破使得人工智能能够更好地适应复杂多变的现实场景，为各行各业的创新和发展提供了巨大的机遇。例如，在金融领域，AIGC 可以利用大数据分析、深度学习和强化学习等技术，实时监测市场动态，调整投资策略，提高收益率和降低风险，实现智能投顾。

> ChatGPT 是自然语言处理（NLP）下的人工智能大模型，通过大算力、大规模训练数据突破人工智能瓶颈。2022 年 11 月，OpenAI 推出 ChatGPT，ChatGPT 基于 GPT-3.5，使用人类反馈强化学习技术，将人类偏好作为奖励信号并微调模型，实现有逻辑的对话能力。ChatGPT 本质上是通过超大的统计语言模型，对词语序列的概率分布进行建模，利用上下文信息预测后续词语出现的概率分布，其表现的超预期反映了在算力水平提升的情况下大语言模型技术路线的成功，通过对大规模的未标注的文本数据进行训练，突破了人工智能发展的技术瓶颈。

数字孪生技术下的数据驱动型应用创新

数字孪生是以数字化方式创建物理实体的虚拟实体，借助历史数据、实时数据以及算法模型等，模拟、验证、预测、控制物理实体全生命周期过程的技术手段，与网络的结合日趋紧密，与各产业的融合不断深化，催生新的应用，使整个社会走向虚拟与现实相结合的"数字孪生"世界。

在制造业领域，数字孪生为工业产生的物理对象创建了虚拟空间，并将物理设备的各种属性映射到虚拟空间中。当前，工业生产中产生了大量多源异构、异地分散的信息，其容易形成信息孤岛，无法在工业生产中发挥出应有价值。借助数字孪生技术，工业人员通过在虚拟空间中模拟、分析、生产预测，能够仿真复杂的制造工艺，实现产品设计、制造和智能服务等闭环优化。

在医疗领域，数字孪生可以模拟人体器官和疾病的发展过程，为医生提供更准确的诊断和治疗方案，通过在体内、体外密集部署传感器的体域网进行实时的数据搜集、分析与建模，实现人的数字孪生，即个性化的"数字孪生人"，从而协助医生进行精确的手术预测，进行高效的病毒机理研究、器官研究等。

区块链技术下的数据驱动型应用创新

区块链作为一种分布式账本技术，具有去中心化、不可篡改和可追溯等特点，对数据要素具有配置作用，为产业链带来了崭新的商业模式。

传统的产业链通常由多个环节组成，各个环节之间存在信息不对称和信任问题。而区块链技术可以通过建立共享的分布式账本，实现信息的透明和可信，提高交易的安全性和效率。区块链技术在金融交易方面的应用是最显著的，如数字货币、银行交易等，甚至未来可能改变整个货币甚至金融体系。在供应链管理中，区块链可以记录产品的生产、运输和销售等环节的信息，确保产品的溯源和质量。此外，区块链还可以广泛应用于版权保护、智能合约等丰富的场景，让人与人之间直接建立信任关系。区块链的发展为产业链带来了更多的创新和商业机会，虚拟资产、数字藏品、元宇宙、Web3.0等一个又一个令人兴奋的新引擎推动了算力经济的发展。

Web3.0是区块链数据驱动型应用创新的代表。Web3.0（又写为Web3）是关于万维网发展的一个概念，主要与基于区块链的去中心化、加密货币以及非同质化代币有关，是用户主导的全新网络生态，构建起了"价值互联网"。在Web3.0时代，随着服务、数据、内容越来越由集中式向协调分布式转变，算网融合的泛在计算也对算网融合技术的发展提出了新要求。在Web3.0中，用户为满足自身需求进行交互操作，并在交互中利用区块链技术实现价值的创造、分配与流通。这样的整个用户交互、价值流通的过程就形成了Web3.0生态。相比Web2.0的平台化特征，Web3.0致力于实现用户所有、用户共建的"去中心化"网络生态。在Web3.0中，不必要且效率低下的中介机构被削减了，收益直接流向网络参与者，这让网络参与者（开发人员）受到激励，力争为使用该服务的人提供更高质量的服务。

Web3 基金会的背景介绍

2014年以太坊推出后不久，以太坊联合创始人加文·伍德提出Web3.0，并随后发起成立了Web3基金会。他的理念是，Web3是为了让互联网更去中心化、可验证、安全而发起的一组广泛的运动和协议；Web3愿景是实现无服务器、去中心化的互联网，即用户掌握自己的身份、数据和命运的互联网；Web3将启动新全球数字经济系统，创造新业务模式和新市场，打破平台垄断，推动广泛的、自下而上的创新。Web3 的核心是使用区块链、加密货币和 NFT（非同质化通证），以所有权的形式将权力还给用户。推特上的一个 2020 年的帖子说得最好：Web1 是只读的，Web2 是读写的，Web3 将是读写并拥有的。

Web3 的核心思想如下。

（1）Web3 是分散的：所有权不是由集中式实体控制和拥有的互联网大片，而是在其构建者和用户之间分配。

（2）Web3 是无须许可的：每个人都有平等的访问权限，没有人被排除在外。

（3）Web3 具有原生支付功能：它用加密货币在线消费和汇款，而不是依赖银行和支付处理器的过时基础设施。

（4）Web3 是无信任的：它使用激励和经济机制，而不是依赖受信任的第三方来运行。

AR、VR、MR 技术下的数据驱动型应用创新

AR 是物理和数字环境的融合，指的是使用来自相机、加速度计等传感器的数据（包括文字、图像、视频和 3D 模型），并将其叠加在物理现实之上的技术，通过将虚拟信息叠加到现实世界中，为用户提供丰富的交互体验。《宝可梦 GO》就是个很有名的示例。VR 是计算机生很有名成的 3D 图像模拟，使人能够与数字环境交互。MR（混合现实）则结合了 AR 和 VR 的特点，让虚拟元素与现实世界进行交互。

在算力的作用下，AR、VR、MR 技术不断成熟，推动智慧商场、游戏、智慧课堂等场景落地。一是电商有望进一步突破物质世界屏障，

通过 AR、VR、MR 等新一代人机交互平台获得视听甚至触觉等多感官交互的购物体验，创造如 3D 虚拟商场、数字展馆等消费者购买场景。二是提供沉浸式的游戏体验，使玩家能够身临其境地参与游戏世界，玩家可以与朋友一起体验游戏，他们甚至可以从一个游戏体验无缝转到另外一个游戏当中，并且以好友关系一起横跨所有平台。三是在虚拟演示、远程会议、培训和协作等方面，办公场景将突破物理空间的局限。例如，用户可以全程通过手势操作在 VR 虚拟空间中举手、竖大拇指点赞，从而显著降低人机交互平台的操作门槛，同时实现无距离感互动。

多技术融合下的数据驱动型应用创新

人工智能、大数据、区块链、物联网等多项技术的融合让新的数据驱动型应用诞生，其中，元宇宙是最为典型的代表。

元宇宙是整合多种新技术产生的新型应用和社会形态，基于扩展现实技术和数字孪生实现时空拓展性，基于人工智能和物联网技术实现虚拟人、自然人和机器人的人机融合性，基于区块链、Web3.0、数字藏品、NFT 等实现经济增值性。在算力的推动和多技术的融合下，元宇宙从"想象力"走向"生产力"。

元宇宙的概念源自科幻作品，如今正逐渐变为现实。元宇宙是一个虚拟的数字空间，模拟了现实世界的各个方面，并提供了与之交互的方式。元宇宙走向虚实共生的新阶段，虚拟世界和现实世界将更加密切地结合在一起。绝大部分工作由人工智能完成，物理世界与虚拟世界深度融合，带来了巨大的经济系统、社会系统和社会生态的变革。在元宇宙中，用户可以通过 VR 技术进入一个数字化的世界，并与其他用户进行互动和交流。同时，元宇宙也可以与现实世界进行连接，通过传感器、物联网和人工智能等技术，将现实世界的数据和事件反映到虚拟世界中。

虚实共生的元宇宙将为多个领域带来深远的影响。在社交和娱乐方面，人们可以在虚拟世界中与全球用户进行互动，参与各种虚拟活动。在元宇宙中，虚拟旅游、虚拟偶像和虚拟演出等成为可能，从而为人们提供全新的娱乐体验。在教育和培训领域，元宇宙可以提供更具交互性和沉浸感的学习环境。学生可以通过虚拟实验室、虚拟实地考察和虚拟角色扮演等方式进行学习，获得更直观、更具实践性的知识。此外，元宇宙有望在城市规划、医疗保健、艺术创作等领域发挥重要作用；通过虚拟建模和模拟，可以更好地规划城市发展和利用资源。在医疗领域，VR 技术可以应用于手术模拟、康复训练和心理治疗等方面。艺术家和设计师可以利用元宇宙进行创作和展示，将想象力变为现实。

算力与其他学科交叉融合，开拓出更多研究新领域

算力作为一项关键技术，正成为推动科学、工程、医学、经济等领域发展的重要力量。算力与生物、物理、天文等学科的不断交叉融合，引领着科技新浪潮，为人类社会开辟出新的研究领域，并孕育出更多令人激动的革命性创新。同时，由此衍生的光计算、量子计算等前沿颠覆计算技术不断创新发展，成为未来探索的重要方向。

算力助推生物、物理、天文等学科发展

大科学装置作为一种复杂的科学研究系统，为探索未知世界、发

现自然规律、实现技术变革提供了服务。算力通过融合人工智能等信息技术，有效提升了大科学装置的能力，缩短了基础研究转化周期。

算力在生物领域的应用为基因测序和新药研发带来了重要突破。基因测序是生物学研究中的关键步骤之一，它可以揭示生物体内的基因组信息，帮助科学家了解基因的功能和调控机制。传统的基因测序方法通常耗时且费力，限制了科学家对基因组的深入研究，算力的提升和高通量测序技术的发展为基因测序带来了曙光。高性能计算和大数据处理技术使科学家能够处理和分析大规模的基因组数据，从而更准确、更快速地完成基因测序任务。这不仅提升了基因组学的发展速度，也为生物医学研究和个性化医疗提供了更多的可能性。除了基因测序，新药研发也是生物医药领域的重要任务。药物研发一直面临研发周期长以及研发成功率低的挑战，其中，预测药物与蛋白质的相互作用是关键难题之一。因为药物与蛋白质之间的相互作用通常发生在蛋白质的特定区域上，所以蛋白质的 3D 结构对药物研发至关重要。然而，确定蛋白质的 3D 结构是一项极为复杂的任务，传统实验方法通常耗时且昂贵。于是，谷歌旗下 DeepMind 团队开发的 AlphaFold 系统刚一推出，就引起了医药界的广泛关注。AlphaFold 利用深度学习和神经网络的技术，通过分析大量的基因组数据，高度准确地预测蛋白质的 3D 结构。这项技术的突破性在于，它不仅能预测已知蛋白质的结构，还能预测未知蛋白质的结构，填补了蛋白质结构领域的重要空白。AlphaFold 的出现意味着科学家可以在药物研发过程中更好地理解蛋白质的功能和调控机制，设计和优化与特定蛋白质相互作用的药物分子。这将大幅减少药物研发的时间和成本，为疾病治疗提供更多的选择和可能性。

大科学装置代表——超级计算机 Frontier

美国橡树岭国家实验室（ORNL）的超级计算机 Frontier，目前仍然是地球上唯一的百亿亿次级机器。AMD（超威半导体公司）的 CPU 和 GPU 让 Frontier 为科学研究提供了强大支撑，推动了一系列重大科学突破的实现，包括通过分析新型冠状病毒的突变情况了解其传播性，获得洞见的时间从一周缩短到 24 小时；首次将大规模的人工智能图形分析应用于生物医学文献中，以加速对病患的诊断和护理流程；推进基于激光的电子加速器的研究，加速核裂变过程，并凭借在该领域的研究荣获 2022 年 ACM（美国计算机协会）"戈登·贝尔奖"等。

算力在物理、天文领域的应用帮助学科实现重要突破，为我们揭示宇宙的奥秘提供了重要的工具和手段。宇宙是一个庞大而复杂的系统，受宇宙尺度巨大、时间演化缓慢以及观测限制等因素的影响，直接观测和实验的过程非常复杂，而算力的应用则为物理学、天文学研究打开了新的大门。超级计算可以帮助科学家模拟分析"时空的涟漪"——引力波。根据相对论，引力波是有质量的物体在运动时对时空的扰动，这种扰动会随着距离而衰减。长期以来，引力波很难被直接观测到，只有黑洞合并这类宇宙中的大事件才能产生以人类现有技术可探测到的引力波，但这种大事件极少发生。于是，借助强大算力模拟黑洞合并过程就成了重要的研究手段，即通过使用超算求解广义相对论方程得到引力波的数值模拟，进而帮助科研人员从探测到的嘈杂信号中识别出属于引力波的部分。2019 年发布的黑洞图像就是超级计算机历时两年进行数据校准分析后得到的，成功印证了爱因斯坦广义相对论。此外，超级计算机的强大计算能力也使科学家能够进行大规模的宇宙数值模拟。通过模拟宇宙的演化，科学家可以观察和研究宇宙中的各种物理现象，如暗物质的分布、星系的形成和演化、宇宙微波背景辐射等。这为天文学的研究提供了重要的理论依据。例如，在高能天文学中，宇宙射线的起源一直是一个重要的科学问题。我国科学家利用"天河二号"超算系统完成了 30 万亿粒子数的宇宙中微子和暗物质数值模拟，揭示了宇宙大爆炸 1 600 万年之后至今约 137 亿年的漫长演化进程，帮助人类打开了探索宇宙射线起源的大门。

此外，现代科学的很多研究需要跨领域、跨学科，借助两种或多种装置进行，这需要通过数据的共享、交换来实现。所依附的大科学装置、可高效处理海量数据的科学数据中心，是装置间共享协同的重要桥梁。部分国家对科学数据的积累与开发应用较早，自 20 世纪六七十年代开始依托科研机构、高校建设国家级科学数据中心（见表 10-1）。美国长期支持科学数据中心的建设，为其大科学装置间的"互联互通"提供了基础设施，并通过科学数据出版、权威期刊联盟、可信认证等"高门槛"举措，在多个重要学科领域汇聚全球资源、制定全套标准，"持续虹吸全球科学数据资源"。[1]

表 10-1　部分领域全球知名科学数据中心

学科领域	数据中心	所属国家 / 地区
空间	美国国家空间科学数据中心（NSSDC）	美国
天文	法国斯特拉斯堡天文数据中心（CDS）	法国
大气	世界温室气体数据中心（WDCGG）	日本
海洋	美国国家海洋数据中心（NODC） 美国国家海洋和大气管理局（NOAA）	美国

学科领域	数据中心	所属国家 / 地区
生物	美国国家生物技术信息中心（NCBI）	美国
	欧洲生物信息学研究所（EBI）	欧洲
	日本 DNA 数据库（DDBJ）	日本
	组学原始数据归档库（GSA）	中国
微生物	世界微生物数据中心（WDCM）	中国
地震	美国国家地震信息中心（NEIC）	美国

（由杨晶、李哲整理）

学科发展反哺前沿计算技术创新

不仅是算力为其他学科创新带来新动能，其他学科如材料科学、光子学、电子学、生物学、物理学等的发展也为算力提供新物质、新材料、新架构，进而为算力创新带来了新的方向和机遇。

光学、生物学、量子力学的进步及新材料的研发为光计算、生物计算、量子计算等新兴计算技术提供了关键原理和物质基础。光计算基于光子的光速传播、抗电磁干扰、任意叠加等特性，以光波作为信息的载体，通过光学器件的折射、干涉等光学特性进行运算。与电子计算相比，光计算具有大带宽、低延迟和低功耗等特点，可以突破传统电子芯片在性能和成本上的瓶颈，有望为人工智能和高性能计算等领域提供新的算力解决方案。生物计算用生物材料和生物分子取代计算机使用的半导体芯片和存储介质，大幅提升信息存储处理的耐久性和适应性，例如 DNA（脱氧核糖核酸）计算、DNA 数据存储等。目前这一技术仍处于实验的早期阶段，但其无限前景将为脑机接口等技术的实现提供更多可能。量子计算是基于量子力学原理、利用量子态的性质（如叠加原理和量子纠缠）来执行的计算模型，可以更有效地处理大量复杂的数据集，以满足未来数据量倍增、数据参数复杂、模型算法庞大的算力需求。科学家们通过研究和开发新型的量子材料，如超导材料，推动了量子计算的发展，为实现更高效、更强大的计算能力提供了新的思路和方法。目前，量子计算已在随机电路采样、玻色采样等特定问题的求解中展现出优越的算力，未来，量子计算将在加密解密、化学模拟、药物研发等场景中广泛应用。

量子也能计算

要理解量子计算，首先需要了解量子比特，其也称为量子位或 qubit。与经典计算机使用的二进制位不同，量子比特可以处于 0、1 两种状态之间的叠加态，这种现象称为叠加原理。在量子计算中，量子门是实现计算的基本单元。对量子比特施加不同的量子门操作，可以实现量子计算的各种功能。多个量子比特之间还可以发生纠缠，即一个量子比特与另一个量子比特产生关联，从而蕴含大量计算资源。量子比特相干时间越长，可用于量子计算的时间就越长。

目前主流的量子计算物理系统有 10 个左右，可以分为固体系统和原子分子光学系统两大类。固体系统包括：超导量子计算、半导体量子点、金刚石色心、稀土掺杂离子和拓扑等。原子分子光学系统包括：离子阱、光学、里德堡原子和光晶格等。固体系统一般具备门操作速度快（相当于 CPU 的高主频）的优点，操作时间在皮秒到纳秒量级，但是由于其周围环境复杂，量子比特的相干时间较短，在微秒量级。原子分子光学系统周围环境一般都较为干净，因此量子比特相干时间较长，可以达到秒量级，但是门操作速度较

慢，在微秒量级。未来，量子比特的稳定性和纠缠的保持将
是量子计算的重点突破方向之一。

生物学等学科的发展也为计算架构的演进带来了新启发，类脑计
算成为近年来的业界新宠。面对冯·诺依曼计算架构中计算与存储分
离带来的算力瓶颈，学术界和产业界开始从生物领域也就是人类大脑
体系结构中寻找答案。大脑的处理单元是神经元，跟神经元物理相连
的一万个突触就像存储器，每个神经元计算都是本地的。把这一创新
想法应用到计算架构中，意味着我们可以直接用存储器进行数据处理
及计算，把数据存储与计算融合在同一个芯片当中，让存储颗粒去实
现运算，这种计算和存储极度近邻的设计彻底突破了冯·诺依曼计算
架构的算力瓶颈，最大限度地消除了数据迁移带来的功耗开销。在这
一思想的启发下，存算一体的计算架构诞生并持续演进。目前，存算
一体领域存在多种研究方向，包括计算型存储、存内计算、类脑计算
等。其中，类脑计算获得业界广泛关注。类脑计算借鉴生物神经系统
的信息处理模式或结构，基于人脑在有限尺寸和极低能耗下可以完成
复杂环境中的信息关联记忆、自主学习等认知处理的特点，构建相应
的计算理论、芯片体系结构以及应用模型与算法，将计算与存储统合，
实现高度并行和自适应的计算能力。目前，类脑计算被认为是后摩尔
时代最为重要的发展方向之一，或有可能成为未来智能计算的重要突
破口。

第十一章
算力经济与未来政府治理

在算力经济时代，经济社会活动更加复杂，网络空间治理深入无人区，推动政府职能、组织形态和运行模式的深刻转变。此外，社会还面临着极大的不确定性，需要强化科技治理，实现向善发展。

大算力让"大政府"决策更科学、执行更有效

算力经济时代的政府将是大政府

在漫长的人类历史中，大政府、小政府在不同国家、不同历史时期交替出现。大致的规律是，政府的规模取决于挑战的严峻程度。当没有外来威胁、社会发展稳定时，政府对市场发展的干预较少，小政府模式在推动经济增长和促进社会发展方面更加有效。但当战争、瘟疫等危机出现时，以举国体制集中应对挑战的需求就更加迫切，大政府应运而生。未来，由于治理挑战、不确定性因素增多，大政府模式将成为发展方向。

一方面，治理空间扩大了。从农业文明到工业文明，政府治理的

对象均为线下实体及其社会经济关系。但在算力经济时代，经济主体的活动范围进一步由线下转向线上，由实体转向虚拟，从限定于物理空间的"固态社会"逐渐迈向时空"脱嵌"的"液态社会"[1]，政府不但要继续治理好物理世界中的经济社会，还要治理好网络空间中的经济社会。事实上，随着虚拟空间跨国属性的日益凸显，各国已经明显加强了对虚拟空间的治理，其成为继海陆空天之后的"第五疆域"和战略博弈新领域。

另一方面，治理难度提高了。在原本的物理世界中，工业革命引来市场经济大发展，从而造就了物质财富的极大丰富，但对环境、社会和公共健康造成的累积性危害与日俱增，人类社会公地悲剧增加，面临气候变暖、物种灭绝、未知传染疾病等"市场失灵"的危机。在未来的虚拟世界中，虚拟资产、产品和社交关系等新生治理对象日趋复杂，异质性、差异化更加突出。更为重要的是，网络虚拟世界与现实物理世界交互和映射，衍生出新的经济法律问题，治理层次更加多元，治理议题的挑战性更加突出。例如，在《西部世界》中，人类是否可以对机器人演员进行屠杀？再如，在《上载人生》中，主人公去世后进入虚拟世界，其购物支出是否应该由现实中的人承担？是否还可以允许数字人经过克隆被下载到现实世界？这些问题令政府监管进入"无人区"。

从政府治理规律来看，每一种新的生产要素的出现都会对应一个新的部门。伴随着虚拟空间及数字技术的发展，诸多国家均设立了专门的管理机构。2017年，阿联酋成为世界上首个设立"人工智能部"的国家，其人工智能部致力于成为中东人工智能中心。美国构建了由国土安全部和国防部牵头的网络治理格局，成立了专门管理人工智能的"国家人工智能倡议办公室"（负责实施美国的人工智能国家战略），并于 2022 年成立"网络空间和数字政策局"（CDP，Bureau of Cyberspace and Digital Policy），以"帮助解决网络和新兴技术的外交问题"。[2] 2021 年，英国数字、文化、媒体与体育部（DCMS）首次正式发布《国家人工智能战略》，并计划在伦敦设立全球人工智能监管机构，打造全球人工智能中心，以在制定规则方面抢占话语权。算力经济的高度发达阶段一定会衍生出更加专业的数字管理机构。

算力经济时代的政府将是"计算型"政府

政府的公共决策能力是国家治理能力的核心要素。传统的行政决策主要依靠决策机关对公共事务和公众需求的经验把握，缺乏及时性和准确性，具有依赖个人权威、样本小、效率较低、开放性不足等诸多缺陷[3]，这降低了决策的科学性。为了解决这些问题，计算社会学[4]为政府机构和研究者提供了一个新的分析平台。这个学科主要借助计算机、互联网与人工智能等现代科技手段，利用新方法来获取和分析数据，完成对人类行为与社会运行规律的科学解释[5]，从而提供研究与解释社会的一种新范式。未来，计算社会学将在公共决策领域内实现规模应用，深刻改变政府决策的全流程。[6]

在立项阶段，政府对大量语音、文字、图像等公众数据进行建模分析，以"全息式"的把握和"细微式"的感知精准辨识公民诉求，关注焦点问题、态度倾向，决定哪些问题进入决策议程。这与现在人们使用谷歌搜索来预测美国各地的流感情况[7]类似。在决策阶段，政府利用辅助决策的"超级数据大脑"[8]，基于历史相似情形快速生成不同方案，开展多维度的实时仿真建模，定量分析不同方案的局部和整体政策影响。在实施阶段，政府对执行主体进行持续跟踪，减少信息不对称，避免执行走偏，确保公共决策的实施最大限度地贴合实际。在政策评估阶段，政府基于对全周期数据的深度挖掘，识别复杂的经济社会系统内不同变量的因果联系，总结执行效果，为后续决策调优提供支持。因此，从某种意义上讲，未来政府决策都是在一个大型的"公共政策实验室"内进行的，计算式治理实现了从政府决策到执行的智能响应，让政府运作更具前瞻性和更智能化，以及实现了对政策问题的生命周期治理。

我们已经看到这样的实践案例。如英国政府打造的政府绩效数据系统，致力于公共决策"数据仪表盘"的实时可视化呈现，从而提升政府的数据科学分析能力，更好地运用数据来支持决策，帮助决策者更直观地对政策的实际效果进行评估。美国纽约联储构建了 Nowcast 模型，力图从纷繁复杂的高频数据中实时预测美国季度 GDP 增速的变化，解决了过去 GDP 统计迟缓、政策应用不及时的问题。Nowcast 模型已广泛应用于对劳动力市场、通货膨胀、天气和农业收获条件的预测，用于反映经济社会发展环境的变化。荷兰阿姆斯特丹基于对能源生产和消费数据的分析，建立了可交互访问的能源地图，用于政策决策辅助的同时，增强市民对自己的能源消费行为的敏感程度，并且促进可再生能源的消纳和利用。未来，这样的案例将更加丰富。

算力经济时代的政府将是集约型政府

自马克斯·韦伯的管理理论发布以来，世界各国的政府都被认为是典型的科层制组织，具有专业化分工、清晰的权力等级、明确的规章制度、非人格化等行为特征。随着时代的发展，传统科层制暴露出组织臃肿僵化、沟通不畅、监控不力、激励失灵等问题。在算力经济时代，政府结构和运行管理机制都将发生显著的变化。

与企业一样，政府的组织架构将呈现出精简化、扁平化的趋势。随着云计算技术的引入，现有资源进一步向设施层、平台层、服务层和决策层划分。未来，数据的集中和算力的增强会让决策部门的信息处理能力、决策能力提升，不同部门和层级信息不对称大大减轻，过细的部门分工和多余的层级功能减弱；政府大部制改革将进一步深化，避免传统体制下职能交叉、政出多门的弊端，提高行政效率。如英国政府就已经建立统一的信息中心 GOV.UK，以用户需求为出发点，为个人、企业、各级政府、第三方部门提供便捷、高效的跨部门服务。

从纵向看，政府与个人之间直连的通道更加宽阔畅通。加密计算的通道让政府和个人更加安全地共享信息，政府决策大脑有强大的计算能力，可以实时对来自各方的信息进行汇总处理，压缩了信息传递层次，充分克服了政策效力、执行动力、监督能力不足等问题，对增强政府决策的透明度和公正性、降低运行成本大有裨益。如目前丹麦作为欧盟数字化程度最高的国家之一，构建了公民数字身份证（公民凭此便可登录网上银行、税务系统及公私机构的网站）和数字邮箱，86% 的丹麦人在互联网中提交政务表格，91% 的丹麦公民在线接收公共服务信息。据统计，政务电子化让丹麦政府每年节省了 3.45 亿欧元，政府部门处理公共事务的时间减少了 30%，政策决策执行透明度提高了 96%。[9]

更为重要的是，在算力经济时代，政府运作更加突出协同治理。虽然经济增长理论的模型认为，在一定条件下，自上而下的计划模式与自下而上的市场模式在效率上是相等的，但政府拥有更强的算力以及更多的数据，并不意味着可以变为"利维坦"。政府仍然会面临多方面的约束。从能力来看，企业仍是技术创新的主体，政府在数据汇总、计算和算法优化等方面仍然要依赖企业部门的技术支持。李飞飞等人的研究表明，目前99%的人工智能人才都在企业界和高校。面对飞速发展的技术，政府更需要来自外部的人才和技术支持。只有增强技术预见性，才能及时迎头赶上，实现有效治理。从数据来源来看，政府也无法获得所有的信息。虽然不同国家对政府可获得数据的界定不同，但涉及个人隐私等方面的数据仍将置于严密的法律框架下，而不一定都会授权给政府行政机构。从治理对象来看，未来在强大算力的支持下，居民的信息劣势、能力劣势都将大大减轻，表达意见的渠道将变得更加丰富，表达的能力将变得更加强大，意见的加总将变得更加容易；"专家居民"将形成强大的社会舆论压力和政治压力，甚至迫使政府机构不得不合作。当前，面对快速发展的人工智能技术，美国商务部下属的国家标准与技术研究所通过发布公告面向公众征集想法，推动协同治理。这正代表了这一方向。

值得一提的是，算力经济时代的协同治理也将意味着政府可能不是公共服务的唯一提供方。事实上，即使在现在，第三方物流、社交平台、第三方支付工具也已经提供了部分公共服务。在算力经济时代，一方面，大型企业的实力进一步增强；另一方面，算力、存力和运力也具有多样性、异质性等特点，越来越多的企业机构将加入底层基础设施的建设。

突破传统公共服务模式的"不可能三角"

传统公共服务模式长期面临"不可能三角"的挑战，即难以兼顾"公平、效率和可持续性"。如有的国家医疗体系的效率高、公平性强，但有沉重的财政负担。有的国家医疗体系的公平性强、负担较轻，但医疗水平和效率不足。将来，算力会让政府极大地扩充公共服务的供给总量，形成 C2G 的精准化供给模式，提升基本公共服务的可及性、均衡性和普惠性。

医疗养老服务

人口老龄化是 21 世纪最重要的社会趋势之一。2018 年，全球 65 岁或以上的人口的数量已经史无前例地超过了 5 岁以下人口。联合国预计到 2050 年，全世界每 6 人中，就有 1 人的年龄在 65 岁（16%）以上，由此带来医疗养老问题的急剧放大。

一位医生的培养时间长达 11~15 年。这是医疗服务供给不足的根源，也是产生分布不均衡、服务质量不高等多重问题的重要原因。在算力经济时代，依托 GPT-4 等模型进行深度挖掘，打通病例和医疗数据，可以在短期内批量训练智能医疗助手，快速壮大医疗服务力量，提升医生的服务能力。通过深度应用云计算、人工智能和物联网技术，并与政府、社区、保险公司和患者的个人数据相联通，医院将更容易对不同病患进行分级管理。未来，只有罕见病、突发病以及器官移植等外科手术才需要到医院集中处理，常见病的医疗辅助在家或者社区就能完成，这样可以避免医疗资源挤兑，提高服务效率。

"个性化的精准治疗"成为主流的治疗模式。更多具有联网能力和计算能力的传感器以便携的可穿戴设备的形式进入家庭，可以对不同家庭成员的运动、呼吸、睡眠、心跳、血糖的健康状况进行 7 天 × 24 小时的连续跟踪。这些数据经过授权接入云端后，由专业医院的诊疗模型进行评价计算，模型将量身定制健康档案，提出健康管理建议，实现高质量的"预管理"。医生在收到数据后，参考智能医生的建议，给出个性化的治疗方案。有特殊药品需要的患者，可以直接将相关需求提交给药厂；药厂根据患者的基因、身体耐受情况快速研发药品，通过纳米机器人等进行靶向用药，以提高治疗效果。

优质医疗资源更加便捷地向偏远地区下沉。远程病理诊断、远程医学影像诊断、远程监护、远程会诊、远程门诊、远程病例讨论等医疗行为的全流程将实现线上无缝对接。城市医疗公共服务平台将打通不同地区的医疗需求数据，优化医生、药品、救护车、可移植器官等医疗资源的配置。病人通过手机终端可接入医疗智能助手，以实时远程获得高质量指导。医生利用高精度的手术机器人，足不出户就可以为病患远程开展高难度手术。得益于通感一体等通信技术与算力技术的融合，个人的面色、脉象等信息也可以准确地传递给医生，为传统上需要"望闻问切"的中医医疗带来新的发展空间。

教育就业服务

在算力经济时代，为了推动人们适应快速变化的产业结构，教育就业服务将是挑战性和颠覆性最大的公共服务。

最直观地看，教学的效率大大提高。在传统教育模式中，教师要将大量精力花费在备案和评价上。在算力经济时代，教育大模型协助教师开发课程，自动生成课程大纲、教学方案、教学课件等教学材料。在教学场景环节，实验者借助先进的体感交互设备进行实时渲染，仿佛在真实环境中完成各种实验项目。在教学评价环节，教育大模型可以辅助或代替老师进行智能评卷，提升阅卷效率。由美国教育考试服务中心（ETS）设计的 e-rater 作文自动评价工具，已能够准确、高效地评价学生的作文。

教育方式也将发生显著变化。由数据驱动的因材施教将成为新的教育核心范式。人工智能等数字化技术结合多模态数据采集、数据挖掘、情感计算和学习分析等技术，对学生的学习行为、表情、眼动、姿势等多维数据进行记录与分析，提供个性化的学习指导和路径规划。随着学生更早地在线上获取知识，学生的起点知识水平得到大幅提升。学生的学习方式从传统的听讲、背诵、做题等，升级为分享式、体验式和探究式学习。学校则成为学习型组织[10]，基于年龄和地域的班级授课制转变为跨年龄、跨地域的学习共同体，老师转变为辅助学生自主学习的助手。

教学与就业的转化更加通畅。今后的就业机会无疑更加稀缺，未来的就业者需要进行高质量、有目标的终身学习。得益于开放大学的普遍建立，算力经济时代终身学习的机会甚至变得过剩，其成为一项普遍的公共服务。建立 360 度环绕的虚拟现实立体投影影院，搭载人工智能决策树算法，可以为学生提供一个安全、低风险的采矿学习模拟环境，增强实践技能。政府就业服务平台更紧密地跟踪不同地域的用人单位需求和不同高校学生的职业兴趣、学习能力，及时预测供需情况，提供相应指导。也许，对于未来的大学生，找工作可能成为过去时。

相对于以上变化，最根本的改变还是人文性的回归。在算力经济时代，已有的、客观的知识可以由教学"机师"教授给学生。但计算机很难产生人类特有的价值观、同理心。因此，未来学校和老师最重要的教育任务是提供"人文引导"，使得教育的目的从"教"向"育"的方向回归。联合国教科文组织认为，未来教育应更重视教育核心要素改革[11]，应围绕合作和团结等原则加以组织，应培养学生的智力、社会交往能力和合乎道德的行动能力，使其能在同理心和同情心的基础上共同改造世界。在"21世纪学习联盟"（P21）等智库的推动下，美国教育界将关于学生素养的界定由"3R"（阅读、计算与写作）转向"5C"（审辨思维、创新、沟通、合作、文化理解与传承），也许这更加贴近"百年树人"的本意。

应急公共服务

人类已经进入风险社会。在算力经济时代，人类要通过构建"智慧应急大脑"[12]实现实时监测、预警和快速响应，提高应急救援效率和减少损失，增强社会抵御风险的韧性。

气象预测一直是超级计算的大客户。预测的本质就是计算。现在通行的数值预报对算力的消耗非常大，如精确的未来10天数值预报，需在超过3 000个节点的超级计算机上花费数小时进行仿真。但预测精度提高将产生巨大的价值。有研究显示，提前24小时预报破坏性天气事件，可以减少30%的损失；向发展中国家的预警系统投资8亿美元，每年可减少30亿~160亿美元的损失。[13]未来，算力的迅速提升以及大模型的快速发展，可以建立"无缝隙的预报系统"，从而在短期、中长期和地理3个尺度上进一步提升，例如将龙卷风时间尺度只有几分钟、十几分钟的变化无缝隙地进行预报。英伟达的"地球虚拟引擎"计划（EVE）基于气候科学、高性能计算和人工智能数字基础设施，研发了全球天气预报模型FourCastNet，开创性地提供了易于获取的千米级气候信息。个人和企业都可能利用手机在线提出"定制化"的气象需求，获得实时生成的气象服务图文分析报告，其既能说明过去不同天气对用户的各类影响及其程度，也能提供未来 2 小时 ~6 个月的行业影响预测分析。

算力为更高价值的地质灾害预测打开了空间。以地震预测为例，其主要原理是依靠监测不同地震波在地球内部传播的不同速度，通过时间差向可能受影响的区域发送警报。但由于地震的情况非常复杂且多变，地下的一些细微变化可以导致地震扰动的产生，地壳和地球内部的活动是非常不稳定的，因此现在人们仍然不能准确地预测地震。未来，通过用深度学习算法等数字技术对全球地震的数据库进行分析，构建需求预测的数理模型，升级地震预警监测仪，我们有望提升地表强震动预测、地震早报等领域的地震监测能力，进一步将地震预警时间提前。相关研究表明，如果预警信息能够提前 10 秒提供，那么地震导致的伤亡将减少 39%；如果预警地震信息能提前 20 秒提供，伤亡就将减少 63%。2022 年，斯坦福大学研究团队提出了一种直接通过地面运动的特征发出提前预警的新方案"DeepShake"，即通过训练人工智能进行地震预测，同时省去了目前采用的预警系统的部分中间步骤，实现了在高强度地面晃动来临前的 7~13 秒发出警报。这是一个可喜的进步。

安全生产领域在算力经济时代也有巨大的改进空间。一方面，要通过升级感知监测和数据采集技术，打通不同城市基础设施的数据接口，构建预警预测模型，构建符合能源危化品应急大数据发展的应急数据治理体系，提高事故灾难的风险识别预警、信息共享等能力。另一方面，要在危险领域实现算力换人。在灾害发生后，智能机器人能承载多种传感、探测、救援设备，迅速赶到灾害现场进行连续监测，对灾区的有毒有害气体进行分析和爆炸危险性的判别，并对现场数据进行实时传输及分析，在减少人员伤亡和财产损失方面发挥重要的作用。如美国南佛罗里达大学研制的 Simbot 矿井搜索机器人，具备小巧、灵活、功能强大的优点，可携带数字摄像机和基本的气体检查组件，通过一个钻出的小洞进入矿井，穿过矿井复杂的碎石、泥泞环境，使用其携带的传感器完成矿工搜寻、氧气和甲烷气体探测等救援任务。

通过协同治理关上算力经济时代的"潘多拉魔盒"

反垄断

消费者欢迎竞争，而企业热爱垄断。投资家彼得·蒂尔在畅销书《从 0 到 1》中就直言不讳地指出，创业成功的标志是建立垄断。尽管平台经济巨头是从竞争中诞生的，随时也面临被颠覆的风险，但越来越多的事实证明，帝国企业庞大的体量不会总是给社会带来益处，它们也会与工业时代的垄断企业类似，给社会福利、产业发展和国家安全带来负面影响。

算法垄断是首要危害。算法一旦被开发者或控制者滥用，算法歧视、"信息茧房"、"回音室"效应、算法霸权等问题可能就会产生，由此导致的垄断行为呈现类型化、专业性、隐蔽性等特征。

在算法共谋类垄断中，企业利用算法在数据搜集、信息传递以及自动化决策等方面的优点，以比传统协同行为更加隐蔽的方式达成并实施垄断协议；欧盟委员会 2017 年的一份调查报告显示，大多数在线零售商用算法来监控竞争对手的价格，约 2/3 的零售商用算法来自动调整价格。

在滥用市场支配地位类垄断中，企业利用算法实施价格垄断、差别待遇、限定交易、拒绝交易等行为；其中，差别待遇行为主要表现为算法自我优待、算法个性化定价、利用算法实施的其他排他性滥用行为等。以谷歌搜索引擎算法为例，搜索排名算法是先确定关键词、域名、外链、用户数据、内容质量、人工干预 6 个因素，通过赋予 6 个因素不同的权重计算出相应的分数，再根据分数的高低进行自然排序。为了实现自身利益的最大化，谷歌通过修改每个因素的权重对自然排序的结果进行调整，进而操控搜索结果。

在算法驱动型经营者集中类垄断中，算法可以针对不同的潜在竞争对手设定不同的威胁级别，并向主导经营者发出预警，主导经营者可以依据算法的分析结果选择向潜在竞争对手实施扼杀式收购。2008—2010 年，亚马逊通过定价算法密切追踪竞争对手 Quidisi 的价格，并且在 Quidisi 调价之后跟进杀价；在亚马逊掠夺性定价的压力下，Quidisi 最终被亚马逊收购。

此外，大型科技公司在全球范围内利用"转移定价"进行国际避税、逃税。苹果公司一度被认为是世界上最大的"避税企业"。部分科技企业甚至具备了影响国内政治和地缘政治的能力，如在许多西方国家，政客在脸书和推特上的"吸粉"能力，可直接等同于其吸纳政治捐款和获取政治支持的能力。[14]

目前，世界各国正在加强对大型平台型科技企业不正当行为的治理。据熊鸿儒、韩伟 2022 年的统计，2017—2021 年，全球 18 个国家和地区发起了针对谷歌、苹果、亚马逊、脸书等数字平台企业的高达 150 起反垄断诉讼和执法案件。近年来，全球主要国家的科技领域反垄断事件见表 11-1。

表 11-1　全球主要国家的科技领域反垄断事件 [15]

国家	公司	事件
美国	谷歌	2010 年 11 月，欧盟对谷歌展开正式反垄断调查，以确定谷歌是否滥用其在搜索市场的主导地位；2012 年 7 月，欧盟与谷歌展开和解谈判。
		2012 年，美国联邦贸易委员会发起对谷歌的垄断调查。
		2020 年，美国司法部提起了一桩反垄断案，指控谷歌通过反竞争手段，维护其在搜索引擎和线上广告领域的垄断地位。
	亚马逊	2019 年 7 月，美国司法部宣布对亚马逊展开反垄断调查。
	脸书	2019 年，美国联邦贸易委员会对脸书展开多年来侵犯隐私的调查，脸书同意支付 50 亿美元罚款。
	苹果	2005 年，约 800 万消费者向苹果公司提起集体诉讼，声称苹果维持数字音乐市场垄断地位的手段损害了他们的利益，索赔 3.51 亿美元。
		2019 年，美国最高法院判决苹果在 App Store 反垄断案中败诉，允许 iPhone 用户向苹果公司起诉，获得 3 倍于他们的损害赔偿。
韩国	三星	2018 年，中国反垄断执法机构启动了对三星、镁光、海力士等公司的反垄断调查，主要是因为存储芯片价格异常上涨。
日本	索尼	2016 年，美国司法部反垄断部门要求索尼提供其 SRAM 业务的有关信息。
中国	腾讯	2012 年 4 月，360 公司在广东对腾讯滥用市场支配地位行为提起反垄断诉讼。
	—	2020 年 11 月，市场监管总局出台《关于平台经济领域的反垄断指南（征求意见稿）》。

　　尽管如此，算力经济时代的垄断行为认定仍然极具挑战。传统的"市场结构—市场行为—市场绩效"的反垄断法分析框架产生于工业时代，成熟于信息时代，面临市场占有率指标难以界定、平台相关市场难以界定、经营者集中存在"申报漏洞"等技术难题 [16]，难以适应算法垄断行为的规制需要。未来，我们需要构建"市场力量—市场行

为一竞争损害"的反垄断法分析框架。[17] 我们应当结合经营者的市场地位，对关键资源控制、市场竞争特点等指标进行综合分析，确立算法垄断行为反垄断规制的标准，构建以法律规制为主、技术规制和伦理规制为辅的综合规制模式；既让大型科技企业充分发挥其对社会和产业的带动作用，又限制其垄断风险，从而在反垄断法规制与算法创新之间取得科学平衡。

治理不平等

皮凯蒂在《21世纪资本论》中提出了在资本主义的生产方式下，"r > g"持续拉大社会不平等的内在机制。不平等不仅会降低经济效率，也会带来极大的社会不稳定。令人担忧的是，未来，不平等将是社会面临的更大挑战。

这一挑战主要是通过就业冲击形成的。在算力经济高度发达之前，人类已经面临就业创造能力降低的挑战。在20世纪早期以及更早的时候，技术的变化通常会创造出比它们所破坏的更多的好的工作岗位，但在20世纪80年代，自动化摧毁了许多制造业和零售业的工作岗位。比如从事传统零售行业的巨头沃尔玛可以雇用220万人，而市值3万亿元的苹果公司只雇用了不到10万人。不仅如此，就业机会的分布也更不均衡。根据布鲁金斯学会的统计，2019年，包括旧金山、圣何塞、波士顿和西雅图等在内的8个美国城市中有约38%的科技岗位，新型人工智能技术岗尤其集中，全美的人工智能资产的2/3仅集中于15个城市，其中旧金山和圣何塞就占了约1/4。[18] 2023年ChatGPT爆红之后，已经开始替代工人就业。2023年5月，IBM宣布将暂停招聘人工智能可以胜任的职位，这些可能被取代的岗位约有 7 800 个。同时，在接下来 5 年的时间里，IBM 30% 的工作将被人工智能和自动化取代。OpenAI 和宾夕法尼亚大学的一项调查显示，有 80% 的美国劳动者受到大模型的影响，其中 19% 的美国劳动者有一半的工作任务将会被大模型取代。

不少科学家正在乐观地宣扬"这次不一样"。但是人类能否在"与机器赛跑"[19]中取胜充满不确定性。人类的主要优势在于拥有个体智能和群体智能，但超级算力加持的通用人工智能在许多智力测验中已经表现出超越人类智商的能力。南俄勒冈大学最新的 GPT-4 测试显示，其在托伦斯创造性思维测试（TTCT）中的得分在前 1%，在流畅性、灵活性和原创性等创造性能力方面与人类相匹配或超过了人类。反观人类，无论如何学习，学习速率和存储的能力都将赶不上摩尔定律的演进速率，因此"技术性失业"风险将大大上升。同时，过度自动化的发展会加剧税收不平等，例如不少国家对人类劳动征收重税，但对机器人没有征收工资税。这将进一步拉大收入、财富的人群和地域差距。

面对一个"没有工作的世界"，一些企业家和经济学家提出了一种名为"全民基本收入"的设想，该设想提倡通过向居民发放永续的足够维持其正常生活的资金，完善社会保障网。但这将面临政策和财政资金的约束，很难一劳永逸地解决问题，毕竟工作对人类的意义超出了温饱。人类经济体制正在迎来颠覆性的挑战。

强化科技治理

数据驱动的科技创新范式将得以确立，进而大大提升创新效率，推动不同技术领域的群体性突破。由于技术的影响越来越广泛，而且技术发明者、企业和社会的利益不一致，因此能否将人类社会的进步仅仅委托给工程师和计算机专家，是一个很大的疑问。

在媒体安全领域，强大算力正在制造大量的虚假信息。据清华大学人工智能研究院统计，2021 年新发布的深度合成视频数量较 2017 年已增长 10 倍以上。算法的改进和算力的加强，让"更新迭代速度超乎想象，正在无限趋近于真实"。例如，加州大学伯克利分校的实验显示，人工智能合成的人脸甚至可以比真正的人脸看起来更加自然，由此引起的诬陷、诽谤、诈骗、勒索等违法行为和事例已屡见不鲜。2021 年，阿联酋某银行被深度伪造语音技术诈骗了 3 500 万美元。ChatGPT 技术得到应用后，不少人正在担心 2024 年的美国大选将成为第一次被人工智能控制的大选。

在金融安全领域，强大的量子机器给金融稳定和隐私带来巨大风险。例如，量子计算机能够超越数字超级计算机，以指数级的速度解决数学难题，从而使非对称加密失效，并削弱其他加密密钥和散列；金融系统发送和存储的任何加密的个人或金融信息都可能被一台功能强大的量子计算机追溯破译。纽约联储在 2020 年 1 月发布的一份文件（2021 年 5 月修订）表明，对一家大型银行的量子攻击可以蔓延到近 40% 的美国金融网络，对美国和全球经济的影响可能上升到 2008—2009 年经济危机时的水平。

在军事安全领域，智能机器人可能成为强大的杀人机器。2017 年，联合国在《特定常规武器公约》会议上发布了一段"杀人机器人"视频，它的体型像蜜蜂，飞入会场后躲过抓捕进行目标攻击。这在全世界引起了轩然大波。类似的自主武器系统已经具有自主分析情报、自主指挥控制等功能。如果它在战场上被授予"自由开火权"，滥杀无辜，那么这可能会彻底抹去人类对于杀戮行为的不道德感，从而使战争更加冷血、残酷。

在国家层面，领先掌握新一代人工智能等技术的国家占据制定技术规则与技术标准的优势地位，可以以发展与监管为由来扩大数据的检测范围，从而实现对数据的收割与垄断。这种技术垄断或者算力霸权可能产生新的"数字殖民地"。例如，ChatGPT搜集的用户数据会留存在美国的服务器中，个人信息一旦被西方某些不良政客截取，就会成为他们分析、研究并制定意识形态渗透策略的重要数据支撑。这可能使ChatGPT沦为一种政治工具。

算力经济时代需要唤醒人类理性的光辉。科技越发达，人文越重要。在ChatGPT出现后，各国很快跟进对通用人工智能的监管，就已经体现了这种担忧。马斯克等人呼吁"像管理核武器一样管理人工智能"。OpenAI首席执行官山姆·阿尔特曼在一次听证会上呼吁，为超过一定规模的人工智能企业颁发许可证。正如《流浪地球2》中，人类使用智能量子计算机550W有严格的口令、场景限制一样，这将成为算力经济时代的一个隐喻。

驰而不息，全球大国的
算力经济之争

140多年前，爱迪生改进了白炽灯，用电力照亮了整个世界。现如今，算力成为点亮全球经济发展的那盏"明灯"。世界各国在算力经济领域积极布局、百花齐放，没有任何国家能在所有方面都独占鳌头，每个国家都有自己的绝技（见图 A）。

美国领跑算力经济。自 70 多年前《科学：无尽的前沿》发布起，美国便以科技优势抢占算力经济竞争制高点。此后，美国始终高度重视基础研究和原始创新，以国家意志聚合国家力量，在世界范围内长期保持技术领域的先进性和独创性，以科技为支点撬动算力经济全局发展的创新杠杆。时至今日，美国在科技体系、生产体系、政府治理、基础设施、消费体系、市场交易 6 个领域整体领先，是信息文明时代当之无愧的全球算力经济第一名。

欧盟跟跑算力经济。在欧盟成立以前，欧洲凝聚力相对薄弱，各国在算力经济中各自为战，错失发展良机。在欧盟建立之后，一系列统筹政策陆续出台，欧洲逐渐形成发展合力，跻身算力经济前列，但与美国仍存在较大差距。因此，欧盟凭借全球第三大经济体的市场地位，以"数字主权"为关键"武器"为算力经济保驾护航，向全球输出独属欧盟的数字标准和规则，在算力经济的全球竞争中塑造规范性权力、抢夺话语权。

日韩抢跑算力经济。相比于美、中、欧等算力经济大国和地区，日韩综合实力较弱且易受国际政治影响，所以在算力经济竞争中采取避其锋芒的战术，根据自身特色，凭借半导体领域关键细分节点的垄断优势在大国对垒中占据一席之地，用"奇"兵取胜，并以半导体牵引全局，在彼此竞争、多方博弈中努力攥紧算力经济未来发展的主动权。

各国算力经济因国情差异而不同，本篇将用三章的篇幅具体阐述

图 A 美国、欧盟、日本、韩国科技战略时间线

1945 年
《科学：无尽的前沿》
美国
科技政策的蓝图和里程碑

2007 年
《美国竞争法》
美国
确保人才培养和教育投资增加

2015 年
《数字化单一市场战略》
欧盟
整合区域内资源，清除跨境流动障碍

2020 年
《无尽的前沿法案》
美国
用新措施保持世界头号科技强国地位

2000 年
《里斯本战略》
欧盟
关注科研投入，经济增长和就业增加

1995 年开始
三星多次发起"反周期定律"价格战
韩国
全球 DRAM 领域逐渐由三星等少数企业垄断

1960 年开始
国家主导产业政策、超级 LSI 技术研究协会
日本
半导体从产业腾飞，最具国家竞争力

1980 年
《拜杜法案》《史蒂文森－威德勒技术创新法》
美国
技术成果转移转化由个别行为转变为国家层面行为

1982 年开始
《半导体工业扶持计划》等政策
韩国
半导体开始崛起并逐步成为全球市场主导者

1986 年
《美日半导体协议》
日本
半导体产业逐步进入停滞期

1990 年
《美国科技政策》
美国
制定研发经费多元化的合作性目标

2020 年开始
《塑造欧洲的数字未来》《欧洲数据战略》《人工智能白皮书》
欧盟
强调了欧盟的技术主权和自主可控

2022 年开始
《半导体超级强国战略》、半导体未来技术路线图
韩国
进一步巩固半导体产业领先优势

2023 年
《半导体和数字产业战略》
日本
重振尖端半导体制造业

第三篇　驰而不息，全球大国的算力经济之争　　175

美国、欧盟、日本、韩国的发展路径，以期画出一幅全球算力经济的立体画卷，为读者把握国际格局、定位中国优势与不足提供参考（见图 B）。

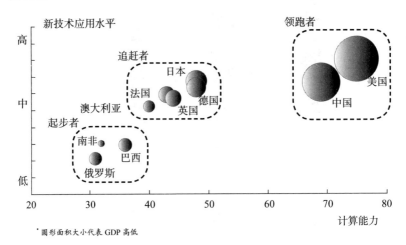

* 圆形面积大小代表 GDP 高低

图 B　各国算力与新技术应用水平

数据来源：IDC、浪潮、清华大学《2021—2022 全球计算力指数评估报告》

第十二章
美国领跑全球算力经济发展

  美国领跑全球算力经济发展，但也面临空前激烈的竞争。在基础设施方面，美国在 5G 上已经明显落后于中国；在生产体系方面，中国拥有齐全的生产门类，欧盟、日、韩既有世界一流的领军企业，又不乏大量的隐形冠军和单项冠军；在消费体系方面，中国和欧盟的消费市场无论规模还是潜力都是巨大的；在市场交易和政府治理方面，各国也是各具特色、各有所长。但唯独在科技创新方面，至今还没有哪个国家或地区可以真正成为与美国平起平坐的对手。美国以科技创新为中心，统筹兼顾，以科技创新作为另外五大体系转型、升级、提质、增效的第一动力：美国依托科技优势，确保芯片制造的话语权，力图加强全球产业链掌控力，并由政府介入，施加技术封锁，限制他国算力经济的发展，以技术赋能创新消费场景、推动消费升级。同时，领先的算力基础设施和完善的交易体系都为其技术创新和发展提供了保障。美国六大体系的相互依存、相互促进、协调运行使得美国算力经济的发展成为一个有机整体，当前中、欧、日、韩即使在某一方面有实力与美国一较高下，也难以实现全面超越。在可预见的相当长的时间里，美国仍将凭借科技创新实力确保其算力经济世界第一的位置。

那么，为什么影响算力经济的关键科技创新几乎都发生在美国？为什么美国的科技创新能够始终领先全球？

基础研究和科技体系是美国科技创新的"动力之源"

美国是当今世界头号科技强国。自第二次世界大战以来，不论以诺贝尔奖及其他奖项得主的数量、科学论文的数量及引文数量衡量，还是以海外学生到该国留学的数量或者大学创办高技术公司的数量衡量，美国都牢牢占据世界第一的位置。但如果把时间倒退到"二战"刚爆发的时候，美国科技还远远落后于德国，与英国也相差很远，甚至落后于法国。二战开始前的 10 多年，美国最聪明、最有抱负的年轻人甚至会到德国海德堡、莱比锡和哥廷根这种城市中的大学去攻读博士学位。那么，是什么使美国的科技实力从二战之后一跃直上并长期保持强盛呢？最关键的两点是对基础研究长期坚定的投入和建设完善现代高效动态的科技创新体系。

以多元化的投资主体与严谨的管理机制实现资金活水精准滴灌基础研究

二战以来，计算机、人工智能等影响算力经济的核心科技创新始终都发生在美国，究其原因，这是美国高度重视基础研究的结果。美国认为基础研究是一切知识的源泉，基础研究的发展必然会为社会带来广泛的利益。因此，美国坚定地以多元化的投资主体对基础研究进行持续稳定的投入，并以严谨的管理机制确保基础研究的投入方向，推动美国科学技术的快速发展。

（1）以多元化的投资主体加强研究经费投入

美国联邦政府一直是基础研究经费的主要提供者。联邦政府的基础研究投入占整个国家基础研究投入的比例基本保持在 50% 以上。在二战结束后的最初几年，美国的 R&D（科学研究与试验发展）总支出略高于其 GDP 的 1%。在 20 世纪 50 年代后半期，该份额迅速增长，在 20 世纪 60 年代中期达到了峰值——3%。1969 年，美国的 R&D 投资规模为 256 亿美元，远远超过最大的 4 个国外经济体（联邦德国、法国、英国和日本）的 R&D 经费总和 113 亿美元。[1] 做一个简单的估算，美国 R&D 投入约占 GDP 的 3%，其中基础研究研发占比为 17%~18%，那么美国用于基础研究的经费大约是中国的 5 倍。面向未来，美国政府在"美国就业计划"[2] 中提出了未来 10 年在研发和技术领域投资 1 800 亿美元；在《NSF 未来法案》[①] 中明确指出，设立科学与工程理事会，重点支持应用导向的基础研究，加速基础研究的转化，促进联邦资助研究的商业化和应用，其预算自 2022 年开始为 10 亿美元，到 2026 年将增长到 50 亿美元。

除联邦政府外，美国企业也在基础研究投入中发挥了非常重要的作用。自 20 世纪 50 年代以来，企业的基础研究投入比例呈现波动增长的发展趋势。企业越来越意识到基础研究所带来的巨大利益，企业投资基础研究越多，其创新能力越强，赢利机会也就越多。近年来，

---

① 2021 年，美国众议院科学委员会提出《NSF 未来法案》，对重点基础研究领域的部署涵盖了先进科学计算，网络安全，人工智能和自主技术，材料和先进制造业，基础能源科学，清洁能源，高能物理，核物理，可持续的化学，气候，生物科学，等等。

美国企业的基础研究经费从 2011 年的 133 亿美元增长到 2020 年的 417 亿美元，其占本国基础研究经费的比例由 2011 年的 18% 增长到 2020 年的 35%。[3] 此外，美国科研领域的慈善事业较为成熟，其以筹资的灵活性与快捷性、捐赠项目的多样性活跃于科学研究领域，在对基础研究的资助方面发挥着积极作用。1969 年的《税收改革法案》是美国慈善捐赠历史上的一个重要分水岭，其完善规范了慈善捐赠制度，有效地针对不同类型的科学捐赠制定了灵活的税收制度。之后，美国捐赠来源主要为慈善家和基金会，洛克菲勒基金会、卡内基基金会等都是基础研究的主要支持力量。例如，霍华德·休斯研究员制度为生命科学和基础医学领域的科学家提供稳定的经费支持，鼓励科学家自由探索。目前，在该基金支持的 300 多位科学家中，有 30 多位获得了诺贝尔奖。2011—2020 年，美国私人非营利组织基础研究捐赠经费占 R&D 经费比例均大于 40%，10 年平均值为 47%。[4]

计算机发展历程中美国政府的身影

美国的计算机产业在全球占据主导地位，其中美国政府起到了重要作用，且作用方式随着计算机产业成长阶段的变化而不断调整。

20 世纪 50 年代，计算机技术发展初期：美国政府作为用户和资助者，主导着电子计算机技术的研究开发。这一时期，美国政府支持计算机技术主要是出于国防需求，重点在于技术本身的试验，扶持方式相对分散，在项目设计、技术思路、人力资源等方面均有支持。例如，在 IBM 的 R&D 投入中，政府合同资助投入占比达 50% 以上，直到 1963 年还有 35% 的比例。

20 世纪六七十年代，计算机技术扩散和产业增长阶段：政府扶持重点转向长期基础研究和人才培养。1971 年，英特尔公司推出了世界上第一款微处理器，使得计算机的生产成本大幅降低，企业力量日益壮大，政府对企业的直接资助金额仍在上升，但占比急剧下降。政府开始向幕后转型，联合 IBM 等多家公司成立科研实验室，并鼓励多所大学成立了计算机系。据统计，20 世纪 60 年代全美大学中约一半的计算机设备由政府机构资助提供。

20 世纪八九十年代，计算机产业初步成熟阶段：政府积极组织和支持联合研究开发。随着 20 世纪后期 PC 席卷全球，计算机操作系统也由 MS-DOS 转向基于图形化的 Windows，计算机行业的生态环境已经形成。为提高美国计算机产业竞争力，美国政府对计算机技术的资助重点转向激发各界合力、促进多方联合开发，半导体制造技术协会、高性能计算机研究所等受到政府扶持的行业性机构成为当时计算机技术研究开发和政策议程的主导者。

21 世纪开始至今，计算机产业向前沿迈进：美国政府推动技术向更高阶迈进。随着技术的不断发展，人工智能、大数据等技术相继兴起，计算机也从最初的机械计算向今天的智能化、云化发展，美国政府除仍加大资金及政策扶持外，也在持续提高对前沿科技创新与应用成果落地的支持力度。例如，美国联邦政府通过"联邦云计算倡议"和《联邦云计算战略》等一系列的政策规划来引导和推动云计算的发展，通过"美国 E 级计算行动计划"（ECI）来加速超级计算机的研究、开发和部署。

（2）以严谨的管理机制统筹引导基础研究的演进方向

美国对基础研究的大量资金投入，并不是没有应用目标的自由探索，而是以使命为导向，围绕国家科技发展战略和科技竞争战略进行的重点布局，通过将大量经费投向符合国家发展战略需求的领域，美国不仅增强了科技实力，而且产生了巨大的经济效益。

20世纪60年代，美国为与苏联开展太空竞赛，资金投入以发展航天技术为主；20世纪70年代，为应对当时的全球性能源危机，资金投入以发展能源技术为重点；20世纪80年代提出星球大战计划，美国在太空领域的基础研究投入大幅增加；20世纪90年代，美国高度重视纳米技术和信息技术发展，随即编制了《国家纳米技术计划》（NNI）、《网络与信息技术研发计划》（NITRD）等，资金投入也向这些领域倾斜。进入21世纪以来，生命科学领域成为美国基础研究关注的重点。根据美国国家科学基金会最新公布的数据，2015财年美国联邦政府将约一半的基础研究经费投入了生命科学领域。

美国使命导向的基础研究，离不开其形成的"决策—执行—研究"三层架构的严谨的管理机制。正是这套管理机制，使美国各层级众多的主体分工明确，统筹指引基础研究的决策方向。在决策层面，美国总统享有国家科技活动的最高决策权和领导权，总统行政办公室下设白宫科学技术政策办公室、国家科学技术委员会、总统科学技术顾问委员会和管理与预算办公室。其中，白宫科学技术政策办公室主要为总统制定科技政策、分配研究经费提出分析建议，对科技政策的形成与发展具有重要影响；国家科学技术委员会主要负责协调各政府机构间的科学政策；总统科学技术顾问委员会是总统最高级别的科学顾问团，主要提供政策咨询；管理与预算办公室主要负责管理总统向国会汇报预算的准备工作以及后续的协商，在确定科学项目的优先性方面有着最重要的影响力。在执行层面，不同于大部分国家通过一个中央政府部门或科技部集中支持科学，美国由众多联邦部门和独立机构共同承担资助科学研究、指导科技政策的责任，其中与科技关系最密切的联邦部门包括国家科学基金会、国防部、卫生与公共福利部、NASA、能源部和农业部六大部门。不同联邦部门与独立机构对应不同的使命。例如，国家科学基金会是美国政府支持基础研究的主要单位，支持科学、数学和工程科学所有领域的基础研究；国防部侧重于计算机科学和数学，以及电子、机械、材料等工程领域研究；卫生与公共福利部主要负责医学和生物学领域的基础研究；NASA主要支持空间探索；能源部侧重于物理学和化学以及冶金与材料工程；农业部则侧重于农业科学和环境生物学。在研究层面，联邦研究机构由政府直接管理或采取合同方式管理，主要从事重要技术的应用研究与部分基础研究，如隶属于能源部的橡树岭国家实验室，曾对负责原子弹研制的曼哈顿计划做出重要贡献；大学以基础研究为主，美国拥有世界上数量最多、水平最高的研究型大学，同时给予研究人员极大的自由度，包括鼓励科研人员创业、促进科研成果转化；企业侧重于试验发展，大多以工业研究实验室为载体开发新技术与新产品；其他非营利机构主要包括地方政府或私人研究机构，主要从事基础研究与政策研究，对前三类主体形成补充。

> 美国国家科学技术委员会于 2016 年公布《推进量子信息科学：国家挑战与机遇》，报告指出美国联邦政府支持量子信息科学的研发投入为每年 2 亿美元左右，主要通过国防部、能源部、国家标准与技术研究院、国家科学基金会等机构支持。如 2019 年谷歌宣布实现"量子霸权"的背后离不开政府性质实验室的支持。谷歌 CEO 桑德尔·皮查伊发表文章表示："感谢美国国家科学基金会对我们研究人员的支持，以及与 NASA 艾姆斯研究中心和橡树岭国家实验室的密切合作。与互联网和机器学习一样，政府对基础研究的支持对于长期的科技成就仍至关重要。"之后，谷歌依靠能源部的超级计算机和 NASA 量子人工智能实验室的联邦专家的支持，完成了验证量子算法的艰巨任务。

以高效动态的现代科技体系深耕科技创新的肥沃土壤

二战后，美国创建了以大学、国家实验室、企业为核心的高效动态的现代科技体系，这促使美国一跃成为科技创新强国。

（1）大学

美国大学在科技创新中的重要作用主要体现在注重创新成果转化和重视科研人才培养两个方面。在注重创新成果转化方面，美国大学主要通过技术许可办公室和概念证明中心来推动技术成果转化。在《拜杜法案》的推动下，20 世纪 70 年代以来，美国的研究型大学开始成立技术许可办公室。1970年，斯坦福大学最早成立了技术许可办公室。技术许可办公室的工作人员由专业技术人员组成，他们了解国家政策法规，有着丰富的产业经验，也是经验丰富的谈判家。技术许可办公室的职能主要包括：专利、版权许可、知识产权保护、管理、公共服务、创业和创办新公司。技术许可办公室在大学的技术转移中起着重要作用。美国大学技术许可办公室的技术转移程序主要包括下面几项。首先是披露技术发明。学校科研人员向技术许可办公室提交"发明和技术披露表"，技术许可办公室派出专业人员负责此项技术转移。然后是项目评估。技术许可办公室的专业授权人员对科技成果的用途、竞争优势、创新之处、潜在市场等情况进行评估。在评估的基础上，他们根据相关信息数据库，以及对市场信息和相关专利信息的检索与分析，选择符合条件的技术进行专利申请。技术授权人员通过前期的信息和了解锁定客户群体，对其发布技术的相关信息，与相关企业签订信任披露协议。随后，授权人员与企业进行谈判。最后，签订技术转让合同。技术成功转移以后，授权人员还负责监督企业技术转化的执行情况、跟踪产品市场化的进程、提供相关技术咨询服务、收取技术许可费用等。

美国人工智能的发展和科技转化

人工智能在美国的发展史和成功的商业应用，离不开美国大学对科学研究的忠实和创新成果转化的速度和效率。

虽然1950年图灵测试就诞生了，但是直到1956年，美国达特茅斯学院才举行了历史上第一次人工智能研讨会，此次研讨会由麦卡锡、明斯基、罗切斯特和香农共同发起举办，研讨会持续了两个月，主要讨论机器模拟人类智能的问题，这次会议首次使用了人工智能这一术语。至此，人工智能的发展在大学萌芽。

1966年之后，人工智能发展进入黄金期。1966—1972年，美国斯坦福国际研究所研制出机器人Shakey，这是首台采用人工智能的移动机器人。1966年，美国麻省理工学院发布了世界上第一个聊天机器人ELIZA。ELIZA的智能之处在于它能通过脚本理解简单的自然语言，并能产生类似人类的互动。1980年，卡内基-梅隆大学设计出了第一套专家系统——XCON。该专家系统拥有一套强大的知识库和推理能力，可以模拟人类专家来解决特定领域的问题。

1997年之前，人工智能虽然从大学走入商用，但是一直不温不火。1997年IBM的"深蓝"计算机战胜了国际象棋世界冠军卡斯帕罗夫，这成为人工智能史上的一个重要里程碑。之后，人工智能的商业化成果转换开始了平稳向上的发展。

2013年，脸书人工智能实验室成立，探索深度学习领域，借此为脸书用户提供更智能化的产品体验；谷歌收购了语音和图像识别公司DNNresearch，推广深度学习平台；百度创立了深度学习研究院。2015年，谷歌开源了利用大量数据直接训练计算机来完成任务的第二代机器学习平台TensorFlow，AlphaGo与围棋世界冠军、职业九段棋手李世石进行围棋人机大战，前者以4：1的总比分获胜。2022年，美国人工智能公司OpenAI推出大规模人工智能模型产品ChatGPT，引发了人们对人工智能能力的重新认识。

在重视科研人才培养方面，美国建立了多个跨学科研究机构，开展跨学科人才培养项目。1997 年，由美国国家科学基金会启动的"研究生教育与科研训练一体化项目"将美国高校的跨学科教育与研究推向了高潮。21 世纪以来，美国国家科学院和美国大学协会发表《促进跨学科研究》《跨学科专题报告》等重要报告，鼓励高等院校推动相关领域改革，促进跨学科教育与研究的发展。[5] 美国大学中从事基础研究的研究人员占全国同类研究人员的 2/3 以上，其中不乏顶尖科学家、专家，这为创新提供了不竭动力。如麻省理工学院，截至 2019 年 3 月，该校的校友、教授及研究人员中共有 93 位诺贝尔奖得主、8 名菲尔兹奖获奖者、26 位图灵奖得主，以及 52 位国家科学奖章获奖者、45 位罗德学者、38 位麦克阿瑟奖得主。大学教育具有基础性和前沿性的特点，美国大学丰富的顶尖人才与基础研究活动相结合，推动了基础研究的迅速发展。

斯坦福大学与硅谷的经典案例

1938 年，斯坦福大学毕业生休利特和帕卡德在恩师特曼教授的支持下创立了惠普公司，这被广泛认为是硅谷起源的标志。1955 年，在特曼的邀请下，"晶体管之父"肖克利将半导体实验室建立在了硅谷，并于 1963 年到斯坦福大学任教。自此，硅、晶体管和集成电路在硅谷扎根，硅谷步入了高速发展时期。

20 世纪 50 年代以来，硅谷已经孕育了惠普、英特尔、甲骨文、苹果、雅虎、谷歌、特斯拉等高科技企业。根据《2018 年硅谷指数》报告，硅谷人口约 300 万人，2016 年人均年收入达 9.4 万美元，远高于美国 4.9 万美元的平均水平；2016 年硅谷登记的专利数量占美国整体的 13.5%，风险投资金额占美国整体的 22%，硅谷成为美国乃至世界的科技创新中心。

斯坦福大学在硅谷生态体系中的作用主要有三点：一是对外形成技术授权和合作机制；二是对内形成技术转化服务体系；三是打造一流的师资，培养一流的人才。其中技术转化服务的核心部门是技术许可办公室，主要由具有科研或技术背景的项目经理组成，负责对技术转化的全生命周期进行管理，包括评估科研成果或发明是否可转化为专利、是否具有商业潜力，以及项目估值，并在此基础上为专利寻找合适的产业合作伙伴，协商最优条款等。技术授权的形式非常灵活，包括但不限于授权费、版税、股权等，同时斯坦福大学规定，技术授权产生的收益由科研人员、所在学院、所在系平均分配，即各占 1/3。根据技术许可办公室披露的数据，2016 年斯坦福大学新增 141 个技术授权项目，全部技术授权项目的年度收入达到 9 500 万美元。虽然技术授权收入占学校整体年度预算（超过 40 亿美元）的比例不大，但斯坦福大学认为此举可以增强学校与工业界的联系，并且可以彰显自身的基础科研实力，有利于争取更多的联邦科研经费支持。

（2）国家实验室

作为世界头号科技强国，美国在 20 世纪 40 年代便建立了国家实验室制度，时至今日已形成一个规模庞大、管理体制完善、运行机制成熟的科技创新体系。美国的国家实验室制度充分体现了美国的国家战略和国家意志，成为美国科技创新体系的核心。美国国家实验室一般是指属于美国能源部的 17 个实验室。在美国的科技创新体系中，国家实验室居于核心地位。大学偏重于进行前沿科学探索，主要是个人或者小团队的研究；企业主要从事快速响应市场需求、技术集成类的创新研发；国家实验室主要负责周期长、多学科交叉、"理论—技术—工程实现"全链条贯通式的研究，这些是大学和企业不愿意承担也无法完成的系统性工作。

美国国家实验室的历史沿革

1942 年 6 月，美国启动陆军原子弹计划，也称"曼哈顿计划"。为了实现这一目标，美国当局认识到，必须举全国之力，汇集全国乃至其他多个国家的科技人才，建立从理论到技术再到工程实现的全链条系统工程研究体系。为此，美国成立了一系列机构，加州大学放射性实验室负责元素性质研究，克林顿实验室负责反应堆研究，埃姆斯项目负责铀分离，汉福特工厂负责钚的生产，芝加哥大学冶金实验室负责链式反应研究，洛斯阿拉莫斯实验室负责原子弹的设计和组装。曼哈顿计划是当时人类有史以来最大的科技研发项目，吸引了全世界最优秀的科研机构、科学家和工程技术人员参加。仅用三年时间，曼哈顿计划就取得了巨大成功。二战结束后，美国成立了原子能委员会，负责控制和监管美国所有核武器以及与核能利用相关的工作。

1947 年 1 月，曼哈顿计划的全部财产和权力移交给原子能委员会。曼哈顿计划的研发基地成为现在美国国家实验室的基础。同时，美国成立了布鲁克海文国家实验室，这是第一个以国家实验室名义命名的研究机构。此后，美国又根据国家需求陆续成立了另外一批国家实验室。

20世纪70年代，美国能源部成立，整合了原子能委员会的全部功能，原来属于原子能委员会的国家实验室也都划归能源部管理。美国能源部国家实验室体系是世界上同类系统中规模最大、综合性最强的研究系统，就其科研实力的雄厚程度及研究的广度和深度来说，世界上少有机构能与之相比。

美国国家实验室从以下4个方面推动本国科技创新。一是强化顶层统筹设计，完善国家实验室体系。国家实验室布局要统筹考虑领域之间、任务之间、地区之间的协调互补和相互配合，使科研机构发挥各自的独特优势，形成一个有机整体，共同完成国家总体目标。美国国家实验室在设立之初就充分考虑了各实验室的定位和分工，避免重复建设，使每个实验室都具有独特功能。这种布局客观上促进了实验室之间的密切合作，提高了研发效率。无论是曼哈顿计划还是核能工业的成功实施，这些都是多个实验室精细分工、密切协作的结果。二是鼓励竞争合作，激发国家实验室的创新活力。国家实验室之间除了密切合作之外，也要形成一定的竞争机制，防止出现技术垄断。同时，当一方遇到困难时，竞争方往往可以提供最有效的帮助。美国在风险较大的方向刻意设置了具有竞争性的实验室。例如，美国在核反应堆方向成立阿贡实验室后，又成立了橡树岭国家实验室；美国在核武器总体设计方面，成立洛斯阿拉莫斯国家实验室后，又成立了劳伦斯利弗莫尔国家实验室。三是着力加强人才培养，构筑人才队伍高地。美国国家实验室从成立之初就把培养人才作为实验室的重要使命之一，采取与高校联合培养的方式储备和培养人才。美国很多国家实验室源于大学，原本就有培育人才的传统。例如，劳伦斯伯克利国家实验室和劳伦斯利弗莫尔国家实验室都源于加州大学的放射性实验室。目前，劳伦斯伯克利国家实验室有200多人既是实验室研究员，又是加州大学教授。四是强化科学平台作用，引领基础前沿创新。美国国家实验室取得诸多重大成果的一个重要原因是特别重视发挥大科学装置的平台作用。在能源部、国家科学基金会等部门的资助和管理下，美国在高能物理、核物理、天文、能源、纳米科技、生态环境、信息科技等领域布局了一批性能领先的大型设施，如先进光子源及其升级（1996年运行，2022年完成升级）、激光干涉引力波天文台及其多次升级（2002年运行，2015年完成升级）、先进地震学设施（2014年运行）、韦布空间望远镜（2021年发射）、大口径全景巡天望远镜（2022年投入测试）、深部地下中微子实验（计划2026年建成）等，取得了发现引力波等一系列重大科学成果和相关核心技术的突破，这些在美国科技创新、国家安全和经济社会可持续发展等方面发挥了重要作用，巩固了其世界头号科技强国的地位。在积极扩建大科学装置的同时，美国国家实验室也对其他国家开放了很多大科学装置（除涉及保密性质的研究外），这种开放的管理形式大大增加了大科学装置的使用场景，提高了使用频率，也帮助美国吸引了全世界最优秀的人才，引领世界前沿创新。

劳伦斯伯克利国家实验室简介

劳伦斯伯克利国家实验室成立于 1931 年，是美国能源部的重点实验室之一，由加州大学伯克利分校代为管理，实验室前身是加州大学放射性实验室。

劳伦斯伯克利实验室长期基于物理、化学、电子、生物医药、能源等科学部门展开研究，并形成了可持续能源科学与技术等六大核心科研能力。运营 80 多年来，劳伦斯伯克利国家实验室通过技术转移促进了实验室技术成果转让，产生了大量具有经济和社会效益的产业。例如，微软公司购买了实验室的家庭节能软件系统，这个系统与传统软件相比更加环保，被一些公司广泛使用；生命线科技公司获得了乳腺癌细胞系的研究技术成果许可，在癌症治疗研究方面产生了极大的影响。其他公司如壳牌、IBM 等都是实验室技术转让的对象。

截至 2020 年，在人才培养方面，与劳伦斯伯克利国家实验室相关的 14 个科学家及组织获得诺贝尔奖，80 位科学家当选为美国国家科学院院士，15 位科学家获得了科研领域国家最高终身成就奖——美国国家科学奖章，22 位工程师当选为美国国家工程院院士，5 位科学家被选入医学研究所等。在科技研发方面，劳伦斯伯克利国家实验室获得了近 4 万件技术专利，并先后发现了锝、锫、钚、放射性碳、锫、锎、镄等元素，发明了回旋加速器、质子直线加速器、液氢气泡室等先进科研设施。在产业推动方面，劳伦斯伯克利国家实验室进行了近 100 项技术转让，执行了 200 多个商业软件许可证和 30 多万个免费软件许可证。依托劳伦斯伯克利国家实验室的科技成果，近百家创业公司得以成立，涉及生物技术、能源、纳米技术、信息技术、半导体制造和健康等领域。

（3）企业

企业的科技工作在全美占有举足轻重的地位。大约 3/4 的 R&D 工作是企业部门完成的，3/4 的科研人员分布在企业科研单位，这里还吸纳了全美 60% 以上的 R&D 总经费。大企业仍然是美国科技创新的重要组成部分，如通用电气、杜邦、美国电话电报公司和柯达等公司在二战后继续为美国的国防及相关产业做了很大贡献。许多重大发明是产业研究的结果，例如，1947 年贝尔实验室发明了晶体管，1960 年休斯研究实验室制造出第一台激光器。20 世纪 70 年代以来，中小企业的科技开发作用也显著增加，特别是在科技工业园发展中，中小企业及其技术创新活动起了决定性作用。美国大中小企业的协同发展，使得企业与企业之间经济合作的开展难度和成本大大降低。从初创小企业来看，其可以提供大企业的上游产品、技术或服务，因此初创企业一开始只需面向企业用户而非终端消费者，可以减少初期的营销成本，降低市场风险。从大企业来看，其可以通过并购初创公司不断扩充产品线、增强技术和专利储备，苹果、思科、惠普等巨头都是活跃的收购方。

把企业放到科技创新体系的重要位置，是美国科技发展的指导思想，同时也被半个多世纪以来高科技产业发展的实践证明是一条成功的经验。依靠技术创新和创业精神，美国企业始终保持着旺盛的活力，领导着世界高科技产业的发展。这一点在美国的硅谷表现得尤为突出。

硅谷企业依靠技术创新引领了4次世界信息产业技术浪潮。第一次是20世纪50年代，惠普等公司借美国国防工业大量需要电子产品的东风，促进了企业的快速扩张，建立了硅谷的技术基础设施和支持行业。第二次是1959年集成电路的发明，导致20世纪六七十年代半导体工业急剧增长。快捷、英特尔、AMD和国家半导体公司等知名企业就是在这个阶段出现的。第三次是20世纪70年代中期以来，个人计算机的产业化发展。硅谷又走在前面，涌现出苹果等20家计算机公司，以及更为复杂的以太阳微系统等公司为主导的工作站产业。第四次是互联网。1993年互联网的商业化发展和万维网的创立为硅谷开辟了新的发展前景，网景、思科和3Com公司已成为互联网革命的领导者。

硅谷企业的实力建立在高新技术基础上，但硅谷企业的活力源于汇聚于此的企业家的创业精神。硅谷成功的企业家除了拥有才华和能力外，还有一个共同的特点，就是具有昂扬的创业精神和在第一时间将新产品、新工艺、新方法引入产业化生产、引入市场的勇气。惠普、苹果、雅虎等企业均是由两个白手起家的年轻人创建的，这些例子并不是巧合。创业企业家不仅拥有高科技的背景，而且拥有通过创建企业向全世界推广新技术的强烈愿望。对他们来说，创建企业的过程以及与整个世界共享新技术成就的愿景才是创业的真正理想所在。此外，创业企业结构灵活、前景光明、回报率高、主体意识强等特点也进一步激发了企业家不拘一格的创新意识。创业企业家的聪明才智与创业精神有机结合在一起，是造就硅谷辉煌的决定性因素。

贝尔实验室：20 世纪美国科学的摇篮

　　贝尔实验室是美国历史上最著名的研究与开发机构之一。贝尔实验室代表着 20 世纪前沿基础研究的最高水平，培养了一大批诺贝尔奖获得者，诞生了一大批具有划时代意义的科技创新成果，为美国乃至全世界的科技发展立下了汗马功劳。

　　贝尔实验室成立于 1925 年，诞生之初便带有通信基因。1877 年，贝尔凭借电话专利创办了贝尔电话公司。1895 年，贝尔电话公司将其正在开发的美国长途业务项目分割为美国电话电报公司。经过多轮业务整合，1925 年，当时美国电话电报公司的总裁瓦尔特·吉福德收购了西方电子公司的研究部门，成立了贝尔电话实验室公司这个独立实体，贝尔实验室就此诞生，迎来了此后辉煌的 70 年。

　　贝尔实验室在通信、计算机、物理学等基础研究领域迸发出了强大的创造力，可以说彼时的多项发明牢牢地构筑起信息文明的理论基础，贝尔实验室的创新成就了我们当下的生活。贝尔实验室致力于电信技术、计算机、数学、物理学、材料科学等多领域研究，基础理论、系统工程和应用开发相互促进、同步推动。以通信领域为例，贝尔实验室开发了首个通信卫星，创建了数字通信技术以及首个蜂窝式电话系统，还构建了首个光纤系统。另以计算领域为例，贝尔实验室发明的晶体管作为现代历史上最伟大的发明之一，标志着人类正式步入电子信息社会；贝尔实验室开创的 UNIX 系统和 C 语言也对编程领域产生了深远影响，至今仍是主流操作系统和计算机语言的基础。此外，激光器、太阳能电池、数字交换机等众多人们耳熟能详的发明皆诞生于此。贝尔实验室先后走出过15位获得诺贝尔奖的科学家，诞生了3万多件专利，代表着当时全球科技的前沿，是先进技术和创新思维的不竭源泉。

但从20世纪末至今，贝尔实验室几经波折，风雨飘摇，失去了昔日的辉煌。随着美国电话电报公司被两度拆分，贝尔实验室也被"剥离"出来，后因所属公司经营状况不断恶化，实验室几度易主，其间研究能力一再被削弱，甚至拥有46年历史的贝尔实验室大楼也被迫售出。2016年，贝尔实验室被诺基亚收入囊中，规模和实力大不如前，虽然也在持续开展5G等技术研发，但早已没有了往日的荣耀。

贝尔实验室的衰落在令人唏嘘的同时也发人深省，是什么造就了它的辉煌，又是什么让它跌下神坛？回看贝尔实验室的成功历程，充足的科研经费、自由的科研环境、完善的科研体系和优秀的科研人才缺一不可。美国电话电报公司时期的贝尔实验室可以说没有为钱发愁过，在实验室成立之初，美国电话电报公司就占据美国电话领域90%的市场份额，它给实验室的第一笔科研经费就达到1 200万美元，这在当时简直就是天文数字。在雄厚财力的支持下，贝尔实验室营造了非常宽松舒适的环境，研究人员没有KPI（关键绩效指标）和任务汇报，可以按照自己的兴趣和专长来选择研究课题并开展自由交流和探讨，他们的每一层领导都是这个领域被认可的技术权威，且都乐意随时提供必要的支持。同时，贝尔实验室不仅是一个理想的科研场所，更是一座"带地下工厂的象牙塔"，思想者和实践者集中在同一屋檐下，物理学家、冶金学家、电器工程师混合在一个项目里，理论与生产相辅相成，共同推动新的思想转换为新的事物。此外，一切创新都离不开顶尖人才，鼎盛时期的贝尔实验室对科研人员提出了很高的要求，包括追求科学的理念和自我驱动的激情等，还对管理层进行极为严格的筛选，贝尔实验室的历届总裁都有博士学位，有几任总裁还获得过诺贝尔物理学奖，在产业界、学术界具有很高的声望。在多方面因素的作用下，贝尔实验室才最终成为科研人才的乐园、创新成果的沃土。而在后期，贝尔实验室所属的公司经营状况不断恶化，实验室资金难以为继，不得不缩减开支、裁撤人员，创新的乌托邦逐渐沉入历史。

面对新一轮科技革命和大国竞争，美国以基础研究为科技创新的源泉，并基于强大的基础研究能力布局前沿科技领域，抢占量子计算、脑科学等未来科技领域的发展先机，以保持未来 50 年甚至 100 年内的科技霸权，力保算力经济的领先地位。

刺激以芯片为首的制造业"回流"

芯片技术是美国维持其"科技灯塔"地位的关键手段，也是美国 70 多年来加强基础研究、创新科技发展的成果体现。回溯晶体管发明以来的 70 多年，芯片产业起于加州硅谷方寸之地，扩张至全球亚、美、欧三大洲。在这 70 多年里，美国牢牢占据产业链的上游，世界上 85% 的芯片是在美国设计的。[6]芯片从一个普通产业一跃成为美国全球霸权的一根重要支柱。但是，芯片制造不是美国芯片企业长袖善舞的地方，世界上只有20%的芯片是在美国制造的，剩下的80%的芯片制造主要集中在中国大陆、中国台湾以及日韩等地。美国担心其无法把控芯片制造环节，一旦芯片制造供应链出问题，其先进的芯片设计将受到限制和束缚，无法充分发挥创新潜力，而成为空中楼阁。为应对这种风险，美国出台了一系列举措刺激以芯片为首的制造业"回流"，并期望以芯片等关键技术领域的产业垄断控制全球产业链命脉。

刺激芯片产业发展，确保生产制造的竞争优势

美国出台政策激励芯片制造加速回流，并通过加强与盟友合作等措施，确保自身在芯片领域的竞争优势。

美国认为提升芯片制造的实力对其经济竞争力来说至关重要，于是颁布一系列政策推动芯片制造回流本土，旨在促进芯片产业的快速发展（见表12-1）。根据美国2022年发布的《芯片与科学法案》，美国政府将给本土制造业提供巨额补贴，包括用于刺激芯片制造业的390亿美元资金和价值240亿美元的制造业税收抵免，以鼓励这些企业在美国建厂。获得资助的芯片企业被要求签订协议，10年内被限制在"受关注国家"（即中国）扩大半导体制造能力。该法案出台后，许多美国科技公司宣布了它们新的投资计划。美光科技公司宣布，计划从现在至2030年末投资400亿美元，并创造多达4万个就业机会，包括5 000个高薪的技术和运营职位。高通也已同意向格芯纽约工厂采购42亿美元的芯片，并承诺在2028年前采购总额达到74亿美元。台积电承诺花费400亿美元在美国的亚利桑那州建造3纳米制造工厂，

并且将台积电的 300 多名工程师及家属带往美国，支持其芯片设计制造。

表 12-1　美国激励国内芯片产业发展的部分政策

时间	政策举措
2021 年 1 月	美国国会通过国防授权法案，其中包含名为《为美国创造有益的半导体生产激励措施》的立法，授权一系列计划以促进美国境内半导体的研究、开发和制造，旨在促进美国芯片产业发展。
2021 年 3 月	美国白宫公布 2 万亿美元的"美国就业计划"，提议美国国会专门拨出 500 亿美元，补贴美国芯片产业的制造与尖端芯片的研发。
2021 年 4 月	美国白宫召开"恢复半导体和供应链首席执行官峰会"，拜登提出加大对美国芯片投资、设计和研究的投入，以增强美国在半导体领域的领导地位。
2021 年 6 月	美国参议院通过《2021 年美国创新与竞争法案》，包含为"美国芯片"计划提供 520 亿美元用于国内半导体研究、设计、生产，其中 390 亿美元为半导体生产计划开发提供支持，112 亿美元为半导体行业的研发活动提供支持。
2021 年 6 月	美国参议院提出《促进美国制造半导体法案》，提议给予芯片制造商 25% 的制造设备和设施投资税收抵免，旨在为建设、扩建和升级美国的半导体制造设施和设备提供支持，该法案将协助美国把半导体制造业带回本土，确保未来美国在半导体领域的领导地位。
2022 年 2 月	美国众议院通过《为芯片生产创造有益的激励措施法案》，将创立美国芯片基金，拨款 520 亿美元用于加强美国的半导体制造和研究。

除了围绕芯片制造本身的政策以外，美国近年来还通过立法、加大投资、税收优惠等一系列政策举措促进整个芯片产业发展，增强美国芯片的国际竞争力。

此外，美国还通过加强与盟友的合作来巩固芯片霸权。2021 年 6 月，美国白宫发布半导体等供应链百日评估报告，报告认为美国在芯片设计方面处于全球领先地位，但在半导体制造方面依赖韩国、中国台湾等国家和地区，在封装测试方面严重依赖亚洲地区，此外还存在供应链脆弱、知识产权窃取等问题。为此，美国政府频频与日本、韩国、中国台湾、欧盟互动，推动加强半导体供应链等领域的合作，增强半导体和芯片领域的全球掌控力（见表12-2）。

表 12-2　美国确保芯片国际供应链地位的合作举措

合作国家与地区	合作内容
欧洲	·2022年9月，在美国和欧盟启动的美欧贸易和技术委员会（TTC）首次会议中，美欧达成了一项加强半导体供应链的联合声明，最初重点是缓解短期半导体供应瓶颈，随后解决较长期的供应链脆弱问题，并采取更统一的方式来监管大型全球科技公司。美国和欧洲认为双方都是利用共同技术、制造能力和商业规则的同一生态系统的一部分。这对欧洲尤其是德国技术行业来说尤为重要，半导体是德国最重要的产业基础，而这一基础正在逐渐被削弱。美欧之间的合作为恢复美德关系提供了良好的机遇。
日本	·2022年5月，日本和美国就深化半导体研发合作达成了协议。在全球半导体供应短缺的情况下，两国将扩大产能，确保稳定供应具有战略重要性的芯片。 ·2022年6月，美国和日本宣布将于5年内在日本建立新一代半导体生产基地，并将共同研究2纳米芯片等先进工艺和技术。此次联合研究和生产是为了确保供应链的稳定性和国家安全，自主生产用于量子计算机、数据中心、导弹、战斗机、创新智能手机等领域的核心芯片。
韩国	·2022年5月，韩国与美国共同发表韩美伙伴关系联合声明，表示韩美将促进对半导体（包括先进芯片和汽车级芯片）等领域的互补投资，并承诺在材料、零件和设备的整个供应链上进行互补投资，以扩大这些关键产品的生产能力。
日、澳、印度	·2021年9月，美国、日本、澳大利亚和印度在华盛顿举行了四方首脑会议。四方将启动一项联合计划，以评估半导体及其关键部件的产能，识别漏洞并加强供应链安全。这一举措将确保四方合作伙伴支持一个多样化和竞争性的半导体市场。

以制造业回流实现"再工业化"，优化产业结构

从聚焦芯片制造到放眼整个制造业，美国越来越意识到制造业对

于支撑经济增长、平衡贸易逆差的重要作用，因此积极推动制造业回流，优化产业结构。2009年，时任美国总统奥巴马首次提出要把重振制造业作为美国经济长远发展的重要战略之一，出台了"再工业化"和国家创新战略，并在能源和贸易保护等领域出台了一系列措施，力图对美国产业结构进行战略性调整。奥巴马在任职期间，为实施"再工业化"战略，先后出台了《美国复苏与再投资法案》《重振美国制造业框架》《美国制造业促进法案》。

2017年，特朗普就任美国总统以来，进一步强化了制造业重振计划，宣布了制造业就业主动性计划，其"美国制造业回流"主张反映在其就职伊始提出的6个最为重要的议题上。2021年拜登上台以来，对供应链安全的强调进一步加深，2022年通过的《通胀削减法案》旨在吸引对美国国内制造业的投资，进一步推动"制造业回流"。根据《通胀削减法案》，美国政府将提供高达3 700亿美元的补贴，以支持电动汽车、关键矿物、清洁能源及发电设施的生产和投资，其中多达9项税收优惠以在美国本土或北美其他地区生产和销售作为前提条件，即企业至少有60%的组成部分在美国制造，才能享受这一减免。

近年来，在美国相关法案的推动下，美国企业正以创纪录的速度将劳动力和供应链迁回美国国内。回归倡议协会最新的报告显示，2022年通过制造业回流与外商直接投资的渠道，美国吸引了36.3万个岗位回流至国内，2023年一季度单季度增加了10.2万个岗位。照此趋势发展下去，2023年岗位数量预计将达到40万以上。分行业来看，截至2023年一季度，电气设备、计算机电子、运输设备、化工等行业吸引的回流岗位较多，占比分别达47.0%、22.4%、11.2%、10.8%。与工业生产指数、出货量、外商直接投资物量指数指向的结论基本一致，此轮美国制造业回流主要以新能源电池、充电桩（归属电气设备）、半导体（归属计算机电子）行业为主。

垄断产业底层关键基础领域，加强全球产业链掌控力

美国希望依托自身的科技优势，通过实施以芯片为首的制造业回流，重振美国制造等举措，实现对全球高科技产业链的控制。目前，美国已垄断了芯片、操作系统、计算架构等算力产业的底层关键基础领域（见表 12-3）。美国在这些领域的垄断地位，首先体现在它对这些领域的生产具有较强的控制力。美国如果停止生产，将会导致全球相关产业的生产受到严重打击，可能会引发全球性的技术短缺和供应链中断。其次，美国掌握着这些领域的关键技术，如果没有了美国的生产，其他国家在相关领域的技术研发和应用将会受到较大限制。由于缺乏技术支持，全球相关产业的发展可能会受到制约。此外，美国在这些领域的生产也涉及全球贸易和金融等方面。如果没有了美国的生产，这可能会对全球贸易和金融秩序造成一定的影响，引发全球性的经济波动。

表 12-3　美国在算力产业底层关键基础领域的垄断情况

领域	具体产品	美国企业的垄断程度
芯片	EDA（电子设计自动化）工具	美国三大巨头新思科技、楷登电子、西门子已垄断接近 70% 的 EDA 市场份额。
	SIP（会话初始化协议）	美国新思科技、楷登电子分别处于全球第二位、第三位，近 5 年以 150% 左右的速度增长。
	PVD（物理气相沉积）设备	应用材料公司占 PVD 设备市场的 85%。
	检测设备	KLA（科磊）、应用材料公司垄断 70% 的晶圆制造检测设备市场。

领域	具体产品	美国企业的垄断程度
操作系统	桌面操作系统	苹果 OS、微软 Windows 几乎垄断桌面操作系统。
	移动操作系统	安卓、iOS 几乎垄断了移动互联网终端操作系统。
	服务器操作系统	Windows Server、Linux 是两大主流，垄断超 80% 的市场。
计算架构	异构系统	英特尔和 AMD 角逐异构计算市场龙头。
	异构编译器	苹果 OpenCL、英伟达 CUDA、英特尔 OneAPI 正在以硬件建立生态，逐步扩大市场占有率。

热衷于"小院高墙、数字化转型、大政府"的美国政府

在政府治理上，美国可谓是完完全全的技术民族主义者[1]，强调重要和关键的核心技术必须由本国机构和企业掌握，不能依赖外国供给。为此，美国不断向世界输出"美国规则"，以政府之力干预科技博弈，凭借自身的科技优势和主导地位出台系列政策，通过限制技术贸易或以战略物资出口等方式来遏制竞争对手，确保美国科技领域尽可能大的领先优势。同时，美国政府强练内功，加快自身数字化转型步伐，有计划地实施一系列数字战略，旨在在算力经济时代发展浪潮

[1] 技术民族主义在美国源远流长，尤其是二战之后，在美国同苏联的竞争中得到了淋漓尽致的体现，集中表现为美国政府发挥政权的力量，致力于科技创新体系的建构，以及限制竞争对手的政策体系的形成。我们按实施主体、动机和手段可以将技术民族主义分为"自强性"和"打压性"两种类型。"自强性"技术民族主义主要是指通过聚焦本国科技能力的提升来赢得国际竞争；"打压性"技术民族主义主要是指通过限制技术贸易或以战略物资出口等方式来遏制竞争对手，让自己赢得国际竞争。此处所说的技术民族主义是指"打压性"技术民族主义。

中为民众提供更优质的公共服务。此外，美国越来越意识到，推动本国经济的复苏需要政府"有形的手"进行干预，开始从"小政府"向"大政府"转变。

奉行"美国优先"原则，限制他国科技发展

美国近年来开始依托其关键技术及市场垄断优势，通过限制转让关键软硬件专利技术、应用服务、实体产品等方式，限制其他国家的算力经济相关产业发展，其中对中国算力经济的卡位尤为强势。特别是特朗普政府上台后，其奉行"美国优先"原则，实行保护主义，增加关税，挑起中美贸易摩擦。美国屡次以商务部实体清单、财政部制裁名单、总统法令等手段，打压中国相关科技行业发展，妄图以此削弱中国技术创新能力，永远控制世界科技生态圈。

以实体清单为例，实体清单的成员一般为美国以外的外国个人、企业、科研机构和政府，被列入实体清单的成员需要获得美国商务部颁发的许可证才能购买美国技术。实体清单于 1997 年首次公布，当时被纳入清单的实体与大规模杀伤性武器有关，后来清单范围扩大到"从事被美国国务院所制裁和禁止的活动，以及危害美国国家安全和外交利益"的实体。近年来，美国以"威胁同行业竞争的美企利益""对美国国家安全造成不可接受的风险"等莫须有的理由，利用实体清单对中国航空航天、军工电子、核能、人工智能、超级计算、芯片制造、通信企业、船舶重工、高校等领域开展"围剿"限制。2018 年 8 月 1 日—2023 年 6 月 14 日，美国政府共将超 600 个中国实体（包括公司、机构及个人）纳入实体清单，其中在拜登政府时期被纳入清单的中国实体数量达到 387 个，除个人与高校之外的中国实体

数量达到 280 个。

在实体清单之外，美国还利用各种霸权手段对中国科技企业施加压力。美国先后发布《掌舵：迎接中国挑战的国家技术战略》和《非对称竞争：应对中国科技竞争的战略》，一展科技霸权姿态，进一步激化中美科技博弈。在美国对中国的打压举措中，尤以芯片产业为甚，2022 年美国实施《芯片与科学法案》，该法案旨在帮助美国重获在半导体制造领域的领先地位，通过为美国半导体生产和研发提供巨额补贴，推动芯片制造产业落地美国，形成芯片产业"在美国投资，在美国研发，在美国制造"的格局。该法案限制获美国国家补贴的公司在中国投资 28 纳米以下制程的技术，限期为 10 年，违令公司需全额退还联邦补助款。此外，美国还通过双边或多边的方式，限制中国获取和开发先进芯片制造及设计技术。例如，美国向荷兰政府施压，要求全球最大的光刻机企业 ASML（阿斯麦公司）扩大对中国的禁售范围。同时，美国构建包括韩、日和中国台湾在内的"四方芯片联盟"，企图建立起排斥中国大陆的"半导体壁垒"。

美国的卡位策略巩固了其在算力经济领域的领跑地位。对关键技术与市场的垄断，让美国得以汲取全球数据的养分来壮大自身的算力经济。中国信息通信研究院报告显示，2021 年美国产业数字化与数字产业化规模已达 15.3 万亿美元，是第二名的 2.2 倍。

统筹制定数字化转型战略，确保高质量公共服务

美国数字政府的建设以三大目标为导向，坚持四项基本原则，经历了"电子政府—电子政务—开放政府—数字政府"4 个阶段（见表 12-4），统筹推进政府的数字化转型，确保高质量的政府信息和服务，

为科技的创新和产业的发展提供坚强的后盾。

表 12-4　美国数字政府战略经历的 4 个发展阶段

阶段名称	主要做法
电子政府阶段	1993 年，美国在《国家绩效评估》中提出要运用信息技术重塑政府，建立以客户为导向的电子政府。这一时期，美国电子政府的建设是在《国家信息基础设施行动计划》总体框架下进行的，属于国家信息基础设施建设的一部分，主要任务是推动政府文件、信息、数据等的电子化，促进行政管理与服务的自动化，提高政府部门的办事效率，让公众更加容易地获取政府信息。
电子政务阶段	2002 年初，美国白宫管理与预算办公室发布《电子政务战略——简化面向公民的服务》，同年 12 月，美国国会通过《电子政务法案 2002》，在白宫管理与预算办公室设电子政务办公室，设立电子政务专项基金，用以提升联邦政府的信息化水平。这一时期美国的电子政务确立了以公民为中心的导向，明确政府对公民、政府对企业、政府对政府、内部效率与效果 4 个方面的主要任务，重点从实现办公自动化转向提供更优质的服务。
开放政府阶段	美国政府在实现大量政务活动电子化、政府信息"上网"之后，于 2009 年发布《透明和开放政府备忘录》《开放政府指令》，2010 年发布《开放政府计划》，系统布局政府信息开放工作，强化政府数据的归集和统筹，特别是建立了 Data.gov 政府数据公开网站，设置数据、主题、影响、应用程序、程序开发、联系六大板块，提供包括数据提供、数据检索、数据利用、交流与互动在内的服务。
数字政府阶段	随着数字技术的迅猛进步，2012 年美国政府发布《数字政府：建立一个面向 21 世纪的平台更好地服务美国人民》，明确提出让美国公民随时随地使用任何设备获得高质量数字政府信息和服务的战略目标，并从以信息为中心、构建共享平台、以客户为中心、安全和隐私保障 4 个方面开启美国政府的数字化进程。美国政府一直十分重视新的数字技术的应用，积极采用云计算、大数据、人工智能等技术和服务，建设更高水平的数字政府。

在政府数字化转型的过程中，美国始终以"三大目标 + 四大原则"为纲领性引导，搭建互通性强且开放的体系，构建稳固的数字服务管理体系，让公众、企业和政府项目更好地利用联邦数据。具体来看，下面是美国数字政府的三大目标：一是让民众随时随地利用任何

设备获取高质量的数字政府信息和服务；二是确保政府适应新数字世界，抓住机遇，以智能、安全且经济的方式采购和管理设备、应用和数据；三是释放政府数据的能量，激发全国创新，改进服务质量。下面是四大原则：一是以信息为中心原则，改变传统管理文件的形式，转为管理在线业务数据；二是共享平台原则，政府各部门内部以及部门之间的雇员一起工作，以降低成本，精简部门，并且以统一标准的方式创建和分发信息；三是以用户为中心原则，围绕客户需求，创建、管理数据，允许客户在任何时候以任何他们希望的方式构建、分享和消费信息；四是安全和隐私原则，确保安全地分发和使用服务，保护信息和隐私。

为了实现以上的"三大目标＋四大原则"，美国制订了相应的规划方案。在信息中心方面，美国政府将使开放数据、内容和网络应用程序接口作为新的默认方式，通过网络应用程序接口获取现有的高价值的数据和内容。在共享平台方面，美国政府将建立一个数字化服务创新中心和顾问团队，建立一个跨部门治理机制以改进数字化服务，统一政府部门的资产管理和采购工作。在客户中心方面，美国政府将使用现代化的工具和技术来提供更好的数字化服务，为移动用户提供面向客户服务的优先权，并测量绩效和客户满意度以改善服务。在安全和隐私方面，美国政府将提升新技术应用的安全性，评估、精简安全和隐私流程。美国国土安全部、美国国防部和国家标准和技术研究所将开发一个针对政府部门的移动和无线安全基准，包括安全参考框架。

从"小政府"向"大政府"转变，复苏美国经济

40多年前，美国总统里根曾说："政府并不是解决问题的答案，

而是问题本身。"当时的美国主张反对政府干预市场，认为政府干预是问题的根源，反对"大政府"，支持"小政府"的发展模式，强调市场的自由运作。如今拜登政府频频鼓吹"大政府"，贬低"小政府"，认为只有奉行干预主义政策，从经济管理到社会控制，方方面面实施"大政府"模式，才能更长远地带动美国经济发展。

1981年，里根接任美国总统时，美国的经济处于低迷时期，当时美国通货膨胀率高达13%，创下和平时期的最高纪录。面对糟糕的经济形势，里根政府采用了"小政府"的"涓滴经济学"管理政策，减少政府的市场干预并降低富人税收，刺激富人消费以获得经济增长（里根政府将当时的最高税率从70%降到28%，公司税从48%降到34%），使社会总财富量增加，增加的财富最终能够涓滴到其他群体身上，从而惠及百姓。这种做法得到了资本的大力支持，因为资本最反对政府干预，最希望自己能够在市场上自由自在、为所欲为。这样做的成效在当时也是显著的：从20世纪80年代到90年代末，美国经历了其历史上最长的一段经济增长期，居民收入中位数和就业率均稳步上升。自那以后，许多政客将涓滴理论作为减税的正当理由，支持"小政府"的治理模式。

但随着社会的发展，人们发现"小政府"的新自由主义政策给美国的经济和社会造成了很多问题，譬如，2008年的金融危机、整体经济的脱实向虚、贫富差距的日益增大、1%的人独吞经济利益、中产阶级的萧条、国家的衰落等。随着时间的推移，问题变得越来越严重，"涓滴经济学"效应也开始被推翻。2012—2013年，美国堪萨斯州将最高税率降低了近30%，并将一些营业税降至零。然而，堪萨斯州的"减税实验"导致州政府迅速出现财政赤字，这意味着富人和企业没有将钱投资回经济环境。简言之，钱没有涓滴下来，贫富差距反而扩大了，也就是说，只有当富人将省下的税投资到当地的产业中时，这才有可能促进经济发展，涓滴理论才能真正见效。

2021年，拜登政府上台后，奉行"大政府"模式，开始调动资源以期用"大政府"的"有形的手"助力，解决美国发展中遇到的问题，让美国在国际竞争中"赢得21世纪"。于是拜登在上台后的短时间内，一口气签署了恢复与世界卫生组织的联系、重新加入《巴黎协定》等17项行政命令，旨在为面临危机的美国家庭提供临时救济。这17项行政命令包含了抗击新冠疫情、提供经济救济、应对气候变化以及促进种族公平等方面。例如，美国政府向经济注入1.8万亿美元资金，用于教育、育儿、带薪休假和病假等诸多领域的政府支出和税收福利提案；2.25万亿美元用于基础设施、家庭医疗保健及其他支出的提案。这些庞大的资金支出将通过政府干预，依靠对企业和富人加税来实现。美国从"小政府"向"大政府"的转变，旨在提高生产力，扩大劳动力群体，并更公平地分配美国经济利益，带动美国经济的复苏和长远的增长。

内外发力增强基础设施建设主导权

正是美国对科技领域的重视和布局，推动了其5G技术的研究和应用，使得美国5G商用早于中国出现。但美国选择了毫米波这一备受争议的技术路线，导致美国无论是在5G基站的数量、覆盖率，还是在网络速度方面，都落后于中国。面对这种情况，美国加大资金投入，以弥补其在5G基础设施建设上的差距。但同时，我们更应该看到的是美国在智算、超算等领域的优势，以及对传统基建与新基建融合的高度重视。美国不仅在本土如火如荼地加速布局基础设施建设，更是放眼全球，雄心勃勃地在盟友国开启大基建战略，以期实现全球"基建梦"，抢占基建主导权。

补弱固强，布局新型基础设施，保持优势领域全球领先地位

（1）加码5G建设，追赶中国步伐

美国5G的发展呈现出覆盖率低、基站数量少且网速缓慢的三大问题。2022年美国5G普及率仅为53%，远远落后于中国86%的覆盖率。根据美国联邦通信委员会发布的《2022年通信市场报告》，截至2021年底，美国的移动通信基站约为42万个，5G基站规模更小。同一时期，中国的移动通信基站规模已经达到996万个，其中5G基站规模为142.5万个。到2022年底，中国的移动通信基站总数达到1 083万个，5G基站数量更是提升至231.2万个。中美两国国土面积相差无几，但是移动通信基站规模相差甚大，这就使得中国的移动网络覆盖率远远高于美国，尤其是在农村偏远地区。此外，《2022年通信市场报告》显示，2022年上半年，在美国三家运营商中，T-Mobile的5G下载速度最快，达到189.73Mbps（兆比特每秒）；美国电话电报公司最慢，只有70.25Mbps。同期，根据中国信息通信研究院发布的数据，中国5G平均下载速度达到341.2Mbps。其中，中国移动最快，达到355.31Mbps；中国联通最慢，为309.42Mbps。美国5G最快的下载速度还不足中国最慢下载速度的62%。

美国政府加快基建步伐，试图缩小与中国的差距。美国政府将在未来几年内投入约2 000亿美元资金，用于5G网络的基础设施建设

和技术研究。美国计划在 2025 年前实现全国范围内的 5G 网络覆盖，提高美国的网络信号稳定性和覆盖率。2023 年美国国会已通过《两党基础设施法》拨出资金，计划启动一项超过 420 亿美元的计划，在 2030 年之前让每个美国家庭都能使用高速宽带网络。

（2）持续保持智算、超算、数据中心领域全球领先地位

虽然美国在 5G 领域的发展相对于中国明显处于落后地位，但作为基建大国与全球算力经济发展的领导者，美国在智算、超算、数据中心等新型基础建设的发展布局仍处于全球领先地位。

美国在智算、超算领域稳坐"世界第一"的宝座，其超级计算机技术的发展领先全球。当前，处于超算研制竞赛第一梯队的美国、中国、欧洲和日本都在潜心为运算速度达到每秒百亿亿次的 E 级超算展开激烈的比拼，2022 年国际超级计算大会公布的第 59 届超级计算机 Top 500 榜单显示，美国橡树岭国家实验室的 Frontier 系统仍然是唯一一台真正的 E 级超级计算机，其 HPL（测试高性能计算集群系统浮点性能的基准）性能达到 1.194 Exaflop/s，以明显优势问鼎第一，是世界上性能最强劲的超级计算机。Frontier 的运行速度是排名第二的计算机的两倍多，比排在其后的日本、芬兰、中国等国的 7 个超级计算机算力相加还要快。

美国在数据中心市场占据最大份额，在数据中心数量和企业竞争格局中处于绝对领先地位。根据 Statista 的数据，截至 2022 年，美国以 2 701 个云数据中心的数量位居第一，其次是德国（487 个）和英国（456 个）。中国排名第 4 位，拥有 443 个数据中心。美国数据中心的绝对领先地位离不开政策的支持，《美国本土外云计算战略》《数据中心优化倡议》《联邦数据中心整合计划》等政策从提供云计算基

础设施和能力、实现数据中心设备利用率等指标监控和度量、减少对昂贵和低效的老旧数据中心的整体依赖等方面促进数据中心市场的发展。在政策带动下，据市场研究公司 Synergy Research Group 统计，2021 年美国大规模数据中心在全球占比高达 49%，牢牢占据第一的位置。在数据中心企业竞争格局中，全球十大数据中心，美国占据 7 个名额，美国第三方数据中心 Equinix（艾可飞）公司是全球数据中心的龙头企业，同样位于美国的数字房地产信托公司、NTT 全球数据公司分列于第二、第三位，三者稳居数据中心行业的领导者地位。

促进传统基建与新基建融合发展

美国从政策入手加快实施万亿美元基础设施重建计划，部署交通、水资源、给排水系统、下一代能源基础设施、高速互联网等新的基础设施领域，以助推美国经济发展。自 2008 年国际金融危机以来，美国先后实施了《美国复苏与再投资法案》《美国国家空间数据基础设施战略规划草案（2014—2016 年)》《修复美国地面交通法基建法案》《增强联邦政府网络与关键型基础设施网络安全》《美国重建基础设施立法纲要》等战略计划（见表 12-5），出台了《网络与信息技术研发计划》《大数据研究计划》《能源制造业系统伙伴关系计划》等具体的实施细则，旨在通过加大传统基建与新基建的融合来摆脱经济危机，提升产业竞争力，实现经济复苏。其中融合方向主要包括下一代能源基础设施、高速互联网、科研基础设施、人工智能、大数据等方面。

表 12-5　美国融合基础设施的主要政策与战略部署

政策名称	实施时间	发布部门	战略部署
《美国复苏与再投资法案》	2009 年 2 月	美国联邦政府	高铁生产装备、医疗卫生设备、宽带网络、智能电网、化石燃料生产装备等。
《美国国家空间数据基础设施战略规划草案（2014—2016 年）》	2013 年 7 月	美国联邦地理数据委员会	国家地理空间数据库、云计算、新移动地理空间传感器平台等。
《修复美国地面交通法基建法案》	2015 年 12 月	美国国会参众两院	基础设施修复技术。
《增强联邦政府网络与关键型基础设施网络安全》	2017 年 5 月	美国联邦政府	电力传输线、铁路桥、网络、关键技术专利、能源技术、关键材料技术等。
《美国重建基础设施立法纲要》	2018 年 2 月	美国联邦政府	生物能、氢能、太阳能源基础设施，5G 通信基站，自动驾驶基础设施，无人机设备运输系统，模块化基础设施装备。

实施"蓝点网络"与"全球基础设施和投资伙伴关系"计划，谋求全球基建秩序话语权

目前，全球形成了以世界贸易组织为核心的多边贸易体制，而基础设施建设领域却缺乏全球多方共建体制和全球治理机制。

为抢占国际产业发展的前沿领域，扭转在基建投融资领域的被动局面，以美国为代表的西方国家近年来在加大内部基础设施投资力度的基础上，先后推出多项全球性基建方案，美国的"蓝点网络"（Blue Dot Network，简称"BDN"）和七国集团推出的 G7"全球基础设施和投资伙伴关系"（Partnership for Global Infrastructure and Investment，简称"PGII"）是两个主要计划。

2019年，美、日、澳正式提出"蓝点网络"倡议，试图制定一套所谓的开放、包容、透明的高质量全球基础设施建设投资标准认证体系，主导未来印太地区乃至全球基础设施投资。"蓝点网络"倡议已经成为美国的"全政府项目"。2022年3月，经济合作与发展组织（OECD）正式发布《蓝点网络：对于高质量基础设施投资全球认证框架的一个提议》报告，建议按照此框架对全球基础设施项目进行"认证"，帮助私人部门识别好项目、发掘投资机会，引导私人部门资金布局全球基础设施。"蓝点网络"强调"开发＋外交＋回报"三位一体，即通过公私合作推动发展中国家的开发，在具有核心战略利益的地区发挥服务外交的战略工具作用，同时为纳税人提供可观的经济回报。美国将全球基础设施投资作为"战略工具"开展大国博弈，以提升其全球影响力。

包括美国在内的七国集团在2022年G7峰会上共同宣布发起"全球基础设施和投资伙伴关系"计划，称将在未来5年内筹集6 000亿美元，为发展中国家提供基础设施建设资金。该计划既涉及交通、能源等实体基础设施的投资，也涵盖气候与能源安全、数字联通、公共卫生、促进性别平等等"软基础设施"的合作。该计划覆盖世界各地的中低收入国家，并以印太地区、非洲和拉美为重点。美国总统拜登表示，美国将在未来5年内通过联邦融资和私人部门投资结合，为该倡议筹措2 000亿美元的投资，美国旨在通过加快基础设施建设来推动跨大西洋经济合作，并谋求全球基建秩序主导权。

创新场景和商业模式，激发消费新动能

美国作为全球最大的消费市场，消费能力强的原因是其通过科

技创新引领新兴产业的建立和发展，创造新的消费需求市场。不论是依托算力技术不断完善的智能家居、智慧医疗、智能汽车等市场去满足消费者目前的消费需求，还是通过元宇宙、AR 或 VR 等创造消费场景去满足消费者对未来虚拟现实世界的向往，美国都可以为消费者提供新的消费体验和更高的消费价值，刺激消费者的消费欲望，提升消费能力。在算力经济时代，美国引领着全球的消费之风，从 iPhone 发布标志着智能手机时代的开启，到特斯拉通过创新技术推进智能网联汽车时代的到来，再到谷歌、亚马逊等订阅制取代买断制的周期服务，在过去半个多世纪，大部分领先的电子产品和产品服务模式及商业模式，都是由美国率先提出并在全世界蔚然成风的。

不断拓展多元化算力应用场景，激发个人消费欲望

在算力经济时代下，智能家居、智慧医疗、智能汽车等应用场景促进了消费升级，满足了消费者便捷生活的消费需求。智能家居是当前美国消费升级的重要方向之一，智能家居设备能够实现家庭生活的智能化、便捷化和舒适化。例如，智能音箱、智能电视、智能空调等设备能够通过语音识别、图像识别等技术实现人机交互，这需要大量的算力和人工智能技术支持。近年来，美国智能家居市场持续增长。数据统计公司 Statista 的报告显示，2022 年约有 43.8% 的美国家庭使用智能家居产品，到 2026 年该比例预计将达到 62.7%。2022 年全美智能家居市场的收入约为 314 亿美元，预计到 2026 年市场规模将达到 481 亿美元，全美的活跃智能家居用户将达到 8 490 万户。智慧医疗是医疗行业未来的发展趋势，算力加持的智能化医疗设备能够

提高医疗效率和诊断准确率，降低医疗成本。新冠疫情的暴发一方面为医疗保健服务带来了巨大的挑战，另一方面也为其带来了史无前例的机会。以远程医疗为例，麦肯锡数据显示，2021 年美国远程医疗服务的使用比例已上升至 46%。根据 Rock Health（一家医疗大数据平台）的 2021 年数字健康消费者拥抱度调查，73% 的远程医疗消费者预计未来会以相同或更快的速度继续使用远程医疗。以自动驾驶为代表的智能汽车是消费者未来出行的首要选择，智能化技术能够实现车辆的智能化、安全化和节能减排。美国自动驾驶汽车市场维持着良好的发展趋势。根据 Counterpoint（一家市场调研机构）的美国自动驾驶车辆追踪器的最新研究，2022 年上半年 Level 2（二级自动驾驶技术）汽车在美国汽车总销量中的份额增至 46.5%，预计到 2023 年，ADAS（高级驾驶辅助系统）在美国的渗透率将超过 80%。特斯拉的数据也表明，截至 2022 年底，其车辆搭载的完全自动驾驶（FSD）套件在消费者中的普及率达到 19%，智能驾驶解决方案越来越成为消费趋势。

元宇宙、AR/VR、AIGC 等产品不断创造新的消费需求，激发消费者的潜在消费欲望。作为元宇宙概念接受度最高的国家，美国元宇宙游戏的下载量与收入持续领跑全球。2022 年上半年，美国市场元宇宙游戏下载量接近 1 400 万次，较第二位巴西高出 250 万次；其在 2022 年上半年共获得近 3 亿美元营收，市场份额超 48%。[7] 同样，美国的 AR/VR 消费市场潜力无限。有机构数据显示，13% 的美国家庭本身拥有 VR 头显。[8] 另根据市场调查公司 NPD 集团发布的报告，2021 年全年，美国 VR 和 AR 硬件销量同比增长超过 150%，2022 年上半年美国 VR/AR 硬件市场收入增长 32%。苹果 2023 年发布的混合现实头显 Vision Pro 计划首先在约 270 家苹果商店内销售，其中带有演示的预购仅限于纽约和洛杉矶等大城市，然后苹果再向全美推广，逐步扩大 Vision Pro 的销售范围，覆盖更多消费者。以 ChatGPT 为代表的 AIGC 产品不断迭代出新，激发了消费者新的消费需求。2022年，ChatGPT 在上线后迅速走红，仅用 5 天时间用户规模便突破百万，2 个月时间月活跃用户数达到 1 亿。[9] 皮尤研究中心在 2023 年对美国消费者的调研数据显示，58% 的美国人听说过 ChatGPT 或对其有一定了解，有 14% 的调研对象反馈将 ChatGPT 用于娱乐、工作或教育。AIGC 技术促进了消费互联网发展，催生出写作助手、人工智能绘画、对话机器人、数字人等爆款级应用，支撑着传媒、电商、娱乐、影视等领域的内容需求。以 AIGC 技术产品化的代表 Midjourney 为例，它通过生成独具艺术感的图片收获大量用户，其产品搭载在 Discord上，Discord 拥有超 1 000 万名社区成员，是目前用户数最多的服务器，年营收约为 1 亿美元。

以企业创新供给方式增加市场消费的动力和潜力

从企业端来看，消费需求的升级增强了企业生产的动力，算力相关技术的应用赋能推动了企业的数智化升级转型，其生产效率的提高丰富了商品品类，降低了商品价格。同时，企业本身创造新的商业模式，以订阅制取代买断制等，新模式刺激了消费者的消费黏性，促进了消费大市场的增长。

美国企业生产方式的改变与生产效率的提升主要经过两次跃迁：一次是工业革命之后，美国企业家创造性地发展出分工和专业化的生产链，将泰勒的科学管理和福特的流水线生产相结合，大大提高了劳动生产率；另一次是算力经济时代，互联网的飞速发展将人和信息快速连接，而目前算力技术的发展将生产力、生产效率带到了前所未有的高度。两次跃迁的直接结果就是产品供给越发多样，质量也逐渐提高，越来越能满足人们的消费需求；同时，生产效率的提高降低了成本，进而使得商品价格下降，让大众消费成为可能，曾经的奢侈品也开始变为普通家庭的必需品，原来高价的汽车、电脑、手机都作为家用消费品进入大众阶层的生活中。Fictiv（数字化制造服务平台）发布的年度制造状况报告显示，美国制造业领导层对加快新产品创新速度的关注度 2023 年增加了 11 个百分点（现在为 49%，而 2022 年为 38%），美国超过一半的制造业企业正在投资技术解决方案以提高生产力，其中 85% 的企业表示公司已经采用了算力相关的人工智能解决方案。生成式人工智能技术的应用也可以在 10 年内将美国劳动生产率的年增长率提高近 1.5 个百分点；在最好的假设情境下，生成式人工智能将把美国的生产率增速提高 2.9 个百分点，这将使美国的 GDP 增速达到 20 世纪 60 年代约 4.5% 的水平。[10] 在汽车行业，美国国内汽车制造业目前正在引入数字化智慧工厂，每年生产率的提高可节约成本 320 亿美元，这一金额占可计算生产成本的 20%，成本的降低使得汽车生产商以更低的价格向消费者出售汽车产品，提高消费者购买力，从而增加产品或服务的销售量，促进企业创新供给。

美国企业的订阅制等商业模式和电子商务等服务模式的创新，也在不断促进着内需消费市场，发掘着消费潜力。在订阅制方面，订阅制为消费者提供了周期性服务，老用户每个月都会连续消费，为企业生产的产品带来收入。订阅制也连接生产者和消费者，帮助二者达成交易。以订阅制取代买断制的创新商业模式增加了消费者的消费黏性，同时，企业和消费者的这种"弱承诺"关系提高了其对上游生产者的控制能力，让 C2M（顾客对工厂）、反向定制、议价能力等都增加了更多可能性。美国著名在线教育公司 Chegg 从一个租借教科书的在线网站出发，到目前提供教育服务、辅导等订阅制教育服务，在美国发展了 4 400 万名学生，年收入超过 1 亿美元，覆盖美国近 30% 的大学生。根据研究公司 Numerator 的数据，目前近 2/3 的美国家庭至少订阅了一个零售会员，比如亚马逊的 Prime、沃尔玛的 Walmart+ 和塔吉特的 Shipt Everyday 服务等，这些订阅服务在提高消费者购买频率、增强消费者购物黏性的同时，从长远角度来看也增加了企业收入。在电子商务方面，2021 年美国数字经济在电子商务领域的产出接近 9 420 亿美元。其中，B2B（商对商）业务产出 6 430 亿美元左右，B2C 业务产出 2 990 亿美元左右；另外，新冠疫情发生以来，数字密集型、轻资产商业模式的企业，如二手车销售电子商务平台卡瓦纳公司、短租平台爱彼迎、电子商务巨头亚马逊，以及为这些模式提供基础设施平台的公司，比如微软、软视软件公司等，最受美国投资者青睐。

算力经济时代，美国以消费带动需求的增长，并通过消费拉动供给侧生产动力。一方面，美国以强大的算力技术支持促进技术的不断革新和升级，创造更多的新消费场景，激发国内消费活力，促进消费升级。消费者在购买、体验、消费新的产品的同时，也进一步提升了供给侧产品创新潜力。另一方面，企业在算力技术的赋能下提升了生产效率，降低了生产成本，使得供给侧能够更加有效地满足市场需求，带动了供给端生产动力。总体来看，美国以科技创新作为串联生产与消费的核心引擎，通过重视高品质、多样化产品和服务的消费理念，拉动了供给侧的生产动力，合理有序地推动了生产和消费"双升级"，实现了供给与需求的正向循环。

"三流并行"确保交易市场健康运行

美国科技的强大与生产消费环节的畅通，离不开交易体系的支撑。作为拥有世界上最完备的交易体系的国家，在算力经济时代下，美国以数据经纪商这样专业的市场中介机构提高了线上交易中数据的流通效率，推动了数据流的畅通流动，并通过信用信息共享机制，保障交易过程中信息流的合规与安全，同时以多元化、多层次的金融支持，保障无论是对苹果、谷歌等行业龙头还是对"独角兽"和中小企业来说都充足的资金，以资金流保障美国的科技创新。美国以数据流、信息流、资金流"三流并行"的发展理念，维系着交易体系中资源的高效利用，确保交易市场稳定、健康地运行。

创新数据经纪商模式，推动数据流"动"起来

当前，数据已经成为经济社会发展的重要资源，发挥数据价值的关键在于数据流通。在美国的数据交易模式中，已经形成了以数据经纪商为代表的典型数据交易模式，人们通过 C2B（客对商）、B2B、B2B2C（商对商对客）的交易方式，以中间人身份为数据提供方和数据购买方提供市场营销、风险识别、人员搜索等产品和服务，并依托政府监管和行业自律保障数据的合规流通，真正实现让数据流"动"起来。

数据经纪商推动美国数据资产交易的模式主要有 C2B、B2B、B2B2C 三种，数据平台 C2B 分销模式是用户将个人数据提供给数据平台，数据平台向用户支付一定的商品、货币、服务等价物或者优惠、打折、积分等对价利益。例如，美国学生营销公司 Edvisors 运营多

个面向大学生的网站，如 PrivateStudentLoans.com、HowToGetIn.com
和 GradLoans.com 等。访问这些站点的学生只要输入个人信息，就有
机会赢得最高 1 万美元的奖金。但是该公司的隐私政策提出会向其认
为用户可能感兴趣的第三方出售数据，随后将这些数据打包出售给
数据经纪商等相关交易方。数据平台 B2B 集中销售模式是数据平台
以中间代理人身份为数据提供方和数据购买方提供数据交易整合服务，
其中数据提供方、数据购买方都是经交易平台审核认证、自愿从事
数据买卖的实体公司。例如，美国微软 Azure、Data Market、Factual、
Info Chimps 等数据平台可供研发企业等目标客户查找、预览、购买
和管理数据订阅，并代理数据提供方、数据购买方进行数据买卖活动。
数据平台 B2B2C 分销集销混合模式中，数据平台以数据经纪商身份
搜集用户个人数据并将其转让、共享，数据经纪商主要包括安客诚
（Acxiom）、CoreLogic、Datalogix、eBureau、ID Analytics、Intelius、
Peek You、Rap leaf、Recorded Future 等。

为了使数据能够实现分类管理，美国数据经纪商创造了市场营销、
风险识别和人员搜索三种主要类型的数据产品和服务。在市场营销产
品和服务方面，数据经纪商向个人或企业客户直接出售消费者的相关
信息或向目标群体推送相关信息，包括直销产品、在线营销产品和营
销分析产品。例如，安客诚通过营销数据库、基于数据的营销策略和
分析以及邮件等多渠道营销活动管理，帮助客户完成营销活动的设计、
派发和优化，形成营销环节的闭环。在风险识别产品和服务方面，这
包括身份认证产品和欺诈侦测产品两类，它们能够帮助个人或企业客
户确认消费者的身份或发现欺诈行为。例如，Equifax 作为美国三大个
人征信局之一，掌握着全球 8.2 亿名消费者和超过 9 100 万家商户的数
据。它以数据为依托，为企业与个人提供信用报告，有助于确定个人

能否获得金融产品的最优惠价格、能否购买或租赁房产，甚至影响个人获得工作的能力。在人员搜索产品和服务方面，这可以帮助个人或企业客户调查竞争对手、找到老朋友、查找潜在的爱人或邻居、获取消费者的法庭记录及其他信息。例如，数据经纪商 People Finders 能够以 95 美分的价格出售个人基本信息，包括旧地址、当前地址和家庭联系方式等。

数据经纪商行业在美国较为成熟，但作为算力经济时代的新兴行业，它仍存在消费者数据权利缺位、行业透明性低、潜在的消费者歧视等风险和问题，因此为了保障数据交易，美国主要从政府监管和行业自律两个方面采取了相应的措施。在政府监管方面，美国从 2014 年至今，相继发布了《数据经纪人责任制与透明法案》《数据经纪商法案》等法律，通过立法赋予个人数据知情权和决定权，确立了年度登记注册等旨在提高数据经纪业行业透明度的制度。对于在数据经纪业务中时有发生的数据泄露事件（如总部位于旧金山的数据经纪商 LimeLeads 的数据泄露），美国证券交易委员会于 2021 年提出要求——上市公司必须上报数据泄露等网络安全事故，否则将对其传讯调查。在行业自律方面，为避免数据来源渠道不明，美国大多数数据经纪商通过与数据来源企业签署书面合同的方式，以确保数据来源于各级政府、公开网络、商业交易和同行共享等正规合法渠道；同时，在日常系统维护中，很多经纪商也会注重安全管理，通过加强身份验证、加密等安全技术来强化数据安全性。例如，安客诚规定，要使用多层安全系统，控制访问权限及安全性，未经授权的个人或企业不得访问相关信息等。

以信用信息共享机制为抓手，为信息流发展提供可靠支撑

美国是世界上信息系统最为发达的国家之一，其信用体系经过近百年的发展已趋于完善。完善的信用体系和不断扩大的信息交易规模已经成为美国交易合规与安全发展的保障。美国以法律法规的建立完善保障信息的采集和交易的合规进行，并通过信用信息共享机制降低信息交易的成本，缩短交易的时间，促进资源的优化配置，为信息流的发展提供可靠支撑。

美国制定相关的法律法规，从规范信息采集、保护消费者权益细则、界定使用和共享范围、防止信息滥用4个方面保障信息的采集和交易的合规进行。在规范信息采集上，美国通过颁布《信息自由法》，规范全社会各种信息主体采集、传播和使用信息的基本行为规范，以创造良好的信息环境。在保护消费者权益细则上，美国出台针对政府信息、商业秘密、个人隐私等信用信息的法律法规，依法保护企业、消费者的合法权益，保障国家的信息交易安全。例如，美国政府通过制定和实施《阳光下的联邦政府法》《美国国家安全法》《企业法》《隐私权法》《统一商业秘密法》等一系列法律法规，要求政府机构、企业、个人和其他组织披露和公开其掌握或反映自身状况的各种信息，并对涉及国家安全、商业秘密和个人隐私的信息给予严格的保护。这种信息公开的制度为征信服务提供了良好的信息环境和丰富的信息来源，为征信服务提供了必要的信息基础。在界定使用和共享范围上，《公平信用报告法》对征信公司的信用报告规定了明确的使用范围，即只能用于与消费者有关的交易活动。在信用信息的共享范围，特别是消费者信用信息的共享方面，美国相关法律法规的重点是严格界定消费者的个人隐私及其相关的保护办法，对于非隐私的个人信息

则答应银行、工商企业和第三方进行共享。在防止信息滥用上，美国《公平信用报告法》要求征信公司必须建立信用报告查询记录系统，对所有购买和查询信用报告的企业及其使用目的进行记录。这不仅让被征信人（消费者或企业）能够了解自己信用信息的使用情况，而且为被征信人和征信监管机构的监督检查提供了便利，可以有效地防止征信公司和其他市场主体滥用信用信息。

美国完善的信用信息共享机制降低了信息交易的成本，缩短了交易的时间，直接促进了信用资源的优化配置。在降低信用交易的成本、缩短交易的时间方面，由于征信公司能够搜集和汇总全面的企业和个人信用信息，特别是随着互联网等现代信息技术的大量应用，征信公司能够方便、及时地为银行、工商企业提供信用信息和相关的信用报告，从而大大减少银行、工商企业的相关业务活动及其授信成本。例如，美国各商业银行和信用卡公司在对消费者发放贷款时，向征信公司购买信用报告的成本不足 1 美元，一般仅为 0.5 美元左右。而且由于采用了互联网等在线服务方式，获得信用报告的时间也大为缩短，实际上已达到了同步的程度。在促进信用资源的优化配置方面，一是这使信用资源不断地向信用状况好的企业和个人集中。在信用信息充分共享的情况下，授信者能够更加全面地、准确地了解信用申请者的信用状况，减少或避免授信者因缺乏信息或仅凭主观判断而出现的决策失误，有利于授信者把握授信的风险程度，并根据不同申请人的信用状况确定信用额度和利率水平，从而做出合理的授信决策。二是这使信用状况良好的企业和个人有更多机会选择优质的信用产品和服务。信用信息共享可使授信者发现更多潜在的优质客户，同时面临着失去其已有优质客户的风险，因此每一个授信机构都必须提高自身的竞争能力，这就促使授信者必须以更加优惠的价格、更好的服务为信用状况好的企业和个人提供信用产品。信用状况良好的企业和个人于是成为银行、工商企业等授信机构竞相追逐的重点，也因此能够赢得更多的选择机会，以得到更为优惠的信用产品和服务。

以金融支持发挥资本流的"加速器"功能

美国拥有世界上最发达的资本市场，市值占全球资本市场总市值的 50%。美国资本市场体系的强大功能使得不同规模、不同需求的企业都可以有效地利用资本市场进行股权融资，获得发展的机会。特别是在"大萧条"之后，美国开始着手将金融体系从银行主导型向市场主导型转变，其中，匹配科技创新的多元化、多层次的金融支持功不可没。算力经济时代，美国旨在以强化金融的"加速器"功能，有力地推动美国的科技创新和经济增长。

美国通过风险资本金融"活水"支持科技企业发展与科技创新，构建科技金融一体化的发展新生态。美国资本市场为科技企业的科技创新提供了重要的资金支持，多层次的场外交易市场和风投资本市场也为科技企业提供了丰富的、差异化的金融工具。例如，华尔街作为全球金融资本的聚集地，其强大的资本实力和吸引力为美国的科技成果转化提供了源源不断的金融资本，助力打造具有全球竞争力的美国科技产业。反过来，以科技创新提升金融市场效率与交易平台服务能力，也促进了金融业态的繁荣。金融科技的发展，如数字货币、大数据、区块链在金融领域的应用，使得金融市场服务效率不断提高，金融市场层次、产品层次及价格发现功能不断提升，交易成本不断降低。例如，纽约将金融科技产业作为重点发展的产业之一，且将"全球科技创新领袖"作为未来发展的重要战略方向，以科技与金融的融合主导未来金融领域的创新趋势。

　　同时，美国还通过健全风险投资和创业投资制度，促进科技项目研发成果的转化，代表高科技资本的硅谷的发展和纳斯达克的创立就是最好的例子。硅谷作为美国重要的高科技企业聚集地和最具创新能力的高新技术产业群，得益于风险投资和创业投资的支持，将资本运作模式完全市场化。硅谷根据市场规则将最优资本和最优企业合理配置起来，达到帕累托最优，实现资源效用最大化，形成良好的资本运作机制。硅谷先后孕育了微软、苹果、惠普等众多知名企业，并吸引了全美 40% 的创业资本。美国 90% 的高科技企业都是按照风险投资模式发展起来的。纳斯达克作为成长型公司的乐园，不仅让美国高科技企业的梦想照进现实，更为高科技企业提供了更为广阔的发展平台。微软于 1986 年在纳斯达克上市前的总收入、营业利润和净利润分别为 1.4 亿美元、0.41 亿美元和 0.24 亿美元，2004 年分别增至 368 亿美元、90 亿美元和 81 亿美元，并于 1999 年入选道琼斯指数成分股。微软从一个中型企业发展为一个大型蓝筹公司，资本市场功不可没。微软在 1994 年至 2003 年间共增发 19.72 亿普通股，进行了 60 次并购和 140 次投资，使其总资产和净资产分别增长了 15 倍和 14 倍。纳斯达克市场在其间的作用功不可没，它为科技型企业实现了规模性融资，更为风险投资提供了很好的退出机制，形成了"企业创业—创业资本—纳斯达克上市—创业资本退出—再投资创业企业"的资本良性循环。

第十三章
欧盟围绕"数字主权"全面发力

在算力经济发展浪潮下，美国领先、中国崛起，欧盟逐步被甩到第二梯队：欧盟国家的个人和公共部门产生的数据，92%都存储于美国服务器中；在全球互联网企业市值中，欧盟企业的市值仅占3%；在人工智能、量子计算等前沿技术领域，欧盟已与中美产生较大差距，过去在技术专利和国际标准领域的优势正逐年缩小。在中美竞争加剧、地缘博弈愈演愈烈的大背景下，欧盟的焦虑感与紧迫感不断上升。目前欧盟算力经济发展趋于保守，尚无力在技术上与中美抗衡，只能借助制定国际数字规则来制衡中美，"数字主权"战略既是欧盟在现实态势下的无奈之举，也彰显了欧盟谋求成为全球算力经济版图中的规则制定者与监管领导者的野心。欧盟希望凭借其巨大的市场力量来加强监管，向全球输出算力经济的数字标准和规则，从而自主控制算力技术和产业战略性价值链，形成异于中美技术与市场主导的竞争优势。在"数字主权"的指引下，六大维度各司其职，全面发展。欧盟将政府数据治理、基建安全连接、科学技术主权作为突破口，以市场监管、消费者保护、生产标准和责任规则等法律框架作为防御工具，持续强化对外来企业的监管，在算力经济各个领域构建欧洲技术标准，保障算力产业安全，引领工业发展方向，争夺算力经济的话语权。

以"数字主权"概念指引政府治理走出"欧洲道路"

欧盟不甘心算力经济发展落后于中美，于是提出"数字主权"系列概念，强调欧洲传统价值观中的独立、隐私、安全、自由等部分，要求在发展算力经济的过程中，保证数据、技术等多个维度的自主。由于其成员国众多且各国发展水平不一，利益分歧导致较难形成合力，因此统筹"数字主权"发展，整合成员国力量，通过数据治理提升各成员国公共服务水平，增强欧盟"超国家"权力的作用，成为欧盟提升算力经济竞争力的第一步。

加强"数字主权"顶层设计，构建数据治理体系

为全面提升在算力经济领域的竞争力，欧盟在战略规划及政策法案领域双管齐下，强化欧盟"数字主权"概念。在战略规划方面，欧盟公布了一系列数字化转型战略规划。2015 年欧盟委员会提出"单一数字市场"战略，2016 年欧盟正式推出《欧洲工业数字化战略》，到 2018 年欧盟又公布《欧盟人工智能战略》。2020 年，欧盟更是紧锣密鼓地发布了用于指导欧洲适应数字时代的总体规划《塑造欧洲的数字未来》《欧洲新工业战略》《欧洲数据战略》《人工智能白皮书》等，旨在重新定义并扩大其数字主权，建立基于规则和标准的数字空间框架。2021 年 3 月初，欧盟发布了《2030 年数字指南针：数字十年的欧洲之路》纲要文件，涵盖了欧盟到 2030 年实现数字化转型的

愿景、目标和途径。此外，欧盟还高度重视算力经济的立法工作。在政策方案方面，从 2016 年起，欧盟陆续出台《网络与信息系统安全指令》《欧洲数据战略》《数据治理法案》等系列文件，为当地算力经济领域的强监管提供法律支持，欧盟颁布的 GDPR（《通用数据保护条例》）已成为全球的主流标准，在欧盟以外的 120 个国家中，约 67个国家遵循了 GDPR 框架。[1] 对新兴技术领域，欧盟也同样进行完备的监管部署，重量级法案《人工智能法》《人工智能伦理罗马宣言》等，对人工智能和算力经济发展产生了深远影响，甚至推动了全球人工智能治理的升级。此外，中美等国已认可欧盟内部关于算力经济的标准与监管框架，并与欧盟建立符合其法律法规的中欧数字合作伙伴关系、美欧贸易和技术委员会等。

为加强数据治理，欧盟形成了从欧盟委员会、成员国、行业领域到企业的系统化垂直治理体制。在欧盟委员会层面，欧盟设置了数据创新委员会和数据保护委员会。数据创新委员会以专家组的形式成立，包含欧洲数据保护委员会、欧洲委员会、相关数据空间及特定部门其他主管当局的代表，主要对跨部门标准化的战略、治理和要求等方面提供建议并提供数据开放、数据共享服务等方面好的经验做法；数据保护委员会则重点对数据保护进行监管，每个成员国设置独立的数据监管机构，各国的数据监管机构在数据保护委员会进行沟通，提出数据保护问题和分享数据保护经验等。在成员国层面，欧盟明确了数据主管机构责任并设置单一信息点。数据主管部门主要有两大责任，一是履行法律职责，维护欧盟和本国的法律；二是提供技术支持，为数据处理环节和测试技术提供相关支持，确保个人隐私和商业机密不受侵犯。此外，各成员国之间通过单一信息点进行沟通，公布数据资源信息，明确列出成员国需要进行本地化存储的数据，以及发布使用公共部门数据的义务和费用。在行业层面，欧盟建立数据保护认证机制，组建数据保护认证机构，建立行业行为准则，为符合数据保护标准的企业和机构颁布认证。在企业层面，欧盟设置数据保护官，数据保护官由数据控制者和处理者委任，主要负责数据处理过程与行为的合规合法。

欧洲选择平衡自由与隐私，走出一条不同于中美的"欧洲道路"，制定"以人为本"的个人数据保护规则。GDPR 作为欧盟个人数据保护立法改革的产物，背后存在欧盟立法者基于历史与现实的双重考量。一方面，由于历史原因，欧盟非常强调对公民数据隐私的保护，将公民对自己个人数据的控制上升到基本权利的高度。另一方面，由于欧洲在全球算力竞争中的滞后，其无法抗拒美国科技巨头在本地区的全面渗透，因此，欧盟在进行数据领域的顶层设计时，将个人数据保护的价值位阶置于数据流通利用之上，优先关注个人数据保护和利用，确立了个人权益法益的优先位阶，条例适用范围广泛。条例全方位地从个人数据处理的基本原则、数据主体的权利、数据控制者和处理者的义务、个人数据跨境转移等方面，为互联网时代建立了完备的个人数据保护制度，并对全球个人数据保护立法产生了涟漪效应。在 GDPR 制定之后，2017 年初，欧盟委员会提出《隐私与电子通信条例》，旨在规范制约电子通信服务并保护与用户终端设备相关的信息。该条例将即时通信、VoIP（语音通话技术）等 OTT（视频及数据服务业务）服务商纳入与传统电信服务商一样的隐私监管框架，对电子通信数据的保护不仅针对通信内容本身，而且包括时间、地点、来源等标记通信内容的元数据。2022 年 6 月，欧盟《数据治理法》正式生效，该法与欧盟委员会于同年 2 月公布的《数据法：关于公平访问和使用数据的统一规则的法规提案》草案（以下简称《数据法案》）

均为践行欧洲数据战略的关键立法成果，分别指向公共部门与私人部门所持有数据的共享利用，促进欧洲数据价值的释放（见表13-1）。

表13-1 欧盟基于"数字主权"推出系列政策法案

时间	举措	主题	关键内容
2016年8月	发布《网络和信息安全指令》	形成统一的数字外交政策，设定欧洲网络市场的进入标准。	（1）要求通信服务运营商和数字服务提供商履行网络风险管理、网络安全事故的应对和通知义务。（2）要求各成员国制定网络安全国家战略，加强合作，形成统一的数字外交政策。
2018年5月	发布GDPR	加强个人隐私保护，对国际贸易中涉及个人数据的部分进行规范。	与1995年的个人数据保护条例相比，出现五大变化：（1）扩大管辖范围，新条例适用于所有处理欧盟居民个人数据的公司，不论公司是否在欧盟境内；（2）加强惩罚措施，最高可处以全球营业额4%或2 000万欧元的罚款；（3）要求系统从设计阶段就构建用户数据保护措施，不能通过后期版本迭代增加；（4）强制要求系统在首次发现违规行为后，72小时内发出通知；（5）要求企业必须获得独立、可撤回的数据安全经营许可。
2018年12月	发布《欧盟网络安全法案》	建立网络安全认证体系并要求在欧洲市场运营的互联网公司遵循。	（1）指定ENISA（欧盟网络安全局）为永久性的欧盟网络安全职能部门。（2）由ENISA协调各成员国联合处理跨境安全事件，负责日常的技术交流、宣传投入、网络联合演习等。（3）建立一个通用的网络安全认证框架和网络服务评价体系，对评定机构的身份做出明确界定。

时间	举措	主题	关键内容
2019年5月	发布《非个人数据自由流动条例》	对公共数据的本地化提出要求，对跨境合作时公共数据的获取、迁移做出规定。	（1）明确定义"非个人数据"的内涵。（2）建立欧盟内部的统一非个人数据存储和处理框架，打破欧盟各国间的地区限制，确保数据在欧盟内部跨境自由流动。（3）赋予各成员国以监管目的跨境访问欧盟境内数据的权利。（4）鼓励建立欧洲自有的云服务，欧盟委员会对云服务中产生的经济利益矛盾进行调和。
2021年4月	发布《人工智能法案》	构建人工智能领域的法律体系，要求新技术的使用符合欧盟价值观。	主要目标有：（1）确保人工智能系统符合欧盟的基本法律法规和价值观；（2）明确相关法律的细则和边界；（3）对人工智能系统做出明确的安全性要求；（4）在欧盟内部形成统一、合法、安全的人工智能应用市场。
2021年5月	发布《欧盟云行为准则》	涵盖所有云服务层，旨在为欧洲云计算市场带来信任和透明度。	准则由独立第三方协会与阿里云、甲骨文等6家公司联合制定，云服务商的产品服务通过该准则后方可获取第三方证书、满足GDPR的规定。
2022年2月	发布《欧盟芯片法》	整合各成员国力量，重建半导体生产能力。	（1）提出欧洲芯片倡议，提供110亿欧元（约760亿元人民币）用于芯片研究、开发，确保新进半导体产业链在欧盟内的部署。（2）与先进的半导体公司开展合作，引入产业链，确保欧盟内先进芯片的供应能力。（3）完善成员国之间的协同、合作关系。
2022年4月	发布《数据治理法案》	为数字平台的数据处理提供一种欧洲范式，促进欧盟内部的数据共享。	（1）允许私人部门在公共部门提供的安全环境下使用公共数据，发挥数据价值。（2）各成员国之间建立合作，帮助研究人员和科技企业使用公共数据。（3）建立非营利性质的数据中介机构，为公共数据提供网络基础设施。

以数字身份和数据共享为重心推进数字政府建设

要通过建设数字身份加强政府治理。早在 2014 年，欧盟就推出并实施了欧洲电子识别和信任服务倡议，为欧盟地区的跨境电子识别、认证和网站证书提供了法律基础。目前，大约 60% 的欧洲地区用户均受益于这一法规，实现了数字身份互认。2021 年 3 月 9 日，欧盟委员会提出了"数字指南针"计划，表示要在 2030 年前实现所有关键公共服务在线提供、所有公民均可访问电子医疗记录、80% 的公民使用电子 ID（身份标识号）解决方案。2021 年 6 月 3 日，欧盟委员会提出欧盟数字身份框架计划。根据这一计划，欧盟成员国认可的公私机构将向其公民、其他常住居民、企业提供数字钱包，这些钱包将与能够证明其个人信息的国家身份文件（例如驾照、学历证书、银行账户）相连接。通过该数字钱包，所有欧盟用户均可自主选择愿意与第三方进行分享的身份数据信息，保证个人数据的安全性，轻松便捷地验证个人身份并访问在线服务。2022 年"数字经济与社会指数"（DESI）显示，从使用互联网与政府进行互动的个人比例来看，瑞典、丹麦、芬兰、爱尔兰和荷兰等国均超过 90%；超过 60% 的欧洲公民拥有电子身份证，欧盟 27 个成员国中有 25 个国家至少有一项电子身份证识别计划。预计到 2030 年，欧盟所有重要的行政文件均可实现网上完成，80% 的公民可使用电子身份证，所有欧盟公民都可以在网上查阅自己的就诊档案。

要深化政务数据开放与共享，提升数字化公共服务水平。欧盟对公共数据开放持积极推动的态度，可追溯到 2003 年发布的《关于政府部门信息再利用的指令》，该指令确立了关于在整个欧盟范围内开放数据的可得性、可获取性和透明度的框架规则，鼓励成员国将尽可能多的信息公开再利用。2013 年，欧盟对该指令进行修订，进一步扩大了公共数据开放的覆盖范围，将图书馆、博物馆和档案馆的数据纳入其中，同时创造数据复用权，从权利赋予角度为社会公众获取政府数据提供了制度依据。此外，该指令还特别强调了政府数据应以可机读的形式呈现，以提高数据利用的效率。2019 年，欧盟对该指令的再次修订达成一致，鼓励欧盟成员国在没有法律或法律、技术和财务不健全的条件下，促进公共部门数据再利用，并在具体制度层面进一步提升公共数据开放程度和数据获取的便利性。2022 年 11 月 21 日，欧盟正式发布《欧洲互操作法案》，该法案支持建立一个相互关联的数字公共管理网络，加速欧洲公共部门的数字化转型，使数字公共服务的跨境数据交换变得更加高效和安全。2023 年 3 月 24 日，欧盟委员会发布了其 2023—2024 年数字欧洲计划的工作方案及预算编制，欧盟将投入 1.13 亿欧元用于改善云服务安全性、创设人工智能实验及测试设施，以及提升各个领域的数据共享水平，数字技术将优先用于公共部门数字化转型。在政策推动下，欧盟公共服务的在线水平明显提升，欧盟成员国的政府间数据共享壁垒进一步被打破。《2022 年联合国电子政务调查报告》结果显示，全球的电子政务发展指数（EGDI）平均为 0.610 2，欧洲电子政务发展指数平均达到 0.830 5，为全球最高，其中欧盟国家丹麦、芬兰分别为排名最高的两强国家。《2020 年数字经济与社会指数》显示，欧盟以在线方式提交行政审批表格的比率平均达 67%，较 2014 年增加了 10%。《欧洲互操作法案》推行后，可为欧洲公民节省 5.5 万~630 万欧元的成本，为与公共行政部门产生交互的企业节省 5.7 亿~192 亿欧元的成本。

着力构造安全、有弹性的信息基础设施

对中国 5G 基础设施和美国云服务的依赖已成为欧盟的关键弱点，缺乏自主可控的欧洲网络空间为来自外国的风险打开了大门。在此背景下，欧盟以 5G 安全、网络安全、可信云等作为算力经济基础设施的建设重点，推出一系列政策规划，集合欧盟各国力量，打造属于欧洲的安全、自主、可信的基础设施。

以数字安全为核心推进 5G 等基础设施建设

2020 年 12 月，欧盟发布了新的网络安全战略。战略指出，欧盟的产业格局日益数字化和互联化，欧洲的经济、民主和社会比以往任何时候都更加依赖于安全可靠的数字工具和连接，网络安全对于建设一个有弹性、绿色和数字化的欧洲至关重要。继《欧洲 5G 行动计划》《5G 网络安全建议》《欧盟 5G 网络安全风险评估报告》之后，欧盟委员会于 2020 年 1 月发布了《在欧盟确保 5G 的安全部署——实施欧盟工具箱》，从战略和技术两个维度推出缓解 5G 安全风险的具体措施。这在美国就华为问题对欧洲施压的特定时期，也被视为"布鲁塞尔效应"[①]对"华盛顿共识"[②]的对冲。通过对欧盟的 5G 政策进行梳理，我们可以发现，欧盟从一开始单纯地将 5G 视为经济问题转变到将 5G 与国家安全以及欧盟"单一数字市场战略"挂钩，

---

① "布鲁塞尔效应"一词最早由芬兰裔哥伦比亚大学法学院教授阿努·布拉德福德于 2012 年提出，主要指欧盟凭借市场力量对全球市场进行单边监管的能力。

② "华盛顿共识"是经济学家约翰·威廉姆森在 1989 年创造的一个术语，现在泛指以自由市场为主的经济政策和国家的有限作用。

再到强调要独立发展欧盟自己的 5G 技术，将 5G 的独立自主发展作为 5G 安全的重要组成部分，以独立促安全，摆脱中美 5G 供应商的限制，并将其作为数字主权战略的重要目标进行推进，呈现出"双核并重、安全先行"的特征，将 5G 安全融入 5G 发展的全过程。

欧盟希望通过在以下三个领域的努力，尽可能地增强 5G 独立性、减少安全风险。首先，欧盟计划在 2023 年之前推出一套成体系的强制性的网络安全认证框架，以确保欧盟消费者和企业受到保护，并促使欧盟成为全球网络安全领域的标准制定者，而非像现在一样进行非强制性的自愿认证。其次，欧盟通过建立一个新的网络安全联合执法机构来确保成员国之间的合作，加强欧盟在网络安全问题上的协调，现阶段欧盟正在规划通过欧盟委员会建立起欧洲网络安全中心。最后，欧盟要求不管在欧盟还是在成员国层面，安全都应成为在采购相关基础设施时的强制性考量因素，欧盟和成员国可以在评估欧盟公共采购规则和捐赠规则的基础上，对其中不符合安全认证要求的部分进行修改，以便更好地考虑关键部门的数字安全。

欧盟 5G 的安全监管与发展由不同的机构负责，权责明晰。其中，欧洲电子通信监管机构（BEREC）和各国电子通信监管机构负责通过制订详细的发展规划来推动欧盟 5G 的有序发展，欧盟委员会、ENISA 以及欧盟网络与信息系统安全合作小组（NISCG）负责协调各国的 5G 风险评估并给出高效可行的 5G 应对方案。对于一些既涉及安全监管，又涉及发展部署的问题，负责机构会进行相关度的自测，从而确定交叉问题由哪个机构主要负责，哪个机构起辅助作用。如欧洲电子通信监管机构在《5G 雷达指南》中提到，隐私保护是一个非常重要的问题，但并非欧洲电子通信监管机构的主要职能。在隐私保护问题上，欧洲电子通信监管机构更多起辅助作用，协助欧盟数据保护委员会开展工作。这种细致的权限划分，为欧盟编制中长期5G发展计划并按照计划逐步落实提供了必要条件。

欧盟网络与信息系统安全合作小组（以下简称"合作小组"）作为欧盟5G安全监管的核心机构，在欧洲理事会与欧盟委员会的领导下，就5G安全监管问题做出了详细规划与超前布局。

（1）2019年3月21日，欧洲理事会在决议中提出，希望欧盟委员会能够就5G网络安全问题采取协调一致的方法提出建议。

（2）2019年3月26日，欧盟委员会通过了《5G网络安全建议书》，呼吁会员国完成国家风险评估，审查其措施，并共同开展协调一致的风险评估，制定缓解风险的通用工具箱措施。

（3）2019年10月，合作小组在收到各国风险评估的基础上，发布了《欧盟5G网络安全风险协调评估报告》，确定了主要威胁、威胁主体、最敏感资产、主要漏洞和战略风险。

（4）2019年11月，欧洲网络与信息安全局发布了专门的5G威胁态势图，为5G工具箱做准备。

（5）2020年1月29日，合作小组发布了5G工具箱，针对8种主要的风险提出了战略措施、技术措施和支撑行动。

（6）2020年6月30日，合作小组在汇总各国工具箱实施情况的基础上，编写了一份联合报告来支持工具箱的实施。

此外，欧盟通过一系列政策增强关键基础设施面对复杂风险时的弹性。欧盟在《2030年数字指南针：数字十年的欧洲之路》中提出要构建安全、高性能、可持续的数字基础设施。2020年12月，欧盟委员会通过了关于修订《网络和信息系统安全指令》（NIS 2指令）的提案。提案在原有指令的基础上增加了新的部门，并取消了基本服务运营商和数字服务提供商之间的区别，实体依据其重要性被分为基本和重要两类，并依此接受不同的监督；同时，提案加强了供应链安全风险管理，各成员国将对关键供应链展开协调的风险评估，加强信息共享及在网络危机管理方面的合作。同日，欧盟方面还发布了《关于关键实体弹性的指令》，表示恐怖主义、内部威胁、国家支持的混合行动以及新冠疫情等，使得风险情况更为复杂，关键基础设施的范围将被扩大到10个相关行业和部门：能源、运输、银行、金融市场基础设施、卫生、饮用水、废水、数字基础设施、公共管理和空间。欧盟将通过制定最高层面的风险概览、最佳方法与实践、跨界培训及演习，以增强并测试关键实体面对线上、线下威胁的弹性。

积极部署可信云，推动欧洲成为全球数据中心

欧洲数据中心市场分布不均衡，云服务对美国的依赖程度较高。欧洲数据中心70%以上的资源分布在西欧地区，其次在南欧和北欧地区。西欧拥有欧洲著名的"FLAP数据中心市场"，即法兰克福（F）、伦敦（L）、阿姆斯特丹（A）和巴黎（P）。作为欧洲老牌的数据中心一级市场，FLAP约占欧洲数据中心市场总规模的70%，Equinix、NTT等主要的数据中心服务商和脸书、微软和谷歌等国际大型公有云服务商均在此布局。北欧作为欧洲典型的数据中心二级市

场，一直是发展超大规模数据中心服务商、托管服务提供商和加密货币数据中心服务商的有利投资目的地，吸纳了来自云和超大规模服务商的多项投资，如脸书正在瑞典扩张、谷歌则在芬兰扩大业务、微软选择在挪威投资了多个数据中心，此外多家托管服务提供商也在北欧地区进行投资。欧盟云计算70%以上的市场规模被北美三大云厂商（亚马逊、微软和谷歌）占据。根据市场研究公司 Synergy Research Group 的数据，非欧盟企业通过在欧洲建立数据中心，提供本地化云服务，抢占了绝大多数市场份额。北美三大云厂商的份额已经占总市场份额的72%，而且还在持续增加。为摆脱对外国科技公司的过度依赖，保护欧洲人管理自己网络和数字空间的自由，建立符合欧盟数据战略的欧盟云基础设施，对欧盟掌控数字主权来说极为关键。2020年7月，欧洲议会发布《欧洲的数字主权》报告，正式表态欧盟要减少在云基础设施和服务中对外国技术的依赖，并重点加强欧洲数字技术能力和增加对托管、处理和使用数据的基础设施的投资。同时，欧盟决定与德国和法国的 GAIA-X 云计划合作推进上述目标。因此，欧盟27个成员国于2020年10月15日签署了《云宣言》，表示愿意共同努力，聚合私人、国家和欧盟的力量，开发部署弹性和安全的云基础设施，创建安全、高效、可互操作的云服务，推动欧洲成为全球数据中心，并启动欧洲工业数据和云联盟，为全球基础设施建立一个"黄金标准"，同时着手部署下一代云。维护"欧洲价值"与"数据主权"是 GAIA-X 的首要目标，促进关键技术领域的创新也是 GAIA-X 的核心诉求。因此，GAIA-X 将会遵循欧盟已有的原则，不再建设一个新的"欧洲超级云"，而是与现有云服务提供商合作，通过保证透明度、安全性和隐私性来增加云服务的可信度。2020年12月22日，ENISA 就《云服务网络安全认证计划草案》征求意见，该草案指出，基于云服务不断变化的格局以及各成员国之间认证计划的差异，欧盟需要加强云服务的网络安全保障，推动云服务的安全性和欧盟法规、国际标准、行业最佳做法及欧盟成员国现有的认证相统一，建立欧洲可信任的云服务。

通过量子计算和人工智能科研攻关重塑欧盟"技术主权"

欧盟基础研究功底扎实，在论文、科研方面的高质量产出颇丰，但在技术专利等科技创新，尤其是在人工智能、量子计算等为代表的算力新兴技术领域，显著落后于美国、中国等关键创新者，虽仍领先于日韩等国家，但领先优势已经缩小。基于"数字主权"，欧盟强调"技术主权"，从新兴技术能力提升入手，把握关键技术的独立性，确保欧盟安全，推动欧盟算力经济发展。

基础研究根基扎实，但创新能力不及第一梯队

就全球而言，根据论文发表、专利产出、科技人才储备及企业研发投入等方面的综合表现，欧盟在新兴算力技术的基础研究方面延续了其科研能力优势，仍具有一定的国际影响力和竞争力，但在技术创新活力方面则明显乏力，与中美等第一梯队国家存在实质性差距。

在基础研究领域，欧盟学术成果产量落后，但影响力仍占重要地位。阿里研究院《2023全球数字科技发展研究报告》数据显示，2012—2021年，从全球数字技术论文的"量与质"方面来看，中美整体影响力大致相当，欧盟虽然在论文数量上大幅落后于中美两强，

但其学术质量及国际影响力仍占有重要地位。具体看，在数字技术论文总产出 Top 10 国家中，欧盟国家仅占据三成席位且排名靠后，分别是德国产出 15.1 万篇，意大利产出 9.8 万篇，法国产出 9.7 万篇，总和不足中国的 70%。但在"顶尖论文"产出 Top 10 国家中，欧盟国家占据四成，德国、法国、意大利及荷兰的"顶尖论文"总和略超中国，且"顶尖论文"的平均被引用量明显高于中美。

在技术创新领域，欧盟的创新活力与中美存在不小差距。自 2012 年以来，欧盟在数字专利方面的份额一直保持稳定，而中美所占份额随着时间的推移不断增加，从而扩大了欧盟与中美两大经济体间的差距。阿里研究院《2023 全球数字科技发展研究报告》数据显示，2012—2021 年，全球数字技术授权专利数量前四强分别为中国、美国、韩国、日本，欧盟国家仅占据两席，分别是德国以 1.36 万件位列第 5，法国以 4 566 件位列第 6，与中国 38.7 万件的授权体量相去甚远。在全球数字技术高价值授权专利数量方面，欧盟也仅有德法两国进入 Top 10 席位，两国授权量总和约为美国的 18%。全球数字技术高价值专利 Top 10 机构中，仅有飞利浦一家欧洲企业入局，其他席位基本被中美两国占据。欧盟国家中德、法、意三国数字科技人才储备最大，分别拥有 12 767 人、7 664 人、7 583 人，但总和仅占全球数字科技人才总量的 3.6%、中国数字科技人才总量的 20%、美国数字科技人才总量的 33%。[2] 究其原因，首先，当地民众、高校和企业对 ICT 产业的态度相对保守，限制了算力产业的人才培养及科技创新。欧盟民众对 ICT 技术的热情较低，直接影响 ICT 领域的人才培养、从业人员薪资水平、企业投入等多个方面，最终导致科技创新出现"偏科"现象。例如德国，2019 年《世界经济论坛全球竞争力报告》显示，其创新能力位居世界第一，但专利主要集中于新能源、疫苗、精密医学等领域，其在人工智能、自动驾驶、物联网等数字经济领域的表现差强人意。其次，近年来中美之间持续的多领域摩擦引发了两国的ICT研发补贴竞赛，而欧盟的财政实力已无力继续跟进未来的研发竞争。欧盟委员会估计，中国2015—2025年在芯片领域的投入或将达到1 500亿美元。美国在2022年7月宣布的《芯片法案》中提到，仅联邦政府层面就投入了520亿美元，各州也已承诺再投入数十亿美元来吸引外部企业，此外，私人资本也将倾力投入。中美的大规模公共投资竞赛给欧盟带来巨大压力。为避免财政压力引发的政治阻力，欧盟跟进补贴的幅度已经开始放缓。再次，过去10年，欧盟诸多较大、较重要的算力企业已被外国资本吞并，既有的算力技术成果因并购而流失。例如，伦敦人工智能实验室DeepMind在2014年以6亿美元被谷歌收购；芯片设计巨头ARM于2016年被日本软银收购；2016年，中资尝试并购德国半导体设备企业爱思；2021年，赛微电子以3.9亿元收购瑞典MEMS（微机电系统）代工龙头Silex（赛莱克斯）……

强调技术主权，以新兴技术及其生态体系建设提升竞争力

与活跃程度较高的传统技术创新相比，欧盟在算力新兴技术方面逐渐落后。欧盟在汽车和机械等传统低技术领域的技术创新较为活跃，是能源（22%）和运输（28%）领域全球专利申请最多的国家，[3]但在人工智能、量子计算等新兴数字技术领域的技术创新活力明显落后于中美两强。2021年3月，欧盟发布《2030年数字指南针：数字十年的欧洲之路》，旨在将欧盟2030年的数字目标转化为具体目标，并确保它们得以实现。我们从2020年基线水平可以看出，欧盟在关键

数字技术领域的水平并不高（见图 13-1、表 13-2）。

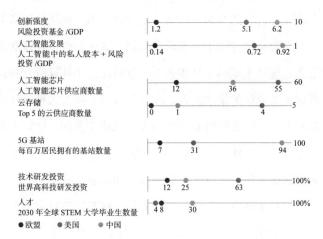

图 13-1　美国、中国、欧盟数字能力记分卡 [4]

表 13-2　2030 年欧盟数字技术目标数据与基线数据对比

分类		2020 年基线	2030 年目标
信息和通信技术专家数量		780 万人（2019 年）	2 000 万人
通信互联	千兆网覆盖率	59%	100%
	5G 覆盖率	14%（2021 年）	全部人口密集地区
半导体	全球产值占比	10%	20%
边缘 / 云	气候中性的高度安全边缘节点数量	0	10 000
量子计算	有量子加速功能的计算机数量	0	到 2025 年有第 1 台
数字技术	云计算、大数据、人工智能等领域的企业数量	云计算：26% 大数据：14% 人工智能：25%	75%
数字"晚期采用"	达到数字强度平均水平的中小企业数量	60.6%（2019 年）	90% 以上
创新企业	"独角兽"数量	122（2021 年）	244

数据来源：《2030 年数字指南针：数字十年的欧洲之路》

量子计算领域呈现出学术能力顶级但商业实践亟待突破的局面。美国是全球量子计算的全面领跑者，欧盟处于第二梯队挑战者中的有利位置，但欧盟持续专注于学术研究，缺乏商业实践，导致欧盟的量子计算生态系统远未成熟。具体来看，欧盟在量子计算研究和教育方面已经形成了世界级的学术能力。欧盟是世界上第二大量子计算科学论文的发表者，每年贡献约 15% 的论文，仅次于美国。欧盟还发展出强大的教育能力，世界上排名前 100 的量子计算大学中，有 34 所位于欧盟，欧盟仅比美国少 3 所。但量子理论和商业实践交会处的人才短缺阻碍了欧盟量子计算的产业化。一方面，欧盟缺乏投资型人才。美国目前在商界拥有的量子人才数量是欧盟的二到三倍，美国至少有232 家风险基金在量子计算的投资方面有一定程度的专业知识，相比之下，欧盟只有 88 家。另一方面，欧盟缺乏开发型人才。建立一个量子系统需要约 4 000 名应用科学家和硬件工程师，然而欧盟总共只有约 500 名员工在量子计算企业工作。[5] 此外，欧盟国家之间缺少良好的动态合作机制，大多数国家各自为政，没有形成内部协调、互联互通的量子生态系统。即便在"量子旗舰计划"发布以后，德国、法国等成员国仍独立进行量子计算布局。欧盟倘若无法协调整个欧洲大陆的量子计算产业，并迅速培养投资型、开发型人才，就极有可能丧失在量子计算竞赛中的先机。人工智能领域受投资不足、合作欠缺等影响，缺少进一步创新与应用。2018—2022 年，全球超过 50 个国家和地区共申请了 115 万件人工智能相关专利。其中，专利申请数量最多的 3 个国家分别为中国、美国和韩国，欧盟次于日本，位列第五，专利申请数量为 3.6 万件，是中国申请量的 5%、美国申请量的 20%。[6]英国传媒机构 Tortoise Media 发布的 2023 年全球人工智能指数排名显示，欧盟国家在人工智能领域明显落后，法国排名第十一，德国排名第十三，意大利排名第十六，均未进入前十。此外，欧盟在人工智能投资方面也明显不足，远远落后于美国和中国，企业人工智能应用率仅为 8%，即便在芬兰、丹麦等数字化进程较为领先的国家，企业利用率也不足 30%。[7]缺乏统一的人工智能战略和协调的政策框架，也导致欧盟各国之间的合作和竞争力不足。

为塑造欧洲在全球算力经济中的领导力，欧盟强调技术主权，以欧洲自己的价值观、自己的规则，施展对技术发展和运用的控制能力。一方面，欧盟要抢占量子技术的高地。量子技术本身与安全密切相关，它成为欧盟技术主权的发力重点技术之一。继 2008 年《量子信息处理与通信战略报告》、2016 年《量子宣言（草案）》、2017 年《空间量子技术》战略报告、2018 年欧洲量子旗舰计划之后，2020 年，欧洲发布《战略研究议程》报告，表示未来三年将推动建设欧洲范围内的量子通信网络，完善并扩展现有的数字基础设施，为未来的"量子互联网"奠定基础，并明确量子技术的几个主要应用领域（通信、计算、仿真、传感和计量）将以基础科学为共同基础，得到工程、教育和培训等各方面工作的支持。其议程为欧洲量子研究和创新的未来发展确定了明确的方向。德国政府指出："考虑到其他国家已经在传统计算机技术硬件和软件领域占据领先地位，德国的目标是在量子技术关键领域，尤其是量子计算、量子通信、量子传感器技术和量子密码学领域保持经济和技术竞争力。"另一方面，欧盟要建立基于欧盟价值观的人工智能创新生态系统。欧盟意图在全球为人工智能对人类及伦理的影响提供协调的欧洲方案。欧盟于 2020 年 2 月发布《人工智能白皮书》作为最新规划，并拟通过数字欧洲计划及地平线欧洲项目吸引年投资额近 200 亿欧元，用于部署数字欧洲计划框架下的数据平台和人工智能应用程序，创建欧洲独特的"可信任生态系统生产体系"。

同年 7 月，人工智能高级别专家组提出了《可信人工智能最终评估清单》，还发布了《可信人工智能的政策和投资建议的部门考量》，特别指出公共部门、医疗、制造业和物联网这几个部门对社会的持续福祉以及通过人工智能的开发、部署和应用来加强欧洲的可持续增长至关重要。同年 12 月，ENISA 发布了《人工智能威胁态势报告》，对人工智能网络安全生态系统及其威胁情况展开全景式的透彻分析，强调了人工智能供应链安全的重要性，为后期人工智能网络安全政策及技术指南的出台奠定了基础。同月，欧洲理事会人工智能专家委员会发布了《关于人工智能法律框架的可行性研究报告》，提出人工智能系统应该被看作"社会技术系统"，欧洲将为人工智能的未来设定基于欧洲标准（人权、民主和法治）的法律框架，填补国际空白。同时，欧盟已经采取了一些措施来缩小与中美的投资差距。欧盟的研究和创新计划"地平线 2020"提出，在 7 年内将提供近 800 亿欧元的公共资金，用于关键数字技术的研究，如纳米电子学、光子学、机器人技术、5G、高性能计算、大数据、云计算和人工智能。此外，为成为负责任和可信的人工智能领域的全球领导者，为欧洲开发者和制造商提供竞争优势，欧盟已经采取措施来开发符合高道德标准的人工智能技术。

德国加速追赶量子先行者

2023 年 6 月初，德国政府追加了 20 亿欧元的资金，力图进入量子领域的世界领先者行列。在其"未来计划"中，德国政府指出："考虑到其他国家已经在传统计算机技术硬件和软件领域占据领先地位，德国的目标是在量子技术关键领域，尤其是量子计算、量子通信、量子传感器技术和量子密码学领域保持经济和技术竞争力，促进德国量子技术研发和生产，在硬件和软件方面构建新的产业支柱。联邦政府将委托合适的团队建造至少两台量子计算机。"

德国以及整个欧洲在量子计算领域虽然"存在需要弥补的差距"，但仍有追赶的机会，因为量子计算机的最佳实现路径目前尚未确定，而德国在这一领域有大量研究人员和初创公司。弗劳恩霍夫应用固体物理研究所所长奥利弗·安巴赫尔表示："为了自信地使用我们的数据，我们必须开发自己的技术。"对于量子计算的实际应用需求，也在激励德国企业积极加入这一未来研究。巴斯夫公司认为，量子计算将成为"游戏规则改变者"，如在分子结构模拟、反应序列观察和材料性能预测中。戴姆勒（奔驰）公司的研究人员已经利用 IBM 的量子计算机，通过模拟电池的复杂化学特性，为电动汽车设计下一代锂电池。大众汽车的研究人员在 D-Wave 量子计算机上开发出世界首个量子计算实时应用，以优化交通路线。德国铁路公司则希望量子计算将来能帮助其解决火车延迟后整个线路时间表的调整问题。

构建欧盟单一市场，促进交易高效流通

与中美对手相比，欧盟算力经济裹足不前的根本原因在于，欧洲大陆市场过于碎片化，各成员国几乎全部使用不同的官方语言，文化及国家政策等因素也各不相同，这使产品、服务难以标准化，限制了算力经济发挥规模效应，进而限制其发展。欧盟基于"数字主权"概念，打造单一数字市场，整合市场资源，建立地区标准体系与市场监管框架，保障市场交易的公平与安全。

建设统一大市场，盘活物流、资金流

根据巴拉萨的经济一体化理论，欧洲经济一体化可划分为三次飞跃：1958 年关税同盟建立，意味着成员国之间消除关税壁垒并对外实行统一关税，由此实现货物自由流动；20 世纪 80 年代中期，《申根协定》生效，取消各成员国之间的边境检查，实现自由通行和无限期居住；成员国公民可以在各国自由择业，实现人员自由流动；1999年至今，欧元正式发行标志着欧洲经济联盟建立，实现资金自由流动，欧盟进入黄金发展期。欧洲统一大市场建设推动实现了商品、服务、资本及人员四大要素的自由流动，但随着数据成为新的生产要素，算力经济下的数字市场作为与传统市场不同的新型市场，不再像以往那样倚重商品（物）要素的自由流动，数据和信息要素的自由流动成为新的关键。

打造单一数字市场，疏通数据流、信息流

2015 年 5 月 6 日，欧盟委员会发布"单一数字市场战略"，旨在通过一系列举措破除 28 个成员国之间的"制度围墙"，实现货物、人员、服务、资金、数据和信息等基础要素的自由流动，将欧盟打造成一个统一的数字市场，繁荣欧洲算力经济。欧盟从以下两方面营造要素有序流通的算力经济市场环境。

第一，打通成员国数据壁垒，促进数据流通。欧盟各成员国之间存在数据标准、接口等方面的差异，数据的通用性成为欧盟发展算力

经济的最大障碍之一。为此，欧盟采取一系列行动促进数据等生产要素在欧盟范围内的自由流动，包括统一管理规则、降低在线活动的准入门槛、消除不合理的地域封锁、简化税收规则等措施。2010年"欧洲数字议程"以及2015年"单一数字市场战略"，均开始强调创建统一数字市场，旨在通过打破成员国之间的网络壁垒，统一标准和法规，推动建立有关数字产品、资本与信息服务自由流动的统一市场。2020年2月，欧盟委员会发布《欧洲数据战略》，以算力经济发展为主要视角，概述未来5年欧盟委员会在数据方面的核心政策措施及投资计划，旨在打造有效安全的"单一欧洲数据空间"。以金融数据为例，欧盟通过立法要求金融机构发布数字产品、交换金融结果等重要数据，打造单一金融数据公共空间，推动欧盟统一的数字支付计划。

第二，建立数据产权与交易制度，规范数据流通。欧盟在《建立欧盟数据经济》文件中，填补了对于非个人数据保护制度的空白，呼吁针对非个人的机器生成数据设立数据产权，规范市场和交易，从而促进数据流通和增值。此外，为了促进数据访问和共享，欧盟委员会考虑基于"公平、合理、无歧视"条款建立数据许可框架，为中小企业和初创公司提供更公平的数据利用机会。同时，欧盟委员会通过创新数据交易模式，保障数据交易安全。2022年5月16日，欧盟理事会正式批准了《数据治理法案》，该法案创设了一种新型的第三方中立性的数据交易商业模式——"数据中介模式"，中立的数据中介机构以中间人身份促进数据汇集、流动、共享、交易，促成数据从数据源到使用者之间的流动，通过分离数据交易中的数据提供、中介和使用环节，将数据交易的双方关系变为三方关系，以提升社会对数据中介服务的信任度，促进数据的共享流通，降低数据交易的成本，推动构建新兴数据驱动型生态系统（见表13-3）。该法案对数据中介的设立、运营进行了严格的规定，数据中介不得将数据用于其他目的。此外，2022 年 2 月 23 日欧盟委员会发布的《数据法案》草案为企业间数据使用不平等问题提供了补充方案。中小型企业在进行合同谈判的过程中常居于不利地位，被迫接受不公平的交易条件，而这种不公平很可能阻碍数据的流通、使用、交易，提高数据流动成本。该草案指出，关于企业间的数据访问、数据使用的不公平合同条款问题，企业可以申请不公平性测试以判断合同条款是否公平。在数据流通的监管思路上，欧盟较为保守谨慎，倾向于加强数据保护。欧盟对数据流通的发展支持政策在 GDPR 的约束框架之内，GDPR 和《非个人数据自由流动条例》共同构建了数据在欧盟境内自由流动的规则。在数据跨境方面，欧盟禁止成员国编制非公共安全目的以外的、不合理的数据本地化要求。《非个人数据自由流动条例》有效降低了数据服务的成本，为企业的数据管理和数据分析提供了更多弹性空间和服务商选择余地，每年可以贡献至少 80 亿欧元的经济增长。在数据可携权方面，欧盟允许企业将其全部数据从一个网络转移到另一个网络，即企业可以充分利用云服务，为其 IT 资源选择成本最优的地点，自由切换云服务商或将数据存储在其自己的 IT 系统。

表 13-3　欧盟数据中介服务提供者可提供的三类服务

服务类型	具体内容
数据持有者（法人）与潜在数据使用者之间的中介服务	可能包括双边或多边交换数据，或创建能够交换或联合利用数据的平台或数据库，以及为数据持有者和数据使用者的相互连接建立特定的基础设施。
受欧盟 GDPR 管辖的个人数据主体和潜在数据使用者之间的中介服务	提供中介服务时，需履行特殊义务，包括协助个人行使 GDPR 规定的权利，向数据主体建议其允许的数据用途，并在允许数据使用者联系数据主体之前进行尽职调查，避免欺诈行为。

服务类型	具体内容
数据合作社的服务	为个人数据的数据主体、一人公司或中小微企业就数据处理条款和条件进行谈判。

数据来源：欧盟《数据治理法案》

保障个人和企业消费者的"消费主权"

欧盟作为全球最开放的市场之一，市场容量大且接纳性强，一直是全球算力服务的重要消费方，但对外尤其是对美国依赖程度极高。随着算力经济向各领域渗透，欧盟注意到，以 GAFA[①] 为代表的超级平台改变了消费服务的提供方式，本土消费者在越来越多的算力经济场景中被剥夺了做决策的权利和能力，这限制了消费良性发展。同时，与美国过度消费、超前消费相比，欧洲高福利国家众多，消费者偏保守，消费模式创新慢，"民生为本"更符合欧盟刺激消费需求的价值观，因此，保护本土个人和企业消费者的"消费主权"，成为欧盟释放消费潜力的切入点。

加强对消费者的权益保护，释放 C 端消费潜力

欧盟拥有约 5 亿名消费者，C 端算力市场需求强劲，但对外依赖程度较高。以电子商务为例，欧盟统计局开展的家庭及个人信息通信年度使用情况调查显示，欧盟电商网购人数快速增长。2022 年，欧盟 16~74 岁人口中，互联网用户数占比高达 91%，其中 75% 的欧盟民众曾通过电商渠道购买商品或服务。欧盟网购人数占比自 2012 年

---

① GAFA 指谷歌（Google）、苹果（Apple）、脸书（Facebook）和亚马逊（Amazon）。

的 55% 增长至 2022 年的 75%。《欧洲电商趋势报告》预测，2023 年，欧洲电商将再次出现高速增长，预计同比增长近 30%。2022—2026 年，欧洲电商市场预计将增长 80%（而在电商已经非常成熟的亚洲地区，预计同期仅增长 51%），规模将超过 1.1 万亿美元。但欧洲自身数字平台的力量较为薄弱，占据欧洲绝大部分市场的是跻身全球互联网企业排行榜最多的美国数字巨头，其迅速扩张为欧洲个人数据隐私安全带来极大隐患。在欧盟最大的三家电子商务公司中，亚马逊和易贝均来自美国，全球速卖通来自中国。

大型数字平台利用算力、算法挖掘数据价值，引导消费者决策，使消费者失去了选择的权利。例如，当消费者使用语音电子商务时，用户如果告诉亚马逊公司的 Alexa（语音助手）订购牙膏，得到的回应将是简单的一句"好的"以及执行，而客户无须提供有关产品或价格的进一步信息或选择，这完全无视了用户的消费者主权。

为解决消费者"失能"，使消费者夺回消费主权，欧盟强化了针对消费者的数字隐私保护，发布了 GDPR，对个人信息的搜集和使用都做了严格规定。2022 年 4 月，欧盟发布《数字服务法案》，旨在打造欧盟-成员国两级数字服务监管体系，规范数字平台，特别是大型数字平台在内容管理和消费者权益保护方面的责任，为消费者创造更好的消费环境。

《数字服务法案》是欧盟委员会提出的一套全面的新规则，规范数字服务中介将消费者与商品、服务和内容联系起来的义务。数字服务包括在欧盟运营的在线平台，如市场和社交媒体网络。委员会提出了一套单一市场中介服务规则，确保公司能够在其国内扩大规模，而免于不必要的法律负担。这些规则同样保护欧盟的所有用户，在安全方面保护其基本权利。该条例一旦通过，将直接适用于在欧盟提供服务的所有中介，人们必须履行新的义务。《数字服务法案》的提案规定了在线平台和其他在线中介机构的明确尽职调查义务，还包括与受信任的标记者和主管当局合作的措施，以及阻止流氓贸易商接触消费者的措施。它在内容删除以及投放广告方面向在线平台提出了更高的透明度要求。该提案认识到非常大型的在线平台对国家经济和社会的特殊影响，为这些大型在线平台设定了更高的透明度和问责标准。《数字服务法案》完善了打击网络非法内容和保障用户基本权利的机制，为平台增设了更多的义务，同时为不同规模的平台设定了不同的义务要求。在线平台有义务主动审查、处理和及时删除虚假信息、恐怖主义、仇恨言论等非法内容，审查其平台是否存在危险或假冒伪劣的第三方产品，并公开广告信息和推荐系统等，违规者将被处以最高达其年营业额 6% 的罚款。它还为覆盖受众最广、构成最大社会风险的超大型在线平台设定了风险管理义务和外部审计制度。超大型在线平台是那些欧盟中用户数达到 4 500 万的平台，这一数量占欧盟人口数的 10% 左右。

蓄力布鲁塞尔效应，为 B 端消费保驾护航

欧盟 ICT 市场力量强大，有能力将欧盟规则转换为全球规则。作为老牌的经济较发达地区，欧盟 2022 年 GDP 总量高达 15.81 万亿欧元（约 16.65 万亿美元），占全球 GDP 的 16.71%。伴随着经济发展，欧盟乃至整个欧洲孕育了庞大的 ICT 市场。IDC 在《全

球 ICT 支出指南》中预测，欧洲地区的 ICT 支出将在 2023 年达到 1.2 万亿美元（同比增长 4.2%），到 2026 年将超过 1.4 万亿美元。2012—2021 年，欧盟 ICT 产业的就业人数增长了 50.5%，几乎是总就业人数增长（6.3%）的 8 倍。强劲的需求已使欧盟乃至整个欧洲地区成为全球算力经济领域的关键市场之一，使得欧盟有能力单方面规范市场规则，发挥布鲁塞尔效应。随着算力技术进一步赋能应用，未来大部分数据将来自工业和专业应用、公共利益相关领域或日常生活中的物联网应用等领域。欧盟在这些领域实力强大，并针对性地采取举措，以"欧盟规则"保障企业消费公平。例如，在"平台即服务"和"软件即服务"领域，欧盟委员会推动在 2022 年第四季度之前为私人和公共行业的欧盟企业用户建立云服务市场，使潜在用户（尤其是公共行业和中小企业）能够选择在数据保护、安全性、数据可移植性、能效和市场实践等领域均符合欧盟要求的云处理、软件和平台服务产品。欧盟委员会推动编制关于数据处理服务公共采购的欧洲通用标准和要求，服务提供商参与市场将以透明和公平的合同条件为前提，保障微型企业和中小企业用户的消费权益。

欧盟充分发挥自身作为全球重要的算力服务消费方的地位优势，限制外来科技巨头对本地市场的蚕食。目前，欧盟算力经济发展趋于保守，尚无力在技术上与中美抗衡，但欧洲一直是美国数字科技巨头仅次于美国本土和亚太地区的第三大市场。美国最大的 7 家数字科技巨头 FAATMAN[①] 合计年度收入达到 13 858.795 亿美元，其中约有 20% 来自欧盟市场，因此欧盟借助制定国际数字规则来制衡中美数字科技巨头，为本土数字企业用户提供保护。2022 年 11 月正式生效

① FAATMAN 分别为：脸书（Facebook）、字母表（Alphabet）、亚马逊（Amazon）、特斯拉（Tesla）、微软（Microsoft）、苹果（Apple）和网飞（Netflix）。

的欧盟《数字市场法》，创新提出了"守门人"①概念，这一法案也被视为对美国以 GAFA 为代表的所谓"守门人"平台企业最新定制的义务清单，如果企业不遵守该法案，欧盟可以根据制裁机制对其征收高达其全球营业额 10% 的罚款。欧盟认定的核心服务平台几乎全部都是美国公司，包括在线搜索引擎、在线中介服务、社交网络、视频分享平台、通信平台、广告服务、操作系统、云服务，这些平台对欧盟内部市场有重大影响，是企业用户接触其客户的重要门户，并且享有根深蒂固和持久的地位，这可以赋予它们作为私人规则制定者和充当企业与消费者之间瓶颈的权力。《数字市场法》旨在防止守门人对企业用户和消费者施加不公平的条件，使市场中有更多的创新和选择。欧盟称《数字市场法》预计将引发约 130 亿欧元的消费者盈余。

> 《数字市场法》规定了守门人的各项义务，与其他企业在同一平台上提供的服务和产品相比，守门人自己的服务和产品排名不再不公平。它将禁止不正当竞争，为企业用户提供更多创新服务选择的可能性。如果消费者愿意，他们将更容易切换平台。它将为企业开辟新的机会，企业将能够创新，平等地与守门人的服务竞争。它将允许企业访问有关其产品或服务在第三方平台上表现的更多信息，随着消费者福利的增加，竞争的加剧有望在小型企业中带来更大的创新潜力，并改善服务质量，将能够更容易地吸引那些不再被守门人平台锁定的消费者。它将使小型企业和新进入者更容易成长和扩张，并与守门人平台竞争。它将使得消费者将能够看到哪些是最好的

① 根据欧盟《数字市场法》，月活跃用户数超过 4 500 万、市值达到 750 亿欧元的公司被视为提供核心平台服务的"守门人"。

选择，而不仅仅看到那些守门人希望他们看到的，从而为消费者提供更好的服务和更低的价格。明确界定的程序规则将确保快速决策，为企业用户和消费者提供快速优势。

重拾"芯片雄心"和升级"工业 5.0"

欧盟试图以自身具有优势的制造业为抓手，加强半导体制造业的生态建设，以应对半导体价值链存在的结构性缺陷问题，同时大力发展智能制造，升级"工业 5.0"，引领传统产业升级，将欧盟制造业高标准"出口"全球，增强欧盟在算力经济中的话语权。

加强半导体的生态建设，增强半导体供应链的韧性

欧盟国家是电气和稀土元素的净进口国，同时也是半导体生产所需设备的净出口国，作为全球半导体产业重要的组成部分，欧盟国家目前在芯片制造设备和原材料领域占据绝对优势，但在芯片架构、设计、制造方面处于落后水平，半导体产业结构性问题凸显。

欧盟在芯片制造设备和原材料领域颇具实力，但在芯片设计、制造等方面处于落后水平。在高端芯片制造设备环节，欧盟具有垄断优势，并一直拥有原材料壁垒。欧盟高度垄断高端芯片制造所需的光刻机市场，服务于 7 纳米及以下芯片制程的 EUV（极紫外光）光刻机仅有荷兰的 ASML 能制造生产，ASML 占据高端光刻机 90% 的市场份额。台积电、三星等全球领先的芯片制造商均在使用 ASML 的设备。此外，欧盟拥有全球唯一为先进芯片制造设备提供镜片和镜头的蔡司公司，其镜片精度是韦布空间望远镜的 200 倍；德国通快公司也

是光刻机用激光领域的全球领导者，其激光器能产生高达22万摄氏度的等离子体，用于产生EUV。在半导体材料领域，欧盟超过美国，仅次于日本，处于全球领先地位，可以提供尖端的晶圆。德国企业世创是世界领先的超纯硅晶圆制造商，300毫米晶圆的年产量达到84万片。德国化工巨头巴斯夫能够提供高纯度的精加工光刻材料、完善的铜元素电化学沉积方案以及3D-TSV封装技术等。欧盟还在芯片制造所需的化学和材料技术方面拥有雄厚的积累。在高端芯片设计制造领域，欧盟明显落后，未来各类高新产业发展或存在供应链风险。根据欧盟公布的数据，在半导体供应链上，欧盟在设备制造领域的市场份额为23%，在原材料/硅片领域占14%，在芯片设计领域占8%，而在IP/电子设计领域仅占2%。在芯片设计环节，全球十大芯片设计企业中，美国企业占比过半，而欧盟未占据一席。在设计工艺方面，目前欧洲也没有能够从事7纳米芯片设计的公司。

欧洲半导体产业高度依赖亚洲和美国的晶圆代工厂，本土的半导体制造业薄弱。随着全球化背景下的产业链持续重构，欧盟在全球半导体市场中的产值份额已经从2000年的24%下降到现在的8%。全球芯片制造排名前五的企业中缺少欧洲公司的身影，欧洲公司严重依赖亚洲的芯片制造商。目前欧盟仅有德国的Globalfoundries（格罗方德半导体）、博世、英飞凌，法国和意大利的STMicroelectronics（意法半导体）以及荷兰的恩智浦能够生产现代工艺芯片，在全球产能中仅占10%的份额，且产品性能相较于美国、韩国等企业呈现代际差距。目前欧洲并无10纳米以下产能，10~20纳米产能仅占全球市场份额的5%，高端芯片设计制造工艺短缺。究其原因，一方面，这在于欧盟缺乏大型计算机制造商，手机制造商也在快速衰落，本土芯片需求不足，半导体企业投资未跟上；另一方面，欧洲制造成本偏高，使得组装、测试和封装等芯片生产环节持续向东亚地区转移。目前，欧盟的芯片制造主要集中在 22 纳米及以上相对成熟的工艺节点，不具备 7 纳米及以下制程的高端芯片制造能力，后者的制造主要集中在韩国和中国台湾地区。

长期以来，欧盟芯片存在设计上依靠美国、供给上依靠亚洲的"双重依赖"，最近两年新冠疫情造成的全球性"缺芯"不断冲击着欧盟脆弱的供应链，导致几乎所有欧洲车企都曾因"缺芯"停产减产。欧盟为防止在全球芯片产业中被边缘化，确保欧盟在新一轮数字革命中占据一席之地，必须"把命运掌握在自己手中"。为应对欧盟半导体价值链布局不均，弥补产业短板，欧盟推出一系列政策工具来重塑半导体产业生态，促进集体行动，以重建欧洲本土的生产能力，扭转半导体生产外包的趋势，强化芯片供应链稳定性，减少对外依赖。2022 年 2 月，欧盟委员会公布《芯片法案》，要求欧盟在 2030 年之前，投入 430 亿欧元资金，支持芯片设计与制造，强化欧洲在技术方面的领导力。2022 年 7 月，欧洲议会通过《芯片法案》，法案要求，到 2030 年，欧盟芯片产量占全球的份额应从目前的 10% 提高至 20%，满足自身和世界市场需求。除《芯片法案》及"欧洲共同利益重要项目"（IPCEI），欧盟还通过地平线欧洲以及数字欧洲项目等，多管齐下，扶持芯片产业发展。2023 年 6 月，欧盟宣布"欧洲共同利益重要项目"，计划投入 220 亿欧元用于芯片项目补贴，其中，81 亿欧元为国家援助，约 137 亿欧元为私人投资。该项目涉及来自 19 个成员国、56 家公司的 68 个科技项目，有望扩大整个欧洲芯片供应链的影响力。

率先升级工业 5.0，掌控全球制造业话语权

欧盟制造业积淀深厚，积极发展智能制造，推动产业升级。欧盟在化学、机动车辆、机械等传统制造业领域具备优势，但根据欧盟委员会在 2021 年 5 月发布的新产业战略，欧盟在人工智能、半导体、锂电池等重要领域已逐步丧失领先地位，在电动汽车领域发展较为滞后。为巩固在全球制造业中的地位，掌控全球制造业话语权，欧盟制定了智能制造战略。欧盟提出《绿色协议工业计划》，以增强欧洲净零工业的竞争力。德国深化工业 4.0 战略，推动德国工业全方位升级。法国公布"再工业化"计划，提出一系列扶持绿色产业及欧洲汽车、电池制造业的措施。意大利推出"意大利制造"法案，旨在促进制造业发展及完善相关制度。其中，工业 4.0 是德国首次将自己在高技术领域的创新理念推向全球的重大尝试，也是针对全球第四次工业革命拿出的德国方案。德国自身经济规模的局限性，造成其在互联网时代已明显落后中国和美国。从历史发展上看，搜索引擎、电子商务、IT、社交网络、互联网金融等一整套建立在互联网层面的商业模式创新都首先在美国孕育出来。同时，中国等新兴经济体依托国内庞大的市场，不断升级迭代产品的新技术。德国要改变这种被动局面，继续保持在产业高端环节的地位，只能发挥其制造业的技术优势，依靠智能技术，通过研发新的设计平台，重点发展工业互联网和家用物联网等"依托线上，赋能线下"的模式，将"德国制造"进行升级。德国工业 4.0 可以概括为一个核心、两重战略和三大集成。一个核心是"智能 + 网络化"，通过 CPS（信息物理系统）构建智能工厂。两重战略是打造领先的市场策略和领先的供应商策略。德国不仅要培育 CPS 的应用市场，也想成为全球智能技术的领导者。三大集成是横向集成、纵向

集成和端对端集成。德国希望继续保持本国中小微企业在可出口产品方面便利地享有国际市场，同时确保欧洲的技术主权、技术标准、技术规范和技术证书在国际上的权威，在不断抢占全球价值链最高点的同时，继续树立德国制造的技术标准，巩固德国品牌在全球的影响力。

随着全球气候变化、资源短缺等问题凸显，在"后疫情时代"下，算力经济对环境、社会和可持续发展的要求变得越来越迫切，工业4.0的局限性日益显现。此外，欧盟的制造业具备传统优势，欧盟亟须将这种优势最大化发挥出来，并将其蕴含在工业标准、发展模式、限制领域当中，推动"工业X.0"成为全球制造业的通用范式，使欧盟既可以在平日高举"指挥棒"，又可以在关键时刻挥舞起"狼牙棒"。在客观环境的新要求和欧盟战略的新需求下，2020年，欧盟将工业4.0升级为工业5.0，明确将工业5.0设定为未来10年制造业发展的关键，推动工业生产模式和技术发展趋势进一步向可持续、以人为本和韧性弹性的方向转型（见表13-4）。

表13-4　工业4.0与工业5.0的差异

领域	工业4.0	工业5.0
发展模式	通过利用数字化和人工智能等技术，提高生产效率。	强调竞争力和可持续性相结合，并将其作为转型的主要动力。
技术特点	以生产活动的网络化为主要技术特点。	权衡具有替代性的多种技术治理模式的不同影响。
经济发展理念	与传统商业模式的"最优化"标准一致，即实现成本最小化和利润最大化，为股东提供最大的回报。	支持以人为本的技术方法，通过应用数字设备向员工授权；强调可持续性和复原力，通过逐步向可持续技术过渡，将企业的责任范围扩展到整个价值链。
社会效益	对自然资源可持续利用、气候环境变化、社会全面发展等问题涉及较少。	突出劳动力福祉、生态效益等发展成果，并引入相应的指标体系。

数据来源：欧盟委员会工业5.0系列文件

第十四章
日韩着力强化细分领域领先优势

日本、韩国的算力经济发展之路是中小国生存之道的典型代表。日韩本土资源少、人口少、市场小，在算力经济竞赛中无法全向发力，只能集中力量朝单项冠军发展。选择发展方向时，日韩不约而同地意识到信息文明时代是算力的天下，谁掌握了核心科学技术，尤其是算力的核心芯片技术，谁就能在竞争中拥有一席之地。因此，日韩不走重规模、重资源的大国道路，而是将细分领域优势作为破阵长矛，以期在大国竞争中搏杀出一条以科技产业尤其是半导体产业带动算力经济全局发展的特色之路。在半导体产业的引领下，日韩生产能力蓬勃发展，但本土消费需求较为薄弱，因此转向拓展新型消费与海外市场。此外，日韩均结合自身特点积极加强基础设施建设、先进技术布局、数据资金流通体系构建及政府数智化转型，为算力经济发展提供有力支撑。

以半导体生产构筑算力经济核心优势

虽然主攻半导体的方向一致，但日韩拥有不同的发展路径，在竞争与合作中逐步确立了自身的独特优势。日本以政府力量为主导，一度站到了全球半导体之巅，在经历波折后虽有低迷，但近年来持续发力，在原材料和设备等关键上游环节重拾信心。韩国则以财团力量为核心，把握时代机遇，攀至半导体制造尤其是存储芯片领域的顶峰。除半导体等科技产业外，日韩同样积极推进制造业转型升级，新兴与传统产业两手抓，形成推动算力经济齿轮运转的不竭动力。

日韩分别以政府、企业为主导，抢占半导体产业制高点

日韩半导体产业在全球具有举足轻重的地位。纵观历史，日韩半导体经历了从日本崛起到韩国接力，再到激烈竞争与合作牵制并存的曲折历程，两国产业发展思路并不相同，日本以政府为主导，韩国则以财团为核心。

（1）日本依靠国家主导的产业政策，曾在全球半导体市场占据绝对领先地位

技术引进：日本踏上半导体发展之路。二战后，日本因政治立场、地理位置、工业积淀、劳动力低廉等因素被美国选择，成为其瞭望亚洲大陆的桥头堡。这一选择不仅体现在政治、军事领域，也明确体现在科技产业领域。20世纪五六十年代，美国向日本转让了数百项半导体技术。1953年，东京通信工程株式会社的盛田昭夫亲自带队赴美交流，以2.5万美元的"白菜价"从美国引进了当时全球最先进的晶体管技术。借助这项技术，东京通信工程株式会社在1955年生产了世界上第一款袖珍收音机，并将公司名称改为"索尼"。1957年，日本政府颁布了《电子工业振兴临时措施法》，支持日本企业学习美

国先进技术来发展半导体产业，于是日本企业纷纷开启出海学习之旅。1962年，NEC（日本电气股份有限公司）从美国仙童半导体购买了平面光刻的生产工艺，日立、东芝也和美国的RCA（美国广播唱片公司）、通用电气等达成了技术转让协议；1968年，德州仪器与索尼合资办企并开始对日本公开基本专利。在美国的技术帮扶下，东芝、三菱、松下、索尼、NEC、夏普等电子企业迅速出现和成长，日本半导体产业就此形成。

大力扶持：日本政府集中资源进行自主研发和大规模生产，半导体产业迅速崛起。日本在技术引进过程中逐渐意识到，只靠学习和模仿难以实现实质性超越。1958年，美国发明了世界上第一枚集成电路芯片，在技术上整整领先了日本一代。因此，日本开始集中力量办大事，从模仿改进走向本土化创新。在这一过程中，日本政府并非以监管者身份管控市场发展，而是亲自"下场"，以参与者角色积极开展政策扶持，依靠举国之力集中资源进行研发和大规模生产，通过财政倾斜迅速将半导体研发资金占总研发支出的比重由20世纪70年代初的2%提升至20世纪80年代的26%，全力帮助日企提升半导体实力并迅速抢占市场，至此日本半导体产业迅速崛起。

在日本政府的扶持政策中，最为典型的就是日本通商产业省牵头的超大规模集成电路（VLSI）项目，该项目以"政府+企业+科研机构"的"官产学"模式敲开了日本半导体黄金时代的大门。1976—1979年，日本通商产业省从下属的电子技术综合研究所遴选出具备与集成电路相关的从设计、生产到测试全过程综合知识和协调能力的半导体专家，由他们牵头组织日本最大的5家计算机企业——富士通、NEC、日立、东芝和三菱电机组成了"超大规模集成电路技术研究组"，攻坚产品研发、半导体材料、光刻工艺以及封装测试技术。研究预算高达 2.8 亿美元，其中近一半资金来自政府，项目成功后，研究组以缴纳收益的形式把国家补助归还国库，专利权归发明人所属公司所有。经过 4 年合作，整个项目在所有技术研究目标中产生了 1 000 多项新专利，极大推进了日本本土的半导体制造知识及技术，使日本从追随者转变为领跑者。其中极具代表性的成果是光刻胶和电子束光刻技术的突破，这为大规模制造更复杂的半导体铺平了道路，也为日后日本在半导体材料及设备领域的长期领先打下了坚实的基础。在多项技术实现巨大突破的推动下，这场浩浩荡荡的研发计划最终以日本创造出一套国产产业链，摆脱对美国的依赖并先于美国研发出 64K 集成电路、256K 动态储存器，完成对美国技术的赶超而完美落幕，奠定了日本在 DRAM（动态随机存取内存）市场的霸主地位。

问鼎全球：20 世纪 80 年代，日本半导体产业迎来了最辉煌的巅峰时期。彼时美国惠普在测试了日本芯片后报告称，三家日本公司的芯片在前 1 000 小时的故障率都没有超过 0.02%，而三家美国公司芯片的最低故障率为 0.09%，是日本的 4 倍多。在确保优良品质的同时，日企采用"价格永远低 10%"的策略，使得 20 世纪 80 年代日制 DRAM 在全球市场所占份额不断上升，1982 年超越美国，1987 年达到顶峰（约 80%），6 家日本企业跻身全球芯片公司排名前十，在市值和专利申请方面完全碾压美国等竞争对手。此外，日本还以消费需求为牵引，利用芯片技术开拓了消费电子产品的新优势，极大地拉动了半导体生产。1979 年，就在美国惠普提出美国芯片质量问题的几个月前，索尼推出了便携式音乐播放器——随身听，这一产品创新集成了 5 块尖端集成电路，累计在全球售出 3.85 亿部，成为历史上最受欢迎的消费电子产品之一，在彻底改变了音乐行业的同时，也为日本半导体走向国际打开了又一扇大门。

盛极而衰：在美国强势打压之下，日本半导体产业进入衰退期。日本半导体产业的迅速扩张激起了美国的紧迫感与危机感，美国政府不再将日本视为紧跟在身后的盟友，而是一个日益强劲的竞争对手，并多次向日本施压。1985年美国针对日本半导体产业发起第一次301调查，双方于1986年达成第一次半导体协议，该协议要求日本向外国半导体企业开放市场，并引入价格监督制度。1987年，美国再次指责日本向第三国倾销并征收100%的惩罚性关税，双方于1991年签订第二次半导体协议，该协议要求日本承诺让美国在日本半导体市场的份额提升至20%。两次日美半导体协议的签订叠加《广场协议》等全方位制裁，使得日本的政策支持力度骤降、价格优势瞬间丧失，日本难以跟上个人电脑崛起的时代风潮，市场份额逐渐被韩国、中国台湾厂商侵蚀。日本政府尽管后来再次尝试集中力量将多家半导体厂商的DRAM业务合并，成立尔必达公司，试图扶大厦于将倾，但因无法形成合力，在亏损红线上苦苦挣扎，最终还是走向破产结局。从此，日本在DRAM领域止步不前，成为电子产业黄金年代尴尬的旁观者。

（2）韩国携财团之力赶超日本，成为半导体市场新的主导者

低调蛰伏：韩国以来料加工模式开启半导体之旅。早在20世纪50年代，韩国就看到了半导体的发展机遇。为了引进资本和技术，韩国政府放宽了投资限制，吸引大量外国半导体企业进入韩国市场。韩国企业在廉价劳动力支撑下，采取颇受欢迎的来料加工模式进行生产。韩国半导体产业作为以美日为主的半导体厂商投资的组装基地起步，产品主要为记忆芯片、二极管、三极管等。1959年，LG公司的前身"金星社"研制并生产出韩国第一部真空管收音机，这被视为韩国半导体产业的启航。

伺机而动：把握日本衰落时机，韩国通过多种渠道培养和推动企业进入半导体领域。20世纪70年代，韩国轻工业出口比例下降、外债上升等多重因素叠加，致使经济下行，彼时韩国政府认识到半导体对经济发展的重要性，且不再满足于仅仅扮演加工者的角色，而是想真正进入半导体产业的核心环节，恰逢美国对日本态度转变，这为韩国打开了机会之窗。美国对日本的忌惮使其在制裁、打压日本半导体产业的同时，也开始着手培养一个能与日本抗衡且在美国掌控范围内的盟友，最好的选择便是当时已在生产领域与美国高度合作的日邻——韩国。于是，美国在技术转移等方面对韩国大开方便之门。同时，韩国政府和企业也开始加大马力，自主研发半导体技术。1975年，韩国政府公布了扶持半导体产业的6年计划，强调实现电子配件及半导体生产的本土化，而非通过跨国公司的投资发展半导体产业。此后，韩国政府持续为四大主要半导体企业提供了大量的财政、税收优惠以及研发支持，为韩国半导体产业未来的自主发展奠定了坚实的基础。以1983—1987年实施的半导体工业振兴计划为例，韩国政府投入3.45亿美元贷款，还引入20亿美元的私人投资，芯片产业开始快速起步，其间政府一路追踪各大财团的投资方向，现代公司甚至曾因未设立电子子公司而受到警告：不加注研发，就会被淘汰。

在此过程中，以三星为代表的财团迸发出强大的企业力量，实现技术赶超，开始主宰行业。为牵制日本，美国美光科技公司将64K DRAM技术授权给三星。三星在美韩两国分别设立两支研发团队，并最终在1983年底宣布研发出64K的DRAM存储芯片，次年完成批量生产。自此，三星全力进军存储芯片领域。20世纪80年代，DRAM市场进入低潮期；1984年，内存芯片单价从4美元暴跌至30美分，美日多家企业都选择了缩减产能或退出市场。当时三星的成本是 1.3 美元，即三星每卖出 1 枚内存芯片，就会亏损 1 美元。在这种情况下，三星仍然坚定地保持逆周期风格，持续加大投资力度。到 1986 年底，三星半导体累计亏损达 3 亿美元，但在韩国政府的强力支撑下，三星挺过了价格低谷，成功迫使 DRAM 领域的多数竞争企业走向负债破产，由此大幅提高自己在 DRAM 领域的市占率，奠定并巩固了自己的霸主地位。1996—1999 年三星再次发起价格战，此时的三星在 DRAM 技术上已经赶超了日美，在此次价格战中，日立、NEC、三菱的内存部门不堪重负，被母公司剥离，东芝则宣布自 2002 年 7 月起不再生产通用 DRAM，日本 DRAM 幸存者尔必达也在此后几年不堪重负，走向破产。三星抓住进攻机会，成功清除了大批竞争对手，度过了发展困境并进一步扩大了市场份额。1999 年后，三星成为韩国第一大集团，韩国 DRAM 的市占率超过日本，成为新的行业霸主。

凯歌高奏：韩国坐稳 DRAM 头把交椅。正是由于如此庞大的资源集中于少数财团，韩国企业才可以迅速进入资本密集型的存储芯片生产领域，并最终克服生产初期巨大的财务损失，实现跟跑、并跑到领跑的跨越，从美国、日本手中接过存储领域的桂冠，并将领先的地位保持到了今天。根据半导体市场调研机构 IC Insights 的统计数据，从营收来看，在全球前三大半导体公司中，韩国的三星、SK 海力士就占据了两席，是 DRAM 领域当之无愧的全球主导。

（3）当前，日韩各自雄踞一方、竞合并存，抢夺未来半导体产业掌控权

在算力经济高速发展的当下，日韩更加重视半导体的重要战略地位，纷纷加大布局力度，竞争与合作并存。日本政府加码半导体产业

扶持政策，力争重回巅峰，韩国则延续"政府＋大财团"的思路以保持其自身优势。

日本在 DRAM 领域衰落后退守原材料和设备领域，在全球半导体产业中依然占据关键地位。20 世纪 90 年代，日本政府再次"下场"，希望通过对基础研究的投入复苏半导体产业。1995 年，日本出台了《科学技术基本法》，并计划此后每年往科学领域投入 4 万亿~5 万亿日元。依靠此前持续积累的创新积淀、基础科研的长期投入和"一生做好一件事"的匠人文化，日本至今一直维持着半导体设备及材料市场的霸主地位。半导体原材料前段工序常用的材料有 19 种，其中 14 种都由日本企业主导，就集中度最高的硅片而言，日本信越、胜高占据硅片市场半壁江山；就其他细分市场来说，松下电工、住友金属、田中贵金属、东京应化、日立化学等公司均是行业翘楚。在半导体设备领域，日本东京电子、尼康等企业也一直占据核心地位。2021 年，在全球营收排名前 15 的设备厂商中，日本公司占据 7 家，营收合计 370 亿美元，营收总额仅次于美国设备商。

卡位上游：日本政府对外施加贸易壁垒，阻止竞争对手，对内加大政策扶持力度，做大做强龙头日企，以期重振尖端半导体产业。为了重回巅峰，日本围绕自身半导体原材料和设备优势推出多项举措。对外政策方面，日本政府对多种高性能半导体制造设备实施出口管制，其中最为典型的就是对韩国半导体产业的封锁。2019 年 7 月，日本经济产业省宣布限制对韩出口含氟聚酰亚胺、光刻胶、高纯度氟化氢三种材料，其中含氟聚酰亚胺是部分 OLED（有机发光二极管）面板的原材料，光刻胶是光刻工艺的关键材料，高纯度氟化氢是清洗芯片用的化学材料，韩国在这三种材料上对日本的依赖度分别高达 93.7%、91.9% 和 43.9%，该限制严重影响了韩国半导体行业的发展进程。对内政策方面，日本发布多项扶持举措，努力实现半导体复兴。日本于2021 年 6 月发布《半导体数字产业战略》，将半导体数字产业上升为国家战略，予以高度重视，计划到 2030 年将国产半导体销售额提高两倍，至 15 万亿日元，同时联合八大巨头设立高端芯片公司 Rapidus，目标是在 2027 年实现 2 纳米芯片量产。

而韩国方面，经过长期积淀，韩国在存储芯片领域的优势越发突出。三星和 SK 海力士在 DRAM 和与非型闪存市场居于绝对优势地位。据统计，在 DRAM 市场，2021 年全球前三大半导体公司里，韩国占据两席，三星以 43.6% 的份额位居第一，SK 海力士的市占率为 27.7%，排名第二，仅这两大公司就包揽了全球 71.3% 的 DRAM份额。在与非型闪存市场，2022 年二季度，三星和 SK 海力士占据全球 52.9% 的市场份额。在其他领域，韩国企业也有局部亮点，比如在芯片制造方面，三星占据全球市场份额的 8.7%。在原材料方面，SK Siltron 是全球第五大硅片制造商，全球市场份额为 9%，LG 化学在多个细分领域表现不俗。

雄心勃勃：韩国政府携手企业，深耕半导体研发，持续推进关键技术国产化以巩固产业链话语权。2018 年，韩国政府出台半导体研发国家政策计划，该计划主要涉及人工智能、物联网、新世代半导体生产设备及材料三大领域。2021 年，韩国政府公布了半导体战略规划，政府将联合企业一起建立集半导体生产、原材料、零部件、设备和设计等为一体的高效产业集群，目标是在 2030 年前构建全球最大规模的半导体产业供应链。2023 年 5 月，韩国政府发布半导体技术路线图，涵盖下一代存储器半导体、人工智能、6G 网络、电力和汽车的芯片设计技术及微粒化和封装技术的发展等。在多项政策的推动下，韩国在日本对上游设备材料的卡位限制中实现了自身技术的大幅提升，产业链的全局掌控力度进一步提升。韩国贸易部称，韩国 2018 年从日本进口的用于生产芯片的产品占总量的 34.4%，但到 2022 年这一比例下降到 24.9%。以氟化氢为例，韩国公司 Soulbrain 和 SK Materials 这 4 年间在该领域取得了长足的进步，助力韩国从日本进口的氟化氢按金额计算下降了 87.6%。

竞争之中，日韩或将再聚首。在半导体产业，日本在设备和材料领域有优势，韩国在产品上有优势，双方本就具有互补关系，长期对抗必然两败俱伤。同时，国际半导体局势也发生了深刻变化，美国对华全面遏制，要求三星中断对中国工厂追加投资，面对最大竞争对手台积电以及中国内地半导体产业链的崛起，三星电子只能将具有特定优势的日本企业作为强化合作的伙伴。在多重因素推动下，日韩半导体产业走向协同，在最近的两轮日韩首脑会谈中，两国领导人同意通过材料、零部件和设备公司的合作，共同建立芯片供应链，三星电子也准备在日本建设半导体研发中心，进一步加大双方合作力度。

纵观日韩半导体产业发展历程，双方始终围绕自身特色发展半导体产业。日本的特点在于由政府牵头形成聚合多方资源的产业合力，同时善于取舍、精准定位自身所长，通过基础研究的厚积薄发打造出关键领域的核心优势。韩国的特点在于，财团在政府支持下迸发出敢于突破、灵活高效的企业力量，高度重视研发创新以及国产化，快速吸纳先进技术并构建起自己的产业生态系统。

此外，值得注意的是，日韩通过细分领域优势在大国竞争中开拓出独特的小国生存之路。日韩的发展看似是两方的游戏，其实有第三方参与——美国。对于美国，日韩既离不开其支持，也不想完全依赖，但又害怕遭到美国的限制打压，再经历一次"失去的 30 年"。因此，日韩瞄准了与美国有所差异的细分领域实现深度发展，从而掌握了产业主动权。同时，日韩的竞合关系也深受美国影响。当前日韩迫于美国压力握手言和，但双方并非真心摒弃前嫌，而是彼此小心翼翼、互相制约，所有对策似乎都留有"后手"。在"强强联合"之下，未来仍然暗流涌动……

以信息技术赋能生产体系，积极推动制造业转型升级

在攻关半导体等新兴产业的同时，日韩也在加速传统产业数智化进程。

日本以物联网、人工智能等技术赋能生产体系，大力推动制造业的数智化转型。日本早在 2017 年即推出发挥自身高精尖制造业基础的"互联工业"战略，并于 2018 年发布《日本制造业白皮书》，通过推动全国适应数字化、智能化发展进程，将人工智能、物联网、云计算等技术应用到生产制造领域，以解决人口老龄化、劳动力短缺、产业竞争力不足等难题。面对全球经济下行趋势，日本加速推进数字化转型，以适应不确定的发展环境。自 2020 年开始，日本先后发布《制造业基础技术振兴基本法》《综合数据战略》等政策，推出强化工程链的设计力、加强数字化人力资源保障、在制造现场活用 5G 等通信技术三大战略，通过物联网、人工智能技术增强制造业企业应对变革的能力。当前，日本政府正号召企业积极搜集外界数据，借助人工智能建模预测企业与外部环境的变化，确保供应链安全，并鼓励制造业企业打破传统保守的商业习惯，以 3D 数据设计技术强化数字设计能力，促进制造部门与服务部门的协同，缩短"产品设计"到"商品交货"的周期。

韩国以中小企业为抓手，加速制造业升级。首先，韩国政府降

低中小企业数字技术应用障碍。韩国政府设立"数字服务凭证计划"，降低中小企业数字技术使用成本。该计划将中小企业与国内供应商联系起来，旨在通过补贴支持 8 万家中小企业使用供应商提供的数字化服务。中小企业应当在中小企业和创业部（MSS）认定的服务供应商和平台中使用代金券来支付数字化服务，范围包括电子签名工具、网络安全软件、视频会议解决方案和在线培训等。其次，韩国政府推进中小企业智能工厂建设。韩国政府推出了"智能制造扩散和推进战略"，为制造业中小企业购买生产设备、服务以及咨询提供资金支持。中央政府优化了资金支持方式，不再向企业提供补贴，而是通过区域工业园区给予支持。此外，韩国政府还积极促进中小企业贸易数字化。中小企业和创业部于 2020 年初开始运营"Buy Value，Live Together"（购买价值，共同生活）小企业电子商务平台，为小微企业提供在线销售渠道并推广其产品，同时拨款 762 亿韩元，支持微型企业数字化销售相关活动，该款项自 2019 年以来增长了 8 倍。

总览日韩算力经济的生产发展，其核心在于半导体产业，双方以自身优势为基础发展，目前基本形成了日本卡位原材料及上游设备、韩国主攻存储芯片制造的竞合格局，同时双方也以新兴技术产业为引领，推动传统制造业数智化进程。半导体产业的主齿轮与传统产业的副齿轮紧密咬合、高速运转，为日韩算力经济的发展带来蓬勃动力。

拓展新型消费与海外市场，弥补本土需求短板

与强劲的生产能力尤其是半导体产业优势不同，日韩在消费领域都面临着相似的困境，即因人口、经济等原因，消费能力较为低迷，本土供需极不匹配。因此，日韩将目光投向新型消费与海外市场，在

国内积极开拓元宇宙等消费新场景，创新消费需求，在国际上以半导体等优势产品抢占全球份额，从而消化本土产能。

本土市场动能不足，传统消费需求增长见顶

日韩正在面临低生育率和人口老龄化的巨大挑战，人口规模持续缩减。日本早在 1971 年就进入了老龄化社会，是亚洲地区最早迈入老龄化的国家之一。日本厚生劳动省公布的 2022 年数据显示，日本 2022 年新生婴儿数为 79.97 万人 [1]，较上一年减少 4.3 万人，且连续 7 年减少。在老龄化方面，日本目前 1.257 亿的总人口中，65 岁及以上人口占比超过 29%。[2] 韩国虽晚于日本进入老龄化社会，但人口下滑速度现已超越日本，正遭遇着严重的人口危机。据韩国政府公布的最新数据，2022 年韩国全年出生人口为 24.9 万人，人口生育率已下降至 0.78，在全球主要国家中排名倒数第一，且总人口自然减少 12.38 万人，已连续三年下降。在老龄化方面，韩国 65 岁及以上人口占总人口的 17.5%，至 2025 年，预计将达到 20% 以上，这意味着韩国将从 2025 年开始正式进入超级老龄社会。

伴随着新冠疫情和低迷经济的影响，日韩本土消费市场增长乏力，尤其是传统消费持续放缓，汽车、电子消费也呈现下降趋势。日本总务省公布的调查结果显示，与 2022 年同期相比，2023 年 3 月，日本两人及以上家庭的平均消费支出扣除物价因素后环比降低 0.8%，同比实际降低 1.9%；与疫情发生前的 2019 年同期相比，家庭消费开支实际下降 4.2%。在细分市场领域，以汽车为例，CEIC（企业及创新教育中心）数据显示，自 1986 年以来，日本新车销量平均每年降低 0.28%，汽车等产业在国内市场陷入增长瓶颈。而据韩联社对韩国

车企 2022 年业绩进行分析的结果，前五大车企 2022 年在韩国本土销量同比减少 3.1%，为 138.8 万辆，创下 2013 年以来最低水平。在智能手机方面，市场分析公司 Counterpoint Research 的研究报告显示，2022 年韩国本土智能手机销量同比下降了 6%，三星电子公司在本土市场销量同比下降 2%，苹果公司的 iPhone 销量同比下降 0.4%，其他公司销售额也受到 LG 电子 2021 年退出手机市场的影响，比 2021 年减少 71%。根据日本 IDC 的最新统计数据，2022 年日本常规手机（包含智能手机和非智能手机）全年出货量为 3 430 万部，同比下降 8.1%。渗透率见顶的消费群体与持续保持在低位的经济增速难以刺激本土需求、激发市场消费活力。

创新细分需求场景，挖潜元宇宙消费新增长点

面对日益消减的本土传统消费市场，日韩两国将目光转移至新兴消费场景，通过政策支持、产学研联合等手段，大力发展以元宇宙为代表的创新市场，挖掘下一代消费增长极。

韩国态度最为积极，以政府产业政策为主导、科技公司技术创新为牵引，韩国强势发力元宇宙等新型数字化消费领域，致力于在 2026 年成为全球第五大元宇宙市场。一方面，韩国政府自 2021 年起陆续发布多个积极的产业政策，支撑元宇宙产业发展，拓宽元宇宙市场需求场景。在产业合作上，2021 年 5 月，韩国科学技术信息通信部发起成立了"元宇宙联盟"，联盟成员包括现代集团、SK 集团、LG 集团等 200 多家韩国本土企业和组织，旨在通过政府和企业的合作，在民间主导下构建元宇宙生态系统。在资金支持上，韩国政府推出数字内容产业培育支援计划，共投资 2 024 亿韩元，其中对

XR 内容开发支援 473 亿韩元，对数字内容开发支援 156 亿韩元，对 XR 内容产业基础建造支援 231 亿韩元。在场景拓展上，首尔市政府于 2021 年 11 月宣布建立元宇宙平台"Metaverse Seoul"（元宇宙首尔），该元宇宙政务平台以虚拟世界提供城市公共服务，未来将逐步实现市民和企业服务虚拟化，如举办虚拟跨年仪式、设立虚拟市长办公室以及提供金融技术、投资和"大学城"项目虚拟服务。另一方面，以三星、SK Telecom 为代表的韩国科技企业已在"虚拟数字人"领域拥有较为成熟的技术能力，现已面向大众消费市场推出多个产品服务，并获得较好的市场反响。韩国互联网巨头 Naver 于 2018 年推出的 ZEPETO 社交类产品以"捏脸系统"走红，并逐渐拓展为元宇宙社交产品，拥有虚拟化身、虚拟时尚、虚拟物品销售等要素。2020 年 9 月，ZEPETO 上举行了韩国偶像组合 BLACKPINK 的虚拟签名会，超过 4 000 万人参加；此外，ZEPETO 还进入了与娱乐领域密切相关的时尚赛道，并帮助各奢侈品品牌及潮牌提供可供试穿和购买的虚拟服饰等商品。截至 2022 年中，ZEPETO 已拥有 3.4 亿名用户。此外，韩国运营商 SK Telecom 于 2021 年 6 月推出元宇宙平台 Ifland，并从 2022 年 11 月开始积极向北美、欧洲、中东和亚洲等全球市场扩展，持续拓展德国、美国、东盟和南亚地区等新市场。Ifland 用户使用虚拟化身在特定的在线场景开展社交和娱乐活动。玩家可以和朋友、网友一起跳舞、交流，甚至举办篝火晚会等，在一个数字空间中进行交互。截至 2022 年底，Ifland 已积累了 1 280 万名用户。

日本立足 ACG（动漫、漫画、游戏）产业和 IP 资源优势，政产学研齐发力，积极探索元宇宙、虚拟空间等市场空间。在政策方面，日本政府多次通过调查研究、产业资助、立法规范等手段，扶持本国元宇宙行业有序发展。2021 年 7 月，日本经济产业省发布了《关于虚拟空间行业未来可能性与课题的调查报告》，归纳总结了日本虚拟空间行业现状以及亟须解决的问题，希望在全球虚拟空间行业中占据主导地位；2022年10月，日本首相岸田文雄表示将投资数字化转型服务，包括NFT和元宇宙；2023年6月，日本通过了《不正当竞争防止法等部分修正法案》，该法案旨在通过对元宇宙知识产权的保护，为初创企业等中小企业提供良好的发展环境。在产品拓展方面，2021年，日本互联网巨头GREE决定将子公司REALITY设定为旗下的元宇宙核心业务单元，并向其投资100亿日元，目标是在两到三年内面向全球拓展超过1亿名用户。GREE意在将REALITY打造成一个高自由度的元宇宙，用户可以制作自己的虚拟空间和虚拟物品，还可以通过参与元宇宙中的游戏和出售原创虚拟商品获得经济收入。目前，REALITY已在全球63个国家和地区开展手机虚拟直播服务，为数百万人提供虚拟直播体验。在学术研究方面，日本最高学府东京大学于2022年9月开设了专门研究元宇宙的"元宇宙工学部"，其课程将在安田讲堂的虚拟空间进行，并将向所有社会人士开放，尤其注重培养年青一代对信息技术的钻研和热爱。同时，此项目也将与索尼等公司联合，提供包括人工智能和下一代通信等4门课程。

日韩着眼全球，推动半导体等优势产品出海

日韩两国受地域和国土面积限制，国内自然资源相对贫瘠，经济发展高度依赖国际贸易。日韩两国国土面积狭小，所在的海岛、半岛的自然资源极其有限，需与其他国家进行贸易，换取必要的资源。2022年，日本GDP为4.23万亿美元[3]，其进口额为118.1573万亿日元，出口额为98.1860万亿日元[4]，分别占GDP的约21%和18%。

而韩国 2022 年的 GDP 为 1.66 万亿美元 [5]，其进口额、出口额分别为 7 312 亿美元和 6 839 亿美元 [6]，占 GDP 比重分别约为 44% 和 41%。从全球来看，2022 年日本、韩国分列全球第五、第七大贸易国，两国都成为全球市场中的中坚力量，打破了本土资源匮乏和市场狭小的限制，创造了经济腾飞的奇迹。

日韩形成了以进口工业原料和直接消费品、出口中高端工业制成品的贸易结构。两国国际贸易结构相仿，出口以电子、汽车等产品为主，进口则以石油、天然气、铁矿石、煤炭等大宗商品及原材料为主。以韩国为例，2022 年全年，韩国出口总额增速达 6.1%，其中，半导体、汽车、充电电池等产品出口位列前三，非存储芯片、电动汽车和 OLED 出口也创下新纪录；在进口方面，韩国 2022 年进口额同比增长 18.9%，其中原油、天然气和煤炭进口量占全部进口量的 26%以上。

新冠疫情导致全球芯片普遍短缺，日本、韩国加大以半导体为代表的技术密集型产业的出口力度，以获取更大的全球市场份额，在全球市场竞争中占据领先优势。日本企业在材料生产、半导体制造设备等方面具有明显优势，甚至在部分领域逐渐有寡头垄断之势。根据市场调研公司 Omdia 发布的数据，在半导体生产材料中，日本在光刻胶、晶圆、半导体键合金线、CMP（化学机械抛光）浆料、引线框架、光掩膜等方面的全球占比分别约为 90%、50%、50%、40%、40%、20%；根据日本 GlobalNet 公司的调查，在涂布显像设备上，东京电子占比近九成，在清洗设备上，SCREEN 控股和东京电子占比超六成，在划片机上，迪思科占比为七成。韩国以政府主导，集中资源发展信息通信技术等重点产业，主动对接国际市场需求，半导体、手机等产品出口规模屡创新高。韩国政府于 2021 年 5 月宣布"K 半导体"战略，通过税收优惠等手段支持三星电子、SK 海力士等企业，致力于在 2030 年前建成全球最大的半导体产业链，使韩国成为存储芯片和系统芯片的全球领导者。韩国科学技术信息通信部公布的数据显示，虽受全球经济低迷影响，但是 2022 年韩国信息通信技术出口量创历史新高，出口额达 2 333 亿美元，同比增长 2.5%；全年半导体出口额为 1 309 亿美元，同比增长 1.7%，占韩国国民出口总值的 20%；手机出口额为 147 亿美元，同比增长 4.9%。

然而，典型的出口导向型经济特征使日韩两国的半导体产业高度依附于美国等全球强国，出口规模受全球宏观因素影响较大。首先，全球经济形势持续低迷将拖累半导体产品出口。韩国关税厅 2023 年 5 月公布的数据显示，由于全球芯片行业长期低迷，韩国 5 月开始后 20 天内的出口量同比下降 16.1%，至 324 亿美元。一份韩国开发研究院（KDI）发布的报告显示，由于韩国半导体出口侧重于存储芯片，而受全球主要经济体收紧货币政策的影响，2023 年第一季度韩国存储芯片销售额大幅减少 56.3%，导致韩国半导体行业景气度已接近谷底。考虑到占半导体需求六成的电脑和移动设备的更换周期，预计韩国的半导体出口市场仍难以在 2023 年内复苏。为在日益激烈的全球竞争中巩固该国在半导体领域的领先地位，韩国科学技术信息通信部于 2023 年 5 月发布了芯片发展十年蓝图，提出未来十年确保在半导体存储器和晶圆代工方面实现超级差距，在系统半导体领域拉开新差距的目标。韩国科学技术信息通信部承诺支持半导体行业生产更快、更节能、容量更大的芯片，以保持其在已经领先的领域（如存储芯片）的全球主导地位，并在先进逻辑芯片方面获得竞争优势。其次，地缘政治因素将限制产业需求对接。2023 年 7 月，日本针对尖端半导体制造设备的出口管制措施正式生效，限制日本 23 项半导体设备面向除美国等 42 个"友好"国家和地区外的其他国家和地区的出口。虽然这项贸易限制在一定程度上是一项日本保护自身利益的举措，但从长远来看，这将影响日本与其他国家和地区乃至全球半导体产业链的供需对接，相关企业出口也将受到较大影响。

持续扩大资源投入，建强算力经济基础设施

日韩算力经济迅猛发展的背后离不开基础设施的有力支撑。日本秉持强烈的危机意识，加紧推动 5G、数据中心等基础设施部署，筑牢设备及能力的安全防线。韩国则通过大规模投资持续强化基础设施领先优势，以"数字新政"引领算力经济发展。

日本构建安全可靠、广泛覆盖的 5G、数据中心等基础设施

日本加紧推动 5G 部署，力争缩小与领先国家的通信基础设施差距。日本是最早启用 5G 测试和商用的国家之一，NTT Docomo、KDDI 和软银在 2020 年 3 月开始提供 5G 商业服务。在启动商用之初，NTT Docomo 和 KDDI 的目标是到 2025 年覆盖全国 90% 的地区，软银设立的目标则为 64%。[7] 2021 年上任的日本首相岸田文雄认为，日本 5G 部署落后于韩国和其他国家，故将 5G 和数字化置于其经济要务的最前列，宣称"现在是日本抓住这个机会的时机，推进日本数字化的关键在于基础设施"。岸田文雄表示，日本政府将大力投资下一代网络、光纤、海缆等 5G 相关的基础设施。2022 年 3 月，日本总务省发布完善 5G 移动通信系统、光纤网络等数字基础设施建设

计划，将截至 2023 年底的 5G 网人口覆盖率目标从过去的 90% 上调至 95%，并提供补贴，促进人口稀少地区的 5G 建设。尤其值得关注的是，日本推出了《Beyond 5G 推进战略纲要》，计划 2021—2025 年在 Beyond 5G 领域投资 1 000 亿日元，该战略假设 6G 网络的推出时间为 2030 年左右，日本设立了多个目标以实现"社会 5.0"，如从 2025 年左右开始，在研发领域建立关键技术，持有超过 10% 的 Beyond 5G 知识产权和标准化专利市场份额，并在 2030 财年之前创造 44 万亿日元的价值。[8]

日本还扩建地方数据中心，打造均衡分布的算力基础能力。数据中心等基础设施也得到日本政府的高度关注。随着云计算、大数据、人工智能等技术的迅速发展，其数据中心的需求持续增长，数据中心的建设逐渐成为推动经济增长和创新的重要因素。日本的数据中心主要集中在东京和大阪等大城市，电力供应稳定可靠，具备先进的冷却技术以保证数据中心的高效运行，还有充足的人力资源和科研机构支持，为数据中心的建设和发展提供了便利条件。日本政府在 2022 年提出，要改变目前数据中心集中于日本首都圈的现状，将用 5 年左右时间，以地方为中心建造十多处数据中心，在其他地区逐渐建设起完善的数据中心基础设施，使数据中心的区域分布更均衡，一方面满足地方经济发展的需求，另一方面加快分散数据中心布局以防备灾害。此外，日本还将新铺设连接日本海沿岸的海底光缆。

日本高度重视 5G 等基础设施的设备与能力安全，以期构建安全、可靠、开放的新一代信息基础设施。近年来，日本对基础设施及设备的审查越来越严格，陆续出台多项法规，其中，2022 年通过的《经济安全保障推进法案》引入了基础设施企业采购重要设备（包括系统）时需要经过政府事前审查的制度，允许政府对核心基础设施公司的设备进行筛选，提出"即使是在数据中心或云服务中建立的系统，并用于提供关键基础设施服务，引进这种系统的计划也应作为引进重要设备列入审查范围"。2023年4月，日本国家网络安全事件准备和战略中心（NISC）再度发布两份关于关键基础设施网络安全标准的修订草案，分别是《建立关键基础设施网络安全标准的准则》修订草案和《处理关键基础设施的网络安全部门风险管理手册》修订草案，对关键基础设施网络安全相关事项进行严格的审查与控制。在确保基础设施安全可靠的同时，日本着力推行 Open RAN（开放式无线接入网络），打造开放的网络架构，来增强自身通信技术的能力安全。日本主要通过无线基站的开放和标准化，实现与各厂商设备和系统的互联互通，这种开放架构可有效破解爱立信和诺基亚等供应商形成的寡头垄断，日本目前正在推动更深入的公私对话以实现这一目标。目前，NTT Docomo 和乐天移动在部署符合 Open RAN 标准的基站方面处于世界领先地位，NEC 和富士通则领导着 Open RAN 相关设备，由此可见，日本所谓的开放式网络架构，本质上是想利用"开放"这一策略削弱其他企业的领先优势，为本土企业在信息基础设施领域创造更多发展机会。

韩国力推"数字新政"，重点打造"数据大坝"

韩国持续强化基础设施领先优势，巩固全球模范数字大国的地位。韩国是世界上移动互联网最发达的国家之一[9]，96%的成年人都能接入拥有最高 4G 电信可用性和最快宽带上传速度的互联网；2019年，韩国成为世界上首个推出 5G 服务的国家，GSMA（全球移动通信系统协会）发布的统计数据显示，截至2022年3月，韩国拥有 2 290

万名 5G 用户，5G 用户占比达 45%，是全球 5G 使用率最高的国家之一。在通信领域的亮眼表现基础上，韩国政府仍在持续加大支持力度，强力推动算力经济基础设施发展。2022 年，韩国发布《大韩民国数字战略》，提出到 2024 年完成 5G 网络全国覆盖，抢占 6G 网络标准和专利，力争于 2026 年在全球率先展示 Pre-6G 技术，建设神经网络处理器、超级计算机、超大型人工智能模型等世界一流人工智能基础设施，挖掘信息文明时代的经济发展新动力。

韩国将算力经济作为后疫情时代经济增长的重要战略抓手，持续推进"数字新政"，聚焦"数据大坝"，促进大数据基础设施建设，为算力经济发展奠定良好根基。在应对新冠疫情的过程中，"韩国版新政"在 2020 年应声出台，其中"数字新政"是新政综合计划最核心的内容之一，主要涉及基础设施数字化建设与升级，计划在 2025 年前投入 58.2 万亿韩元[10]，重点加强建设数据大坝、智能政务、智能医疗、数字孪生等。其中，"数据大坝"项目是重中之重，该项目主要加强大数据平台建设，用于搜集和利用私人部门和公共部门的各种信息，使得中小企业和政府机构能共享与文化、交通、医疗保健、金融等有关的广泛数据。面对迅猛发展的数字化趋势，2021 年 7 月，韩国发布"2.0 版"新政推进计划。与之相对应，"数字新政 2.0"仍然是韩国政府的重要着力点。"数字新政 2.0"拟于 2025 年之前在算力经济相关领域投入 49 万亿韩元，2021 年投入 12.7 万亿韩元[11]，在政府主导下加强大数据基础设施建设，包括在 2025 年前在"数据大坝"中打造出 1 300 多个支持人工智能学习功能的数据库以及 31 个不同种类的大数据平台。"数字新政 2.0"计划构建 5G 差异化网络，逐步为部分区域提供所需的通信频段，在全国 31 万多个学校的教室安装和升级无线互联网，并在公交车站等公共区域安装和升级 1 万个高速 Wi-Fi 系统。在"数字新政 2.0"之后，韩国的扶持计划仍在进阶，2022 年 1 月，韩国科学技术信息通信部宣称已通过"数字经济实施计划"投入 9 万亿韩元的预算。韩国通过"数字新政"的持续迭代以及"数据大坝"等抓手项目，实现信息基础设施的升级，力图为全社会使用数据资源提供便利，以推动经济和社会结构广泛的数字化转型。

打造量子计算、人工智能等先进技术新优势

除 5G、半导体等当前基础设施建设、生产消费发展必备的关键技术外，日韩也在量子计算、人工智能等其他新一代信息技术领域寻找突破口，为算力经济竞争增加筹码。

日本押注量子计算，持续加大战略布局

日本将量子技术提升至战略高度。日本内阁在近年的《综合创新战略》中多次强调发展量子技术，2018 年提出采用战略性创新推进计划稳步推进光量子技术的发展，2019 年提出加强量子技术重要领域的研发支持和基地建设，2020 年和 2021 年进一步强调将量子技术作为战略性基础技术，推进基地建设和人才培养。2021 年，日本内阁制定《量子技术创新战略》，提出将量子技术与现有传统技术融为一体，综合推进量子技术创新，发展量子人工智能技术、量子生物技术、量子安全技术三大量子融合创新技术，并制定技术开发战略、国际战略、产业与创新战略、知识产权与国际标准化战略、人才战略五项战略。2022 年，日本内阁发布《量子未来社会展望》，提出在 2022

年内建成日本第一台"国产量子计算机"，要求到2030年把日本量子技术的使用者扩展到1 000万人，使基于量子技术的生产额达到50万亿日元，在金融、医疗、运输、航空等整个社会经济体系中引进量子技术，提高生产效率和安全性。

日本实施量子技术创新战略，建设量子技术创新基地。一方面，日本成立量子技术创新中心，建立大学、研究机构与产业的合作关系。日本根据技术特点，从基础研究出发，以大学和研究机构为中心，以日本理化学研究所为核心组织，汇集人才、技术等，成立了8个量子技术创新中心，依托这些中心，政府、大学、研究机构和企业建立合作体系，在基础研究、技术示范和人力资源开发方面进行合作。目前，一些中心已与企业建立了合作关系，例如大阪大学与丰田通商株式会社、QunaSys株式会社、亚马逊云科技公司等在量子计算机用例、机器学习应用研究、云环境、硬件软件连接等方面进行联合研究。另一方面，日本成立量子科学技术研究开发机构，支持量子生命与医学特色研究，促进人员交流，支持产业发展。2016年4月，日本通过重组国立放射线医学综合研究所与日本原子能研究开发机构量子束部和聚变部，成立了量子科学技术研究开发机构。量子科学技术研究开发机构下设量子生命与医学研究部、量子束科学部、聚变能源部及未来实验室，支持量子科学技术研究开发机构内部的跨机构研究以及与产业的合作研究。目前，日本已形成空间量子环境研发基地、脑疾病量子生物标志物药物发现基地等4个研究基地。为促进产学合作，量子科学技术研究开发机构设立了特别审查和研究费用税收抵免制度，在公司与量子科学技术研究开发机构进行联合研究或以合同方式进行研究时，公司可以抵免相应税收。此外，量子科学技术研究开发机构认证了4家风险投资公司，用于支持创业公司的建立，以最大限度地应用量子科学技术研究开发机构的研究成果。

日本开展量子技术和人工智能、生物、安全技术的融合创新，构建融合技术体系，以尽快实现高精度的商业应用。量子计算机对于特定问题的计算性能有望超过经典计算机，特别是其与机器学习、聚类等人工智能技术的结合，有望成为重要应用之一。因此，日本凭借在量子软件开发方面的优势将量子人工智能技术作为融合创新领域，研究有监督或无监督学习等量子经典混合计算、算法和系统架构开发。量子技术与生命和医疗相结合，以解决人口老龄化和延长健康寿命等问题，也是日本的特色研究之一。此外，从安全角度出发，日本将量子安全技术也作为融合创新领域，重点研究量子安全云、光量子网络加密，从而增强网络安全。同时，日本编制融合路线图，通过国家直接控制的大型项目，积极吸引企业投资，为每个量子融合创新领域提供优先研发支持。

在诸多举措的合力推动下，日本量子计算高速发展。日本已研发出相干伊辛机、量子密钥分配系统等前沿成果。2023 年 3 月，日本理化学研究所等研发的日本首台国产量子计算机正式投入使用，大学等机构的研究人员可通过云端利用这台量子计算机。这台量子计算机由日本科技公司 NEC 研制，采用了基于量子比特的超导量子位计算技术，它拥有 30 个量子比特，能够在非常短的时间内完成一些传统计算机需要数百年才能完成的任务。这台量子计算机的成功研制和使用，将进一步提振日本科技的信心，推动日本量子技术的创新和发展。

韩国聚焦人工智能，以期超越 IT 强国，走向 AI 强国

当前韩国人工智能技术略逊于美国、中国、日本等主要国家，但

韩国在ICT领域尤其是芯片产业拥有极强的竞争力，因此陆续发布《人工智能研发战略》《国家人工智能战略》等顶层规划，旨在集结国家力量，发挥自身优势，多措并举，实现"超越IT强国，走向AI强国"的愿景，在2027年将其人工智能竞争力提升至全球第三的位置。

选择关键领域，构建人工智能核心技术竞争力。虽然韩国人工智能技术也在快速发展，但是全球人工智能生态系统由美国主导，韩国与之存在较大差距。为此，韩国政府提出要善于选择和集中，确保优势领域竞争力。首要举措是提高人工智能芯片竞争力。新一代智能芯片是人工智能技术中的核心竞争技术，因此韩国政府进行超前性开发，在设计技术、元件、设备技术和工程技术上进行集中投资，确保韩国人工智能芯片技术处于第一梯队，同时抢先开发新一代人工智能技术。韩国还在其他国家未开发的领域进行预先投资，确保到2030年拥有5个以上核心技术，比如能够解释决策过程的人工智能、能够使用少量数据进行学习的人工智能等。

积极打造人工智能配套设施，强化人工智能强国基础。在硬件环境方面，韩国政府计划在2020—2024年建立光州人工智能园区，总项目经费达到3 939亿韩元[12]，拟建成包括数据中心、自动驾驶和能源等设施在内的人工智能综合中心，构建人工智能开发核心基础设施，为人工智能企业、大学和研究机构提供高性能的计算资源。韩国政府还重点推进数字化平台的构建，促进数据的开放和流通。韩国将公共领域分散的数据进行整合、分析和使用，搭建了多个政府部门的数据平台，开放大量的训练数据，总计15亿条[13]，并将领域扩展到了制造、教育、金融、自动化、体育等14个领域，这些数据将通过AI Hub（aihub.or.kr）逐步开放。韩国的各种举措旨在加强国家在超大型人工智能领域的竞争力，为韩国成为全球人工智能强国打下坚实基础。

大幅推进规制创新，为人工智能发展保驾护航。人工智能未来会给整个国家和社会带来颠覆性变革，韩国希望营造良好的制度环境，使创新类企业和研究人员可以充分进行自主创新。为此，韩国政府将从根本上转换现有规制模式，扩大"监管沙盒"制度应用，并对相关法律法规进行修改。韩国全面转变人工智能领域的规制模式，以"先允许，后规制"为基本方向，引入"负面清单"制度，即以"监管沙盒"的临时许可事项和实证后确实需要修订法律的事项为基础，通过迅速修订法律，促进创新成功案例的推广。同时，韩国制定符合人工智能时代发展需求的法律法规，并与全球人工智能领域的法律法规对接，提升韩国在国际人工智能标准制定中的话语权。

培养世界顶级人工智能人才，广泛提供人工智能基本能力培训。与发达国家相比，韩国人工智能人才严重不足。为此，韩国政府将以软件和人工智能为核心，全面改革教育体系，构建人工智能高级人才和专业人才培养体系，力争培养世界顶级人工智能人才。2020年起，大学必须提供软件和人工智能相关的基础教育，2022年起，软件和人工智能相关教育纳入中小学基本课程。韩国还针对特定职业提供人工智能技术培训。政府主持对新聘用的国家公职人员进行人工智能技能培训，提高其对人工智能的敏感度，还建立了线上军队教育平台，对军队的所有士兵进行人工智能基础素养教育。

构建灵活可信的数据、资金流通体系

在数智化浪潮下，算力的发展给数据、资本等生产要素带来颠覆性变革，日本、韩国均积极把握时代机遇，推进算力流与数据流、资金流深度融合，引算力"活水"畅通经济生态。

平衡数据流通的"安全有序"与"开发利用"

促进数据在国内、国际自由流通，既可以保证公众的知情权，又可以发展增加经济价值的新服务，但过度公开可能产生数据滥用、侵犯隐私等问题，因此数据保护和流通都需要进行相应的政策和制度界定。日韩两国的数据保护和跨境数据流动政策近年来不断演变，力求实现数据流的安全有序与价值释放的平衡。

日本将兼顾效率和信任作为国家数据治理的目标，期望构建可信赖、自由流通的数据市场。日本一直是国际数据治理的领导者之一。2021年6月，日本发布了首个全面的数据战略——国家数据战略，旨在为建立数字社会奠定基础。这一战略的核心价值观是"建成以市民为中心并兼顾效率和信任的社会"。在数据跨境流通领域，日本希望能"兼顾效率和信任"。2019年1月，日本提出了DFFT（可信赖的数据自由流动倡议）的概念，并于同年6月在大阪G20峰会上提议创建数据可自由流动框架的"大阪轨道"，与G7达成合作，加速推进制定数字经济相关的国际规则。DFFT通过解决隐私、数据保护、知识产权和安全方面的问题，促进数据的跨境自由流动并强化消费者和企业的信心。自提案提出以来，DFFT稳步发展，分别于2021年和2022年的G7数字和技术部长会议通过了路线图和行动计划。作为DFFT的主要倡导者，日本经济产业省现已启动了数据跨境传输的研究，以制定跨境数据顺畅传输的协调措施。此外，日本计划2023年在全球建立起一个聚集政府、企业、大学等机构的DFFT国际组织，该组织将构建涵盖各国相关数据规定的数据库，及时反映各国数据法规的变化，降低因信息闭塞而产生的法律风险。

韩国走在数据治理体系前列，在政府数据开放政策的框架下，韩国以"数据基本法"为核心，由各主管部门推进行业数据利用及流通。2021年10月12日，韩国颁布全球首部"数据基本法"，即《数据产业振兴和利用促进基本法》，旨在对数据的开发利用进行统筹安排，并为发展数据产业和振兴数据经济奠定基础。韩国总理办公室下设国家数据政策委员会，负责统筹管理国家数据产业政策。同时，韩国政府将系统化地扶持数据分析、交易供应商等专门的数据企业，培养数据经纪商作为数据经济的促进者，并构建数据价值评估、资产保护和争端解决机制等内容。2022年9月，韩国召开国家数据政策委员会第一次委员会，发布了对8个数据领域、5个新产业领域共计13个领域的改善计划（见表14-1），所有领域均落实到了各产业的主管部门，这表明韩国政府更加注重数据经济的产业属性。该计划还建立了个人信息保护监管机构"个人信息委员会"与各个产业主管部门的协调工作机制，在具体行业数据利用中建立个人信息保护的适当标准。"监管部门＋产业主管部门"的机制可为数据流通中"安全与利用间的平衡"提供有效的沟通协作平台。

表14-1 韩国国家数据政策委员会对数据产业的改善计划

8个数据领域	5个新产业领域
1.增加指定个人行政信息的提供对象（行政安全部）	1.可以通过工具条上的应用格式操作，快速应用一个单元的格式到一行、一列或者其他行
2.个人数据可携带权扩散到所有领域（个人信息保护委员会、保健福祉部）	2.制定城市公园内无人驾驶班车服务的安全标准和范围（国土交通部）
3.允许私人协会专门机构通过自组合假名信息向第三方提供（个人信息保护委员会）	3.允许自动驾驶机器人通过人行道（产业通商资源部、警察厅）

8个数据领域	5个新产业领域
4.支持组合假名信息的安全再利用（金融委员会）	4.促进数字化服务的直接购买（科学和信息通信技术部）
5.提高二元化的假名信息结合制度统一性（个人信息保护委员会、金融委员会）	5.执行线上视频服务等级分类制度（文化体育观光部）
6.促进人工智能学习使用数据的立法改革（文化体育观光部）	/
7.移动图像信息处理设备的个人信息搜集和使用标准（个人信息保护委员会）	/
8.建立明确的个人信息侵权处罚标准（个人信息保护委员会）	/

以数字货币加速资金流通

在信息文明时代，对经济发展的资金支持不只体现于利用算力、算法引导信用体系升级、优化资本流向，货币本身的数字化发展也是其重要体现。数字货币可以让货币直接流通到最终用户手中，使得资金流动更加便利、快速和透明。日韩在数字货币领域均有布局，但监管模式存在明显差异。

日本提出将Web3.0作为经济改革的支柱，试图放松数字货币监管政策，以弥补此前由于严格监管而流失的客户和资金。岸田文雄担任首相后，2022年6月日本议会通过了一项法案，明确了稳定币的法律地位，将其本质定义为数字货币，由此日本成为首批引入稳定币法律框架的主要经济体之一。此外，岸田文雄提出将Web3.0作为经济改革的支柱，日本政府在经济产业省下设一个专门负责Web3.0政策的办公室。该项目团队于2023年4月发表了一份促进本国加密行业发展的议案报告，这也是首相岸田文雄推广"酷日本"（Cool Japan）科技战略的一部分。该报告建议日本在 G7 峰会上展示领导力,讨论加密货币问题,并着眼于 Web3.0 的发展潜力,明确其在技术中立和负责任创新方面的领先地位。同时,该政府团队还提出进一步改革税收监管,包括对持有其他公司发行的短期内不打算交易的代币的公司实行税收减免。此前,日本对加密货币的监管方式较严格,在许多公司因沉重的税收负担离开后,日本正在努力为加密货币创造更有利的环境。

韩国加速推进央行数字货币落地,即将制定涵盖大型科技公司支付服务的数字货币监管规则。韩国央行于 2020 年初成立了专门研发数字货币的部门,负责 CBDC(央行数字货币)系统的研发,并对分布式账本技术开展 CBDC 技术可行性概念验证。2023 年 7 月,韩国央行宣布已完成对支付和结算系统的测试监督,其 BOK-Wire(银行间电子转账系统)+ 快速支付系统将升级为实时全额结算,并已采用 ISO 20022 标准,预计将于 2028 年正式实施。后续韩国央行将为调查智能合约的使用、近场通信离线支付和跨境支付等做准备,预计 2023 年下半年,韩国央行会将 14 家银行和韩国金融电信和清算研究所(KFTCI)与其模拟的 CBDC 系统连接起来,以验证其功能。此外,韩国央行正在开展央行数字货币监管讨论,包括加强对“大型科技”支付服务的监管,并增强应对“IT 运营风险”的能力等。

《数字资产法》即将出台,韩国致力于构建更严格、更全面可信的数字资产保护制度。2022 年 11 月,世界第三大加密货币交易所 FTX 因其自发行的代币而破产,引起广泛关注。随后,韩国金融委员会下设的金融信息分析院针对国内所有加密货币交易所发行的加密货币开展了全面调查。此外,韩国国内交易所拥有的 FTT(FTX 的代币)总额约 20 亿韩元,韩国金融部门还在检查韩国国内加密货币交易所持有的 FTT 代币的情况。使 FTT 代币上市的 GOPAX、Coinone、

Korbit 等加密货币交易所已经决定取消 FTT 的上市资格。2021 年韩国总统尹锡悦上任后，多次承诺整顿清除加密货币市场的不稳定因素。此次受加密货币交易所 FTX 破产的影响，韩国金融监管机构在国会上再度强调制定监管措施的必要性。据悉，韩国政府部门目前正在起草《数字资产法》。该法案将严惩涉及加密资产的诈骗与非法交易，韩国也将实施更详细的投资者保护措施，降低加密货币投资风险。

用数智技术赋能数字政府建设

日韩数字政府的发展程度存在明显差异。在经合组织数字政府指数中，韩国被列为世界上政府数字化程度最高的国家，但日本的数字政府建设进展缓慢。因此，日本政府分阶段加速转型升级的步伐，尝试研究基于人工智能技术的政务应用；韩国则因有良好的基础，稳步向数据决策的高级阶段迈进。

日本数字政府进程落后，"三步走"加速转型升级

日本首个数字政府计划已开启 20 年，但进展十分缓慢，全球数字竞争力排名靠后。日本政府于 2000 年 3 月推出首个数字计划"电子政务工程"，旨在通过互联网等网络系统办理各种申请、申报、审批手续，实施政府网上采购计划等工作。而 20 年后，麦肯锡公司的一项研究显示，日本只有 7.5% 的程序可以在线完成，多数政务服务只能依赖文书形式（如填写各种表格登记）或需要办事人前往地方政府办公处；据日本数字厅政务部门估算，1 900 项政府间工作流程仍依赖于过时的存储技术，如光盘、迷你光盘和软盘等；日裔美国作家

罗兰·凯尔茨在专栏文章中指出，2021 年夏季东京奥运会期间，部分国际运动员和媒体在推特上抱怨被要求签署大量日文打印文件。根据瑞士洛桑国际管理发展学院发布的 2020 年全球数字竞争力排名，日本在 63 个经济体中排名第 29 位，位于新加坡、韩国和中国大陆之后，在数字人才方面排名第 22 位。根据经合组织 2020 年的报告，日本在线服务在 31 个国家中排名垫底，仅 5.4% 的公民在公共办公室中使用数字应用，其水平远低于丹麦、爱沙尼亚或冰岛，后三者均达到了 70% 以上。由于对数字化转型的全局性和战略性认识不足，日本逐渐从数字政府的先驱变为落后者。

为适应社会数字化发展、满足国民政务服务需求，日本政府近年来采取多种措施加大数字政府建设力度。在第一阶段，安倍晋三政府确立数字政府计划，推动全社会的数字化管理。在第二阶段，菅义伟政府设立"数字厅"，构建更完善的数字政府。但由于日本数字化发展战略引导力度不大，政策效果也一直不温不火。在第三阶段，岸田文雄政府时期，日本开始大胆尝试 ChatGPT，研究基于人工智能技术的政务应用。随着 2023 年以 ChatGPT 为代表的人工智能技术在全球"大火"，岸田文雄政府于 2023 年 4 月组建了特别战略小组，制定相关的人工智能战略（见表 14-2）。该团队负责制定人工智能工具的应用规则，并研究如何利用人工智能技术提高政府的服务效率。根据该团队的内部会议决策，一方面，日本绝对不允许 AIGC 工具接触个人和企业数据等敏感隐私信息，并要积极采取预防措施，防范隐私泄露及其他风险；另一方面，日本可将人工智能工具应用到一些非涉密的政务场合，如在议会听证会前起草回答、在新闻发布会上预测问题、更新某些政务服务申请在线填写说明等，以提高流程效率、简化人工工作。日本政府正在寻求推进在政府工作中使用人工智能工具，并对技术应用的未知风险保持谨慎态度。我们可以看出，当前日本的数字化发展已进入新阶段，通过规划体系、机构设置、工具应用等多个举措，日本加大数字政府建设力度，体现出迎合世界数字发展形势、加速推动国家数字化的决心。

表 14-2　日本近期数字政府建设阶段

阶段	在任首相	时间（年）	具体举措
第一阶段	安倍晋三	2016—2020	1. 发表 IT 新战略报告《创造世界最先进的数字国家，推动官民一体数字行动计划》。 2. 内阁通过"数字管理实施计划"。
第二阶段	菅义伟	2020—2021	1. 机构改革，设立"数字厅"，推进政务在线办理。 2. 建立国家和地方政府统一标准化的数字信息管理系统。 3. 完善"My Number"制度。
第三阶段	岸田文雄	2021—2023	1. 大胆尝试 ChatGPT，研究基于人工智能技术的政务应用。 2. 研究预防措施，防范人工智能带来的隐私泄露及其他风险。

韩国着力数据价值释放，以数据决策助力政府治理

韩国政府高度重视数据要素发展，为数字政府建设打下良好基础。韩国政府于 2020 年 1 月通过了旨在扩大个人和企业可以搜集、利用的个人信息范围，搞活大数据产业的"数据三法"，即《个人信息保护法》《信用信息法》，以及《信息通信网法》修订案，其中核心是《个人信息保护法》，主要内容是在没有本人同意的情况下，政府可以将经过处理、无法识别特定个人的假名信息用于统计和研究等目的，其内容还包括将监督误用、滥用、泄露个人信息的机构划归个人信息

保护委员会。

　　韩国创新共建数字平台政府，推动实现数据对治理的有效赋能。2022年9月，韩国科学技术信息通信部发布了《大韩民国数字战略》，韩国政府"与国民携手建设世界典范的数字韩国"，将"再飞跃、共同生活、实现数字经济社会"作为战略目标（见表14-3）。在数字政府领域，该战略提出共建数字平台政府，通过数字平台政府推动数字福利发展，自2023年起实施先导计划，提升国民服务感受，优先在雇佣福利等情况变动时提供公共行政服务，将数据和政府服务功能标准化，以应用程序接口的形式开放。同时，数字平台政府还致力于政府工作方式的数字化转型，包括国民政策的科学化实施和公共行政流程的智能化推进，到2027年建立不依赖于行政经验和惯例、以人工智能和数据为基础的国政管理体系；以及扩大政府协作，自2027年起开展民间和政府间、部门间、中央和地方自治团体间的数据协作，推动数据要素从底层来源、标准接口、开放形式到场景应用、协作共享、政府治理等维度架构共通，让国民和企业切实感受到信息文明时代下数智化治理的社会价值。

表14-3　韩国发布《大韩民国数字战略》框架

一、打造世界最高水平的数字能力	1.掌握"6个数字创新技术领域"超大差距技术能力
	2.掌握丰富的数字资源
	3.建立快速安全网络
	4.培育网络安全产业与培养100万名数字人才
	5.培育数字平台产业
	6.实现引领全球市场的"k-数字化"

（续表）

二、加大发展数字 经济	1. 数字化促进服务业竞争力提升
	2. 制造业的数字化转型升级
	3. 数字化成为农畜水产业的新增长动力
三、数字包容社会	1. 建设更安全舒适的数字生活家园
	2. 实现全社会民众享受数字优惠
	3. 激发地区数字经济活力
四、共建数字平台 政府	1. 数字平台政府推动数字福利
	2. 政府工作方式的数字化转型
五、创新数字文化	1. 以民间主导打造数字创新文化
	2. 调解阻碍创新的监管冲突
	3. 制定数字经济社会基本法律法规
	4. 向全球推广韩国数字创新实践

　　总览全球算力经济，当前已形成美国一马当先，中国紧随其后，欧盟、日本、韩国等奋力追赶的世界格局。其中，美国牢牢把握科技抓手，欧盟构筑"数字主权"规则，日韩发力半导体产业，各国均依托自身优势努力开辟出了各具特色的发展之路。但算力经济的大幕才刚刚拉开，科技更新疾如旋踵，发展命题日新月异，当下的排名并不意味着结局已定。随着算力经济的持续演进，各国竞争势必更加激烈，领先者严守城池，后进者虎视眈眈，不进则退，慢进亦退。未来，算力经济的全球竞争格局将如何演变，让我们拭目以待。

第四篇

系统筹划，中国算力经济未来发展之路

算力经济正成为重塑全球经济结构、改变全球竞争格局的关键力量，是各国制胜信息文明时代的必争高地。我国早已将算力经济视作把握新一轮发展机遇的战略选择，积极布局谋划。

当前我国处于全球算力经济第一梯队，仅次于美国，在许多方面领跑世界，特别是在基础设施领域。我国5G基站数、5G用户数全球占比均超过60%，千兆光网具备覆盖超过5亿户家庭的能力，在用数据中心算力总规模超180EFlops位居世界第二，是当之无愧的算力经济基础设施建设强国。但是，世界之变、时代之变、历史之变正以前所未有的方式展开，我国算力经济面临着纷繁复杂的发展问题与外部挑战，尤其是在科技领域，关键核心技术受制于人的局面仍未得到根本性改善。我们只有全面辩证地认识我国的优势与困境，才能既自信昂扬又头脑清醒，既看到希望又居安思危，树立起理性而坚定的中国信心。

思深方益远，谋定而后动。展望未来，中国特色社会主义进入新时代，我国算力经济发展将迈入新征程。面对算力经济这样普遍联系、多维多元的复杂巨系统，我们要坚持系统观念，在统筹上下功夫，在重点上求突破，落好基础设施和科技创新的关键两子，牵引生产、消费、交换和治理的一体共进，从而下好算力经济全局高质量发展的"一盘棋"。

第十五章
中国算力经济逆水行舟，不进则退

当前我国算力经济驶入发展快车道，成绩斐然，基础设施建设全球领先，建成了全球规模最大的光纤宽带和移动宽带网络，凭硬实力成为全球"基建狂魔"。中国科技实力跃上新台阶，在 5G、人工智能等前沿领域，我国开始具备与发达国家同步竞争的能力。产业体系富有弹性，生产门类齐全，智能制造、工业互联网蓬勃发展。消费体系全面升级，从物理世界向虚拟世界、从工业生产到百姓生活，不断涌现新场景、新模式。政府治理向"数治"加速转型。市场体系不断完善，数据、算力、算法交易市场逐渐形成……但是，我国算力经济的发展整体仍处在大而不强的阶段，世界领先、独创、独有的大科学装置还不多，智能制造的深度、广度不够，消费需求拓展乏力，交易市场的壁垒尚未打通，数字政府的综合实力有待进一步提升，尤其是算力关键核心技术被"卡脖子"，这暴露了我国基础研究薄弱、原始创新能力不足的问题。

这些困难挑战有些是我们在转型升级的路上迈不过、躲不开的坎儿，有些是复杂严峻的外部环境带来的障碍，彼此叠加，相互交织。我们只有坚持辩证的思维，客观全面地看问题、想事情，才能保持头脑清醒，科学把握算力经济高质量发展的时与势。

"新基建"部分领域实现国际领跑

基建事关长远，是算力经济发展的基石。过去 10 年来，我国基础设施工程建筑和技术创新水平不断进步，新型基础设施深度植入和赋能我国经济社会发展。目前，我国"新基建"已取得初步成效，网络基础设施全球领先，算力基础设施不断壮大，算网基础设施加速发展。但我们也要注意到，我国基础设施整体呈现"网强算弱"的局面，算网发展不平衡的问题仍然突出，算力结构有待优化、算网融合有待加深。

网络基础设施走在世界前列

我国建成了全球规模最大的光纤宽带和移动宽带网络。行政村历史性地实现了"村村通宽带"，千兆光纤用户数突破 6 000 万户，固定宽带光纤用户占比达 94.3%。工信部《2021 年通信业统计公报》显示，截至 2021 年，我国累计建成并开通 5G 基站 142.5 万个，建成全球最大的 5G 网，实现覆盖全国所有地级市城区、超过 98% 的县城城区和 80% 的乡镇镇区。5G 基站总量占全球 60% 以上，每万人5G 基站数较 2020 年将近翻一番。5G 移动电话用户数超过 4.5 亿户，5G 流量占移动流量比重超 27%。在网络基础资源方面，我国移动通信网络 IPv6（互联网协议第六版）流量占比已达 35.15%，IPv6 地址资源总量位居世界第一。

算力基础设施规模快速增长，但布局和结构有待优化

由计算机、服务器、高性能计算集群和各类智能终端等承载的算力基础设施的规模不断壮大。根据工信部数据，2021 年我国基础设施算力规模达到 140EFlops，位居全球第二。

一方面，数据中心、智能计算中心、超算中心加快部署。首先，数据中心规模大幅提升，呈现出大型化、标准化、稳定化、节能化等趋势。截至 2022 年底，我国数据中心机架总规模超过 650 万架，年增速基本保持在 30% 的高位。电能使用效率（PUE）持续下降，行业内先进绿色数据中心电能使用效率已降低到 1.1 左右，达到世界先进水平。大型、超大型数据中心的机架增长更为迅速，在数据中心机架总数中的占比持续攀升，当前占比已接近总规模的 80%。截至 2021 年底，我国在用的超大型、大型数据中心已超过 450 个。在规模快速提升的同时，超大型数据中心的负载量位居全球前列，Synergy Research Group 在 2022 年二季度的数据显示，我国超大型数据中心核心负载量已占全球的 15%，仅次于美国与欧洲，位列世界第三。其次，"东数西算"工程全面实施，智算中心建设提速。根据人工智能算力产业生态联盟统计，截至 2022 年 3 月，我国已投运的人工智能计算中心有近 20 个，在建设的人工智能计算中心有 20 多个。2022 年 2 月，我国启动实施"东数西算"工程，在京津冀、长三角、粤港澳大湾区、成渝、内蒙古、贵州、甘肃、宁夏 8 地启动建设国家算力枢纽，并设立 10 个国家数据中心集群，构建全国一体化大数据中心协同创新体系。"东数西算"工程带动了智算中心的建设步伐，从 2021 年到 2022 年初，全国有不下 20 座城市建成或正在建智算中心，智算中心数量达到 27 个，而其中位于八大国家算力枢纽

的就有 12 个，接近 50%。最后，超算商业化进程不断提速。我国超算进入以应用需求为导向的发展阶段，多款由服务器供应商研制、提供商业化算力服务的超级计算机在 2021 年我国 HPC（高性能计算）TOP 100 中排名前列。

第一阶段：发改委明确"新基建"范围，数据中心作为"新基建"之一，其被赋予了支撑产业升级和全社会数字化转型的重要地位。2020 年 3 月，国家发展改革委办公厅、工信部办公厅印发了《关于组织实施 2020 年新型基础设施建设工程（宽带网络和 5G 领域）的通知》，其中明确提出"加快 5G 网络、数据中心等新型基础设施建设进度"。同年 4 月，国家首次对新基建的具体含义进行了阐述，提出建设以数据中心、智能计算中心为代表的算力基础设施等，吸引地方积极布局计算产业。"算力基础设施"这一概念在国家层面首次提出。

第二阶段：四部委提出国家枢纽节点＋省级节点＋边缘节点的"东数西算"架构。2021 年 5 月 26 日，国家发展改革委、中央网信办、工信部、国家能源局联合印发了《全国一体化大数据中心协同创新体系算力枢纽实施方案》，提出围绕国家重大区域发展策略，建设"4＋4"全国一体化算力网络国家枢纽节点，即在京津冀、长三角、粤港澳大湾区、成渝，以及贵州、内蒙古、甘肃、宁夏建设全国算力网络国家枢纽节点（见表 15-1）。在国家枢纽节点的基础上，国家提出对于规模适中、对网络实时性要求极高的边缘数据中心，应在城市城区内部合理规划布局。随着国家枢纽节点的建成，数据中心之间的网络也将调整优化。同时，国家要求建设高速数据中心直联网络，建立合理的网络结算机制，增大网络带宽，提高传输速度，降低传输费用，并进一步推动各行业数据中心加强一体化联通调度，促进多云之间、云和数据中心之间、云和网络之间的资源联动，构建算力服务资源池。"算力网络"正式被纳入国家新型基础设施发展建设体系。

第三阶段：工信部发布"行动计划"，启动"东数西算"工程。2021 年 7 月，工信部发布了《新型数据中心发展三年行动计划（2021—2023 年）》，确定以"统筹协调，均衡有序；需求牵引，深化协同；分类引导，互促互补；创新驱动，产业升级；绿色低碳，安全可靠"为基本原则，分阶段制定发展目标，提出建设布局优化行动、网络质量升级行动、算力提升赋能行动、产业链稳固增强行动、绿色低碳发展行动、安全可靠保障行动等 6 个专项行动，包括 20 个具体任务和 6 个工程，着力推动新型数据中心发展（见图 15-1）。

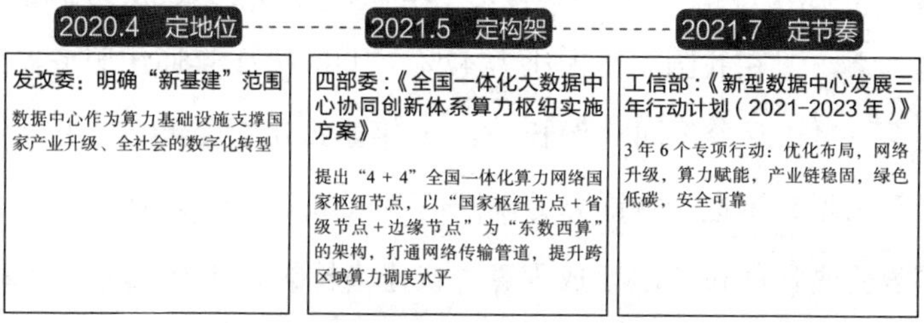

图 15-1　数据中心国家政策三步走[1]

表 15-1　"东数西算"工程枢纽节点

东西部	枢纽节点	集群	起步区边界
西部	贵州枢纽	贵安数据中心集群	贵安新区贵安电子信息产业园
	内蒙古枢纽	和林格尔数据中心集群	和林格尔新区、集宁大数据中心产业园
	甘肃枢纽	庆阳数据中心集群	庆阳西峰数据信息产业聚集区
	宁夏枢纽	中卫数据中心集群	中卫工业园西部云基地

东西部	枢纽节点	集群	起步区边界
东部	京津冀枢纽	张家口数据中心集群	张家口市怀来县、张北县、宣化区
	长三角枢纽	长三角生态绿色一体化发展示范区数据中心集群	上海市青浦区、江苏省苏州市吴江区、浙江省嘉兴市嘉善县
		芜湖数据中心集群	芜湖市鸠江区、弋江区、无为市
	粤港澳枢纽	韶关数据中心集群	韶关高新区
	成渝枢纽	天府数据中心集群	成都市双流区、郫都区、简阳市
		重庆数据中心集群	重庆市两江新区水土新城、西部（重庆）科学城璧山片区、重庆经济技术开发区

另一方面，服务器规模持续扩大，算力供给不断丰富。根据中国信息通信研究院测算，2021 年我国计算设备算力总规模达到 202EFlops，全球占比约为 33%，保持 50% 以上的高位增长，高于全球增速（见图 15-2）。基础算力稳定增长，基础算力规模为 95EFlops，增速为 24%，在我国算力占比为 47%，其中 2021 年通用服务器出货量达到 374.9 万台，同比增长 7%，6 年累计出货量超过 1 960 万台。智能算力增长迅速，智能算力规模达到 104EFlops，增速为 85%，在我国算力占比超过 50%，成为算力快速增长的驱动力，其中 2021 年人工智能服务器出货量达到 23 万台，同比增长 59%，6 年累计出货量超过 50 万台。超算算力持续提升，超算算力规模为 3EFlops，增速为 30%，其中 2021 年中国高性能计算机 TOP 100 排在第一名的性能是上年的 1.34 倍（见图 15-3）。

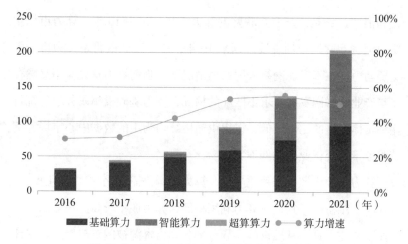

图 15-2　2016—2021 年我国算力规模及增速

数据来源：中国信息通信研究院

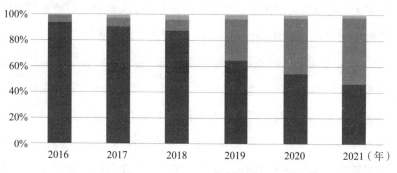

图 15-3　2016—2021 年我国算力内部结构

数据来源：中国信息通信研究院

　　算力资源在东西部之间、各行业之间存在供需失衡的问题。一是，东西部存在明显的结构性失衡。东部地区对算力的需求较高，但是由于电力资源受限，可提升空间有限，未来本地算力可能无法满足地区发展需求；西部地区算力过剩，但是西部地区应用需求不足，这就导致算力供给余量较大，"东数西算"模式尚未形成规模，造成资源闲置和浪费。二是，产业互联网的算力不足。过去10年，算力市场主要由消费互联网带动发展。未来10年，产业互联网将是算力市场的主要动力。在不考虑网络等因素的情况下，当前算力建设应用显然存在与产业互联网发展需求不匹配的情况，算力基础设施服务于传统行业和实体经济的比例较低，以提供通用算力为主的数据中心市场为例，其服务于传统行业的比例不足10%。

算力资源分散，碎片化严重，算力结构仍需优化。"烟囱化算力"难互联、难协同，其造成算力利用率低，算力成本较高。一方面，各产业重复建设算力基础设施，导致部分算力资源被闲置浪费。数据计算与信息处理产业、通信网络业以及下游的算力应用服务业长期以来各自独立发展，技术体系、服务标准、产业生态存在较大差异。在建设算力基础设施时，大家并未进行跨行业的综合规划，导致重复建设、资源闲置等问题的出现。另一方面，数据中心规模占比最高（超过90%），超算中心、智算中心和边缘数据中心总体规模较小，从而出现专用算力不足、部分地区通用算力过剩、能耗成本过高的局面，进而无法满足国防科技、产业转型和社会生活对于多元普惠算力的需求。算力标准化工作推进不够完善，平台兼容性问题突出，不同OS（计算机管理控制程序）、固件、整机、芯片平台兼容性问题突出，这些问题制约了产业的进一步发展。

算网基础设施发展迅猛，但存在网强算弱、融合不深的问题

算网融合基础设施快速发展，呈现出算网资源规模不断提高、算网空间布局切实优化、算网环境生态日趋完善的新格局。我国在网络基础设施和算力基础设施快速发展的同时，生产生活等领域的高速

率、低时延需求不断涌现，加速推动算力基础设施向边缘下沉，网络基础设施与算力基础设施融合、一体化布局发展成为新趋势。2021年，中国垂直行业和电信网络边缘计算服务器（含通用服务器和定制服务器）市场维持了强劲的发展势头，市场规模进一步扩大到4.8亿美元，同比大幅增长75.0%。预计在2020—2025年中国边缘计算服务器市场规模复合增长率将高于全球，中国将达到22.2%，全球将达到20.2%。在2021—2026年，中国边缘定制服务器市场预计将保持40.1%的年复合增长率。[2]但算网之间发展不平衡，呈现"网强算弱"的局面。我国网络优势凸显，从2G跟随到5G引领，我国已建成全球规模最大、世界一流的5G和光纤网络，网络能力跻身全球"领跑者"阵列，拥有5G基站数量及移动通信网络流量全球领先、下一代移动通信网络专利申请数量居世界首位、个人和企业端网络用户数量庞大等优势。但是与国际领先水平相比，我国人均算力较弱。据华为数据显示，虽然我国整体算力水平位居全球第二，但仅为美国的1/3；人均算力则处于全球中下游水平，仅为美国的1/5，甚至低于智利、波兰等国家。此外，算力标识和度量尚未统一，算网融合处于研究阶段。算力的统一标识和度量需要考虑诸多因素。例如，在计算系统中，大家需要考虑精度、操作、指令、芯片、系统级的分层度量，不同的计算机对不同的应用有不同的适应性，因此很难建立一个统一的标准来比较不同计算机的性能。而且，算网协同中的算力标识度量不仅与硬件资源的计算能力、存储能力和通信能力密切相关，也取决于计算节点的服务能力和业务的支撑能力。目前我国算网协同差，难以满足爆发式增长的算力需求。我国为产学研服务的算力主要由企业及科研机构自有的计算机与服务器、位于东部与中部省份点状分布的数据中心以及位于天津、长沙、济南、广州、深圳、无锡、郑州、昆山的8

座超级计算中心提供，数据中心和超级计算中心之间还无法通过网络灵活、高效地调配算力资源。

基础研究成为算力技术创新的"阿喀琉斯之踵"

我国科技创新能力不断跃升，但是基础研究的投入强度落后于人[①]，自立自强的根基不牢，这导致算力直接相关的技术受制于人，成为中国算力经济发展最大的短板和关键掣肘。

整体科技实力快速攀升

经过不懈奋斗，我国科技实力跃上新的大台阶。一是，科学研究水平和学科整体实力大幅度上升。世界知识产权组织 2022 年发布的全球创新指数显示，中国在全球创新指数中的排名从第 34 位上升到第 11 位，进入创新型国家行列。若干学科方向已经达到国际领先水平，科学研究机构、大学、领军科技企业的研发能力在全球地位明显上升。高新技术企业的数量与 10 年前的不到 5 万家相比，现在达到了 33 万家。北京、上海、粤港澳大湾区这三大国际科技创新中心在全球科技创新集群排名中均进入了前 10 名。二是，激励企业创新的政策和制度不断完善。企业研发费用加计扣除比例从 2012 年的 50%、2018 年的 75%，提升至科技型中小企业和制造业领域实行 100% 的加计扣除比例。目前，我国全社会研发投入有 3/4 以上是企业投入，国家重点研发计划里面有 79% 的项目是由企业牵头或者是企业参与

---

① 2020 年，我国研究与试验发展经费投入强度为 2.2%，全球排名与法国、荷兰并列第 12 位，较 2019 年（第 15 位）上升了 3 位。

的。[3]三是，研发投入大幅增长，原始创新取得新突破。全社会研发经费支出从1万亿元增加到2.8万亿元，研发投入强度从1.91%提升至2.44%。[4]2022年我国基础研究经费支出为1 951亿元，是2012年的3.4倍；占研发经费比重为6.32%[5]，连续4年保持6%以上的水平，为我国原始创新能力不断提升发挥了积极作用。我国在基础研究和战略高技术领域产出一批世界级科技成果，芯片等取得较大突破，自主化能力不断提升。中国信通院报告显示，我国鲲鹏、飞腾、海光等CPU（中央处理器）芯片已实现规模应用，综合性能达到行业中高端水平；神威、天河、曙光超级计算机系统性能位居全球前列，相关核心软硬件设备将实现中国制造。中央企业更是大力支持国产化设备，以中国移动为例，其采购的路由器、交换机、PC服务器等整机国产化率达90%以上，正以需求带动相关技术产业发展。自主研发大量先进技术装备和系统进入实用，成为推进产业快速升级的"利器"。以量子科技领域为例，我国成为目前世界上唯一在两种物理体系达到"量子计算优越性"里程碑的国家。四是，支持研发创新的大科学装置实现部分突破。近年来，我国陆续建设了"天眼"、全超导托卡马克聚变反应堆、高海拔宇宙线观测站、高能同步辐射光源、江门中微子实验等一批处于国际领先水平的设施。一些成果更是在国际上产生了重大影响力。我国科学家利用"慧眼"卫星精准定位了快速射电暴对应的X射线天体，利用"中国天眼"第一次捕捉到了快速射电暴多样化的偏振信息，揭示了快速射电暴起源这一当今天体物理领域最前沿的科学问题之一。大亚湾反应堆中微子实验发现了一种新的中微子振荡，并精确测量到其振荡概率，这对未来中微子物理的发展方向起着决定性作用。但与世界科技强国相比，我国具备原创科学思想和科学设计、世界领先甚至独创独有的重大科技基础设施数量还很少；关键技术主要源于国外，性能指标与国外相比常常存在差距。

算力基础研究落后于人

我国基础研究尤其是算力相关的基础研究还相对薄弱，具有国际影响力的重大原创成果偏少，缺乏开创重要新兴学科和方向的能力，与世界领先国家存在一定差距，其原因是我国研究型人才不足、多元投入不够，以及研究型大学不强。

我国世界级科学技术专家和战略科学家匮乏，工程人才结构性矛盾突出。"创新之道，唯在得人。"高层次人才是基础研究的关键，而我国存在科技人才尤其是从事基础研究的高层次科技人才总量不足、结构不合理等问题。一方面，我国缺乏能在学科领域引领当代科学潮流的大师级、世界级科学家，目前仅有屠呦呦获得科学类诺贝尔奖。另一方面，我国工程教育与工程能力培养脱节，工程师人才难匹配制造强国需求。我国科学家与工程师占劳动力总量的比重为 2.4%，比美国、欧盟分别低 2.04% 和 5.03%。这些问题在一定程度上制约了我国产业结构的升级与优化，因此，我国在科技人才方面尚有巨大潜力可挖掘。

"科学家＋工程师"的代表人物——西奥多·冯·卡门

西奥多·冯·卡门是人类航天领域代表人物。他是空气动力学家、工程师，更是应用数学家，践行并强调"用数学指导工程研究"，其成果影响了世界格局。1930 年，冯·卡门接受了来自美国加州理工大学的邀请，担任新成立不久的古根海姆航空实验室主任。由于其本身是工程学专业出身，自己也参与过一些飞行器的研制工作，加之在 20 世纪初，航空技术发展一日千里，空气动力学理论投入生产应用的速度加快，冯·卡门并没有拘泥于纯理论研究，而是通过实验不断推动理论研究在工程领域的应用。他指导建立了美国第一座风洞，在提出了附面层理论与超声速阻力原则后不久，就主持进行了美国首次超音速风洞实验，在喷气动力与液体火箭动力方兴未艾的年代，冯·卡门为美国航空航天领域积累了雄厚的技术储备。20 世纪 30 年代中期开始，冯·卡门的研究重点开始转向火箭技术，1936 年更是在古根海姆航空实验室成立了由 5 人组成的火箭研究小组，专门研制各种实验型液体动力火箭。1944 年，冯·卡门和他的火箭研究小组联合组建了"喷气推进实验室"。在喷气推进实验室里，冯·卡门既是皓首穷经的理论学家，又是富于创造的工程师，更是注重效率的项目管理者。在他的领导下，喷气推进实验室成功研制了一系列火箭发动机，为日后美国的太空计划提供了源源不断的动力保障。

我国基础研究多元化投入机制亟待完善，创新文化氛围有待优化。我国基础研究投入主要以中央财政为主，地方财政和社会资金所占比重极低。相关资料显示，政府投入占基础研究经费的 90% 以上。[6] 我国政府几乎成为基础研究投入的单一主体，社会力量投入的动力严重不足，投入资金占比极低。财政与社会投入并举的多元化投入机制并未建立。基础研究资金供给渠道仍然窄化，阻碍了基础研究投入的规模和效率，这在研发投入成效方面拉大了与其他国家的差距。一方面，企业作为科技创新主体，用于基础研究的研发经费在研发总经费中占比过低。2012—2021 年，我国企业基础研究经费占全国基础研究经费的平均比例为 3.5%，美国的比例则由 2011 年的 18% 增长到 2020 年的 35%。提交 PCT（《专利合作条约》）专利申请的企业比例依然偏低，根据国家知识产权局出版的《2022 年中国专利调查报告》，2022 年企业向境外提交过专利申请（含 PCT）的比例仅为 7.1%；企业发表科技论文数量与美国差距明显，2021 年我国企业在全球企业发表论文中的占比为 19.89%，美国企业发表论文占全球企业论文总数的 44.53%。[①]另一方面，国家层面对社会捐赠的支持以鼓励为主，缺少可操作的具体措施，社会资金的捐赠渠道少，专注于基础研究的基金会数量有限。相较于国外成熟的社会捐赠资助模式，我国捐赠机制尚不健全。在我国的慈善捐赠体系中，科学研究作为接受捐赠的领域起步较晚，社会捐赠资金、社会资本对基础研究的关注度不高，科学领域接收捐赠主要通过高校基金会的渠道，捐赠者明显缺乏捐赠基础研究的意识，这导致捐赠接收体系不完善。

我国缺乏世界顶尖大学，基础学科体系建设力度有待加强。一方面，与科技领先国家相比，我国高等教育大而不强、质量不高，对优秀青年人才的吸引力不足。在《2024QS 世界大学排名》中，进入 Top 20 的中国大陆高校仅北京大学 1 所，美国有 10 所。根据美国国际教育协会发布的《2021 年门户开放报告》，美国是全球第一大留学目的国，亚洲国际学生占美国高等教育体系国际学生总数的 70.6%，中国、印度和韩国是前三大生源国。另一方面，基础学科的建设不够、学科之间发展尚不平衡，这些制约了我国的基础研究和创新发展。许

---

① 根据科睿唯安 InCites 分析平台数据整理。

多高校过于强调服务经济建设与地方发展，强调应用学科而忽视基础学科、冷门学科的建设，这些导致基础学科建设力度不够，数量不足。此外，基础学科存在学科交叉融合不够充分，部分基础学科存在缺乏政策资金支持，硬件建设较为落后的问题。不同基础学科之间的交叉融合往往能孕育出新的学科生长点和新的科学前沿，也最有可能产生重大科学突破，而我国基础学科交叉融合相对滞后，交叉融合不够充分，有影响力的高质量研究成果还不多。

算力关键技术受制于人

美国用芯片遏制我国算力经济发展，暴露了我国算力关键技术的落后。例如，手机芯片制程工艺方面，台积电和三星正在研发 3 纳米工艺，中芯国际预计 2024 年实现 5 纳米工艺水平，落后台积电至少 4 年，整整两代。再如，操作系统方面，根据 IDC 统计，2020 年微软、苹果、谷歌三家企业占据了我国台式电脑操作系统 95% 以上的市场份额，谷歌的安卓和苹果的 iOS 系统占据了我国智能手机操作系统近九成的市场份额。

芯片领域面临"卡脖子"问题。在算力应用快速发展的情况下，市场对于高计算性能芯片的需求大幅提高，芯片的核心作用更为突出。芯片行业历经超过 50 年的贸易全球化和自身技术的不断进化，已完成了深度的国际分工，巨大繁杂的产业链形成了牢固的市场格局，为数不多掌握先进技术的国家和企业在核心芯片领域掌握着绝对话语权。中美科技摩擦以来，我国受到美国高度针对性的芯片生产制裁，芯片业"卡脖子"问题日益凸显。从进出口规模来看，我国在存储器、高端微处理器等核心芯片领域，国产自足率较低，对外依赖度较高。

2021 年我国集成电路进口额 4 325.5 亿美元、同比增长 23.6%，同期出口额为 1 537.9 亿美元、同比增长 32%，集成电路贸易逆差由 2020 年的 2 334.4 亿元扩大至 2021 年的 2 787.6 亿元，进口依赖问题突出（见图 15-4）。虽然近年国家密集出台相关政策扶持芯片行业，企业端也有诸如华为海思、中芯国际、中兴微电子等多家企业在各自细分领域做出成绩，但我国仍存在与先进生产链脱节、研发周期难以跟上国际一流产品换代速度等问题。在芯片生产制造的关节环节领域，国产化率极低，自主可控能力薄弱，如高端光刻胶、EDA 软件领域的国产率不足 5%，在 IP 核 [①] 领域的国产率不足 10%，在光刻机领域的国产率仅为 1%，这些问题严重制约我国芯片的健康可持续发展。

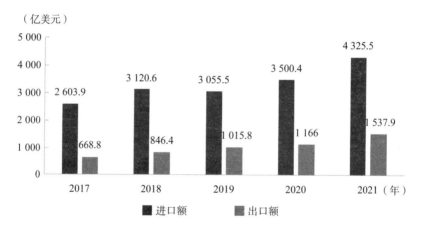

（亿美元）

图 15-4　2017—2021 年中国集成电路进出口规模

数据来源：海关总署

　　在异构计算方面，中国与国际先进水平尚存较大差距。异构计算指使用不同类型指令集和体系架构的计算单元组成计算系统的方式。在摩尔定律逐渐失效、单一芯片的算力增长放缓、需计算处理的数据

————————

① 具有知识产权核的集成电路芯核的总称。——编者注

量不断增加的情况下，异构计算通过调用硬件中多个处理器、为不同任务精准调配算力，可在保持性能的同时优化系统负载。目前，美国三大芯片巨头——英伟达、AMD 和英特尔发挥资源优势禀赋，推出的异构计算芯片产品占据了大部分市场。国内 GPU、DPU 芯片企业正在逐步进军该领域，但由于中国芯片产品能力较弱、无龙头企业构建生态，相关能力仍较为薄弱。

操作系统国产化率较低。操作系统是连接各类硬件平台和应用软件的桥梁，在数据中心、超算平台、终端设备等算力基础设施中具有不可替代的作用。计算机问世至今，操作系统经历了大型机、个人计算机、移动终端、万物互联等多个阶段，诞生了苹果、微软、谷歌等多个操作系统龙头企业。我国在该领域一直处于弱势地位，国内操作系统市场长期被美国的 Windows、Linux、安卓等垄断，亿欧智库发布的《2022 年国产操作系统发展研究报告》显示，我国操作系统整体国化率不足 5%。目前，国内中科方德、麒麟等企业已推出针对服务器的类 Linux 操作系统，但受制于用户习惯、软件生态等问题，技术和产品还需时间打磨。

存算一体尚处于初级发展阶段。当前中国的存算一体相关技术仍处于初级发展阶段，研究团队正沿着数字类的 CIM-D 与模拟类的 CIM-A 两种技术路线，根据不同的应用场景进行各有侧重的尝试。过去，存算一体架构主要被应用于提供语音识别等服务的小算力芯片。如今，国内厂商在大算力芯片的存算一体技术应用上取得了一定突破，基于存算一体架构的人工智能芯片可提供稳定、高效、安全的算力支持，为自动驾驶、云端推理等场景服务。但受限于芯片量产的良品率、修复率等问题，大算力存算一体芯片距离全面应用还有很长一段距离。此外，国内部分企业正尝试采用存内处理、近存计算等折中方案来提高传统数据存储设备的预处理能力，以此提升数据传输效率，节约能耗，但尚未取得颠覆性突破。

量子计算商用尚需较长时间。量子计算是通过量子叠加、干涉和纠缠等量子力学的现象进行数据计算、存储的新型算力技术。量子计算机可利用量子叠加态，打破经典计算机二进制的限制，在面对特定的问题时以特定算法加速整个计算进程，理论上其计算能力远高于超级计算机。因量子计算领域发展潜力巨大，目前全球已有多个国家和地区出台支持量子计算机发展的政策，IBM、谷歌、三星等国际知名企业均已加入这场科技竞赛。2021年10月，我国成功研制出"九章二号"和"祖冲之二号"量子计算设备，实现在光学和超导两种路线上的"量子优越性"，但我国在基础理论、系统控制等方面仍不成熟，离全面落地商用仍有较大距离。华为量子计算软件与算法首席科学家翁文康在2021年表示，在系统仿真、量子化学等专用领域，量子计算机预计成熟期为3~5年；大数分解、数据库搜索、量子人工智能等算力通用领域的成熟至少要等到10年以后。

从"世界工厂"向"智造强国"迈进

生产是经济活动的核心，产业体系的提质升级是体现算力经济综合实力的重要标志。我国生产体系结构及规模均处于领先水平，数智化转型稳步推进，有国际影响力的大企业与专精特新"小巨人"持续涌现，是当之无愧的世界第一制造大国。但同时我们也意识到，我国离智造强国仍有一定差距，外部形势挑战和内部发展问题双重困境亟待解决。

稳居世界第一"制造大国"之位

我国凭借完善的产业结构和庞大的制造规模被称为"世界工厂"。尽管近年来全球经济增速放缓，我国制造业也从高速增长转向稳步增长，但我国仍然是世界上最大的制造业国家，继续扮演"世界工厂"的角色。

工业门类齐全，产业体系完整程度达世界一流。我国用几十年时间走完了西方发达国家几百年走过的工业化历程。当前，我国绝大部分行业均已形成较为完善的产业链与稳定、庞大的市场，特别是制造业包含了全部 31 个大类、179 个中类和 609 个小类，是全世界唯一拥有联合国产业分类中全部工业门类的制造业，涵盖了从原材料采购到加工制造、再到配送的全链条，涉足能源、钢铁、机械、电子、纺织、家电等多个领域，产品跨越低端和中高端，产业链的完整度远高于其他国家。正因如此，我们才能够快速响应不同国家和地区的市场需求，让印有"中国制造"标签的产品遍布全球。

产业规模庞大，制造业产值常年位居世界第一。根据工信部数据，2022 年我国全部工业制造增加值突破 4 000 万亿元大关，占 GDP 比重达到 33.2%；其中制造业增加值占 GDP 比重为 27.7%，制造业规模连续 13 年居世界首位，占全球制造业总量的比重达到 30%。世界 500 种主要工业产品中我国有四成以上产品的产量位居世界第一。例如，2022 年我国新能源汽车产销量已连续 8 年位居全球第一，全球市场份额超过 60%，是当之无愧的新能源汽车大国。国内 5G 手机出货量为 2.14 亿部，占全球 5G 手机出货量的 42%。就制造业规模而言，我国已经是无人能比的世界第一，且对世界制造业的贡献巨大，为全球各国经济发展和居民生活改善提供了强有力的支撑。

我国已成为全球价值链中的不可或缺的重要一环。从海关贸易数据来看，当前我国是世界上最大的出口国之一。2022年我国是超过130个国家和地区的最大贸易伙伴，与我们建立了贸易伙伴关系的国家和地区更是多达200个。而且我国制造业拥有基础设施、劳动力数量及成本、商业生态、监管及税收政策等综合优势，其他国家短期内难以超越，因此我们有信心稳坐"世界工厂"的位置。正如美国奥纬咨询董事合伙人贝哲民所说："未来很长一段时间，中国仍将是全球制造枢纽。"

从"制造大国"向"智造强国"迈进

只做"世界工厂"无法在算力经济的巨浪中永远傲立潮头，我国必须大力推动制造业高端化、智能化、绿色化发展，才能在激烈的国际竞争中打好生产基础。为此，我国发布《"十四五"信息化和工业化深度融合发展规划》《"十四五"智能制造发展规划》《关于加快推进装备制造业智能化改造的指导意见》《制造业可靠性提升实施意见》等多项政策文件吹响制造业高质量发展的号角。在一系列措施推进下，我国制造业转型升级态势明显。

高端制造业持续发展，产业链发展重心开始从低端产品向高技术领域转移。2022年，我国高技术制造业占规模以上工业增加值比重达15.5%，装备制造业占规模以上工业增加值比重达31.8%。2023年上半年，全国航空航天器及设备制造业增加值同比增长22.9%，半导体器件专用设备制造、电子元器件及机电组件设备制造同比增长都达到30%以上，智能车载设备、智能无人飞行器制造分别增长36.3%和12.5%，工业生产的技术密集程度持续提高。目前我国已在光伏、电力装备、新能源汽车、锂电等领域形成了显著优势，国产光伏组件、风力发电机等关键部件占全球市场份额 70%，正成为我国出口的新增长点。

智能化生产有序推进，传统制造加速向数智化转型。工信部数据显示，2021 年我国制造业研发投入强度达到 1.54%，较 2012 年提升 0.7 个百分点；2022 年我国重点工业企业关键工序数控化率达到 58.6%，数字化研发设计工具普及率达到 77%，较 2012 年分别提高 34 个百分点和 28.3 个百分点。工业互联网作为生产数智化转型的基础，能力不断夯实、应用走向纵深，相关的平台体系已经延伸至 45 个国民经济大类，全国具有一定区域和行业影响力的工业互联网平台超过 240 个，重点平台连接设备超过 8 900 万台（套），产业规模更是突破万亿元，发展态势持续趋好。

此外，绿色已成为我国制造业转型发展的新底色。近年来，我国持续推进工业领域节能降碳，相关能耗指标在不断下降。工信部数据显示，目前我国在国家层面培育了 2 783 家绿色工厂、296 家绿色供应链企业、223 家绿色工业园区，推广近两万种绿色产品。根据 2022 年 8 月发布的《工业领域碳达峰实施方案》，到 2025 年我国规模以上工业单位增加值能耗将较 2020 年下降 13.5%，并在"十五五"期间努力达峰削峰，基本建立起以高效、绿色、循环、低碳为重要特征的现代工业体系。

在生产体系转型升级进程中，产业集群建设步伐进一步加快，一大批具有国际影响力的大企业与专精特新"小巨人"持续涌现。集群是产业分工深化和集聚发展的高级形式。自 2019 年先进制造业集群发展专项行动实施以来，到 2022 年我国已培育了 45 个国家先进制造业集群，产值超 20 万亿元，在稳定工业经济发展、提高制造业核心竞争力、推动制造业高质量发展方面发挥了关键作用。在产业集群等一系列政策推动下，我国企业的创新实力和国际影响力也实现了长足发展。一方面，大型企业服务能力得到世界认可。2021 年全球市值前 30 的 ICT 企业中，我国有 4 家上榜，数量居全球第二；2022 年我国 65 家制造业企业入围世界 500 强企业榜单；2023 年《时代周刊》全球最具影响力 100 家公司中有 4 家企业上榜，我国企业在全球的影响力正在快速上升。另一方面，我国通过开展梯度培育，引导中小微企业以专注铸专长、以配套强产业、以创新赢市场，专精特新"小巨人"快速发展。各地把培育专精特新企业作为推动高质量发展的重要举措，专门出台推进中小企业专精特新发展规划，加快形成支持专精特新发展政策体系，目前全国已培育专精特新中小企业 9.8 万家、"小巨人"企业 1.2 万家。在大中小企业协力创新发展的努力下，近年来我国制造业单项冠军企业持续培育，目前已先后培育遴选了 7 批 1 186 家制造业单项冠军企业。从创新能力看，前 7 批制造业单项冠军的平均研发强度为 5.74%，且在逐年提升，其中第七批单项冠军企业的平均研发投入强度水平高达 6.4%，远高于全国规模以上企业 1.35% 的水平。从效率水平看，单项冠军近三年的平均营业收入增长率达到 21.9%，销售利润率达到 11.1%，远高于制造业的平均水平。整体来看，我国制造业新动能逐步壮大，生产体系持续升级，正成为高质量发展的强劲动力。

制造业转型升级过程仍面临双重挑战

我国是第一制造大国，但还不是第一强国。算力经济生产体系由大到强、从全到优的转变任重道远，在这一过程中，我国仍面临内外双重困境。

国际形势日趋复杂，外部挑战愈发严峻。当前，世界百年未有之大变局加速演进，全球经济复苏乏力，产业结构和布局深度调整，大国博弈加剧，逆全球化思潮抬头，单边主义、保护主义明显上升，我国生产体系发展面临的外部风险明显加大。同时，在劳动力成本有所上升、国际贸易摩擦加剧、环保要求提高等因素的影响下，一些大型跨国公司和制造业正在逐渐向其他国家转移部分生产基地和业务。如何在更高水平的开放合作中巩固提升产业的国际竞争力和影响力成为中国在纷杂的环境中不得不面对的问题。

　　高端供给不足，数智赋能不深，我国生产体系转型升级仍有很长的路要走。除外部挑战外，审视自身，我们仍有很多问题随着发展的深入而逐渐产生。虽然高端制造业稳步提升，但我国生产体系的完整性、先进性、安全性面临挑战，技术实力、国际影响力可与微软、谷歌比肩的世界级大型科技企业较少，与德国相似的关键智能制造领域的中小企业"隐形冠军"也还需进一步培养。具体来看，这主要体现在以下两个方面。一方面，高端供给不足。尤其是在制造业数智化转型最为关键的智能制造装备、工业软件和系统解决方案等领域，我国与美国、德国等相比仍有较大差距。据中国工程院《工业强基战略研究报告》分析，我国关键基础材料、核心基础零部件（元器件）、先进基础工艺、产业技术基础等对外依存度仍在50%以上。以高精尖传感器为例，在汽车工业和精密仪器等高精尖领域，我国95%的传感器均需要通过进口获得。另一方面，产业融合赋能不深。当前，我国仍处于数智化转型的初级阶段，尤其是中小企业转型、人工智能等先进技术应用较为落后。北京大学国家发展研究院与智联招聘联合开展的2022企业数字化转型调研数据表明转型结构极不平衡，我国万人以上的企业开展数字化转型的比例为92.3%，明显高于20~99人企业的 71.7%。此外，科技对制造业的赋能主要集中在数据采集及简单应用，工业生产仍然依赖于人工的决策和操作。随着人工智能技术成熟，全球产业正逐渐迈向"数智"时代，机器学习、生成式人工智能等技术在我国制造业的深层次应用仍处于尝试阶段，实现智能决策和自主运作的路途依然遥远。

消费新浪潮拉动新增长、创造新需求

算力的发展对线上消费起到"加速器"的作用，得到算力支撑的线上消费模式对 GDP 贡献显著。同时，面对传统电商增长疲软的现状，我国算力的赋能推动了线上线下融合消费提速，成为创造新消费需求的动力。在算力促消费的发展浪潮中，我国仍面临着人们可支配收入增速放缓导致的消费欲望降低等问题和创新能力不足导致的群众个性化、多样化消费需求难以得到有效满足等问题。

算力对线上消费拉动作用显著，拉动经济增长

随着算力经济的不断发展，算力高效支持了电商平台精准的商品推荐，满足消费者的个性化需求，有效激活了线上消费需求，释放了国内市场的消费潜力。根据信通院测算，2022 年我国算力每投入 1 元，将带动 3~4 元的 GDP 经济增长。算力对 GDP 增长所起的作用，主要体现在对线上消费的拉动。2023 年上半年，我国网络零售市场规模总体呈稳步增长态势，上半年全国网上零售额为 7.16 万亿元，同比增长 13.1%。网络消费方面，2023 年上半年累计网上商品和服务零售额占社会零售总额的比重达到了 31.47%，为近年来的最

高值，这显示出当前线上消费的重要性继续提升。算力对线上消费的拉动作用，主要体现在以下三个方面。

一是，算力经济的发展加速了线上服务消费，对总消费产生净增效应。随着收入水平的提高，居民消费从有形商品转向更多的服务，服务消费成为消费增长的主要来源。虽然受新冠疫情的冲击，居民紧缩了消费开支，但算力经济的发展客观上加快了这一进程。2021—2022年，我国居民人均服务消费平均增速超过15%，同期法国居民服务消费占比上升0.3个百分点，日本、美国分别下降0.7个百分点、1.5个百分点。更重要的是，算力经济发展不是简单地将线下消费转移到线上，而是通过便捷的生活服务电商平台的发展，使商户提供服务的半径得到进一步拓宽，满足了消费者各个时段以及特定场景的需求，从而促进了消费潜力的释放，拓展了服务消费的增量空间。以美团为例，其在全国272个地级以上城市中开通外卖配送服务后三年，社会消费品零售总额年均增速比开通前三年提高了13.8%。

二是，精准和高效的算力算法匹配拓宽了网络直播边界。2022年我国网络直播用户规模突破7.5亿人，比上年增长6.7%。目前网络直播的内容边界已从休闲娱乐、电商拓展到教育、旅游、文化艺术和公益环保等，网络直播成为新冠疫情以来很多企业数智化发展的基础能力和标配。网络直播作为兼具很强互动性和即时性的内容传播渠道，打破了线下渠道的时空限制，吸引了很多新受众，特别是随着算力的发展，在精准的算力匹配和算法支撑下，消费者能被推荐自己更感兴趣的领域的主播。以抖音为例，过去一年该平台戏曲直播超过80万场，通过精准推送，该直播累计观看超过25亿人次，场均3 200人次，每次直播相当于一场中型演出，戏曲主播收入增长为上年的 2.3 倍。7

三是，算力支撑了软件 App 的系统优化，降低了互联网的应用底线，低龄老年群体涉足线上消费成为常态。得益于互联网应用适老化改造取得的初步成效，越来越多的老年人，特别是 70 岁以下低龄老人，能够相对便捷地操作常用应用程序。截至 2022 年 12 月，我国网民规模为 10.67 亿，60 岁及以上老年网民规模达到 1.53 亿，这意味着在我国至少每两个老年人就有一人接触了网络。同时，受新冠疫情影响，很多老年人的消费习惯发生了深刻改变，他们愿意尝试新的消费方式，并已成为线上消费特别是网络购物的新力量。目前老年人购买家用小型医疗器械占比高，日常食用的营养保健品和传统滋补品消费也在迅速增长。

推动线上线下融合消费提速，"解锁"消费新场景

传统线上电商消费遇到增长瓶颈，而以算力支撑的线上线下融合的新消费场景，成为创造新消费需求的动力。2023 年"618"购物节后，各线上购物平台的销售数据迟迟不公布，尽管拼多多、京东等电商平台在"618"之前都以补贴等形式开启竞争，各家手机企业的价格战也从年头打到年尾，家电企业降价清库存等举措屡见不鲜，但在行业同质化严重、消费者审美疲劳且购买力受到抑制的情况下，部分行业在"618"大促期间遇冷也就不难理解。在此背景下，以算力支撑的线上线下融合的消费场景，成为激发人们消费动力的主力军。算力的发展支持了互联网平台企业向线下延伸拓展，其通过数据要素的深入挖掘和算法推荐技术的合理应用，加快了传统线下业态数字化改造和转型升级，及时捕捉了不同年龄、不同类型的消费新需求，通过

发展个性化定制、柔性化生产，提升了产能灵活转换和快速响应能力。同时，以人工智能、云计算为代表的算力技术赋能实体企业开发了智能化产品和服务，实体商业通过社交营销开启了"云逛街"、加快推广农产品"生鲜电子商务＋冷链宅配""中央厨房＋食材冷链配送"等新模式，以新模式满足和创造新需求，推动形成了供需互促、产销并进的良性循环。

成都仁和新城的中庭一度成为成都热门"网红"打卡地。这里有一块特殊的 LED（发光二极管）大屏，消费者可以与屏幕里的动画进行实时互动。屏幕上播着动画，Live AR（实时增强现实）技术在大屏幕上将现场顾客与动画实时结合，实现顾客与动画的实时互动。动画以动物园为内容主题，可以很好地吸引小朋友，憨态可掬的虚拟动物与现实的人一起出现在屏幕上，给人一种走进动物园的错觉，新奇的体验打造了一个全新的游、购、娱场景。这样的营销主题，很容易同时吸引老中青一家人同出行、同购物，增加商场流量，引导消费者出行消费。

消费增速放缓倾向显现，消费潜力有待进一步释放

近年来，人们可支配收入增速放缓、消费理念变化，以"去品牌化、物美价廉、基本功能"为特征的消费方式已成为不可忽视的现象。首先，人均可支配收入的增速放缓导致人们降低了消费欲望。据2022 年发布的国民经济和社会发展统计公报，我国人均消费支出为24 538 元，比上年增加 1.8%，扣除物价因素，实际下降 0.2%。公报

还显示，2021 年我国居民人均可支配收入为 36 883 元，扣除物价因素，实际增长 2.9%；GDP 增速为 3%，创近 50 年来新低。其次，就业压力增大也不利于居民消费支出。城镇调查失业率较新冠疫情前上升，大城市失业率上升幅度更大。2020—2022 年城镇调查失业率三年平均为 5.4%，较新冠疫情前 2017—2019 年城镇调查失业率三年平均 5%，上升 0.4 个百分点。同期，31 个大城市调查失业率从新冠疫情前三年平均 4.9% 上升至新冠疫情以来三年平均 5.6%，上升 0.7 个百分点。大城市就业压力上升意味着人们对消费支出持更加谨慎的态度。最后，年轻人消费理性和价值观发生变化，相比于过去注重炫耀身份和品牌的消费观念，年轻人更加注重产品的实用性和品质。他们更偏爱简约、实用、功能性强的产品，而不是盲目追求奢侈品牌，开始拒绝过度消费和资源浪费。

与此同时，近年来我国创新能力不能完全适应高质量发展要求，群众个性化、多样化消费需求难以得到有效满足。一方面，我国消费产品以中低端市场为主，同质化产品较多，即使消费者有某种个性化消费需求，国内也鲜有企业对这类相对高端的产品进行研发和生产，不能满足消费者个性化、多样化消费需求。以陪伴型类人机器人市场需求为例，我国现有机器人产品尚不能满足医疗用户、残障人士用户等群体的智能化需求，人机交互、柔顺控制、功能仿生、智能感知等应用均与消费者期望有所差距。另一方面，有大量购买力支撑的消费需求在国内得不到有效供给，消费者在出境购物、"海淘"购物上大量消费，以满足对物质产品的升级需求和精神产品的新消费需求。据商务部统计，2022 年消费品进口总额达到 1.93 万亿元，占进口总额的 11% 左右，跨境电商进口总额达 5 600 亿元，比上年增长 4.9%。我国进口消费规模持续扩容，也从侧面反映了消费者个性化消费需求在国内市场无法得到满足的困境。

资金流、物流、数据流"护航"交易市场行稳致远

我国算力交易体系的构建，离不开资金流、物流、数据流的支持。目前，我国发挥资本市场枢纽功能，为企业创新提供资金保障；通过构建现代化物流体系对电商、大宗商品等供应链起到支撑作用；并充分发挥我国数据要素的规模优势，使交易体系中的数据流通顺畅。在此背景下，部分省市出台算力交易相关政策文件，试点先行探索算力交易市场建设，但在此过程中，也存在着交易机制、模式与配套保障不完善、不成熟、不健全等问题。

中国"三流"打通资源流通"动脉"

资本市场成为推动算力经济发展的枢纽

资本市场引导资源聚焦科技创新，助力科技创新型企业做优做强。一方面，我国资本市场拓宽了科技创新企业融资渠道，科技创新企业在新上市企业中占比超过七成，集成电路、生物医药、新能源等一批先导产业集聚效应显著。数据显示，目前5 000多家A股上市公司中，战略性新兴产业上市公司超过一半，高科技行业市值占比由2017年初的约20%增长至近40%。2022年，上市公司研发投入占全国研发支出一半以上，高技术制造业上市公司研发强度大幅领先全国平均水平。另一方面，我国资本市场的包容性不断提升，适应科技创新企业融资需求。通过关键制度改革，市场允许符合一定条件的未赢利企业在科创板、创业板上市，支持处于研发阶段尚未形成一定收入的企业

上市，以契合科技创新企业前期投入大、收入和赢利需要爬坡跃升的现实特点。受益于此，一批原本只能寻求赴境外上市的企业，如今纷纷登陆境内市场。

资本市场有效推进了数字资产证券化，为算力经济的发展提供融资支持。我国资本市场发挥风险共担、利益共享机制，引导更多资本投向算力相关领域，为算力经济企业提供长期资金支持，在培育算力科技企业方面发挥了重要作用。截至2021年底，在4 684家A股上市公司中，以数字经济为核心产业的上市公司有1 058家，占比达22.6%[8]，涵盖了互联网、云计算、大数据、人工智能、新型信息技术服务等领域，首发募集资金总额达7 595亿元。此外，2019—2021年，算力经济相关产业上市公司通过资本市场增发募集的资金总额达到5 274亿元，极大地满足了企业融资需求，对支持我国算力产业做强、做优、做大起到重要促进作用。

算力技术与资本市场发展相辅相成，金融科技推动资本市场创新发展。在资本市场推动科技创新与算力企业发展的同时，算力相关技术也在资本市场的发展中扮演了重要角色。一是，其推动了资本市场普惠发展，大数据与云计算技术拉低了投资者的参与门槛，拓展了参与投资的途径。某只互联网货币基金参与人数短短几年内几乎达到了3亿人，投资门槛从1万元降低到100元、1元、1分。二是，其创新了资本市场服务模式。我国有1.4亿名股民，而投资顾问人数只有4万多人，线下绝大多数股民享受不到投资顾问服务，但是人工智能技术创新了投资顾问服务模式，为每位客户量身定制投资方案，降低传统财富管理高门槛限制，让更多的中小投资者能够享受投资顾问服务。目前有53家券商在投顾业务中引入了机器人辅助技术，其中有两家服务的客户规模超过100万人。三是，其创新了投资模式。基于人工智能的量化交易基金数量增长迅速。目前国内一些私募基金已经开始将人工智能的三个子领域——机器学习、自然语言处理与知识图谱——融入自己的量化投资策略。

现代物流体系为交易快速高效达成提供有力支撑

现代物流体系通过智能化手段，提高了电商物流效率，推动了算力经济的快速发展。从运输环节看，运输物流结构进一步调整优化，在算力技术的推动下，多式联运业务加速发展，运输方式间的协同性不断提升。物流企业利用物联网技术，实现了对物流全过程的监控和管理，提高了物流业务的可视化程度，同时也缩短了物流环节的时间和成本。快递配送平均时效从 10 年前的一周缩短到 48 小时以内，比全球 72 小时达标要求还要少 24 小时。此外，物流企业利用大数据和人工智能技术，对商品的需求和供应进行预测和分析，为我国算力经济的发展提供了数据支撑和保障，极大地扩大了算力经济的市场空间。

大宗商品物流通过智能化升级，实现物流资源的配置优化。大宗商品物流是我国物流的主要部分，其运量占到全部物流总运量的90% 以上。大宗商品物流智能化升级即通过整合社会运力资源形成运力池，连接货主及货代企业形成订单池，辅以大数据和人工智能技术进行精准匹配连接，实现物流资源的配置优化，显著提高了存量资产的使用效率。以公路运输市场为例，数字化物流使车辆空驶率从之前的 40%~50% 下降到 20% 左右。这种商业模式推动着我国物流行业从分离走向连接、从无序走向集约。此外，我国以算力赋能的网络货运平台，打通了大宗商品企业、承运方、收货方之间的信息壁垒，构建出不同运输方式之间信息的在线连接，从而达到大宗商品运输过程中的实时信息共享和智能高效作业的目的，如线上签约、订单标准化管理、在途可视化监管、线上对账等，保证供应链上物流信息的畅通，提升各环节、参与角色和多种运输方式间的协作效率。

数据要素市场的统筹建设保障交易顺畅流通

数据要素市场规模快速攀升，市场集聚效应逐渐显现。我国数据资源禀赋丰厚，数据交易市场规模持续增长，市场生态加快形成。"十三五"期间，我国各要素市场规模实现不同程度的增长，以数据采集、数据储存、数据加工、数据流通等环节为核心的数据要素市场增长尤为迅速。2022年我国数据交易规模超700亿元，相较2021年增长超过50%。同时，我国数据交易格局逐渐明晰，数据交易市场集聚效应逐渐显现。据不完全统计，全国新建数据交易机构80多家，其中省级以上政府提出推进建设数据交易场所的近30家，全国共有大数据企业6万多家，专业数据人才30多万人。总体而言，我国数据交易市场呈现交易规模持续扩大、交易类型日益丰富、交易环境不断优化的发展特点，充分体现出超大规模的市场优势。

数据要素市场的法律基础制度基本确立，在法律层面保障数据的安全可靠流通。2021年6月，我国数据安全领域的基础性法律《中华人民共和国数据安全法》（以下简称《数据安全法》）正式施行。《数据安全法》界定了数据、数据安全的基本定义，明确了建立数据分类分级保护制度、数据安全风险监测预警机制、数据安全应急处置机制、数据安全审查制度等，确立了数据安全的法律基础制度框架。2021年11月，《中华人民共和国个人信息保护法》正式施行。个人信息作为数据的重要组成部分，是平台型互联网企业数据资源的关键部分，上述两部法律体现出我国在平衡个人信息保护方面的重要考量。至此，《中华人民共和国民法典》《中华人民共和国网络安全法》《中华人民共和国数据安全法》《中华人民共和国个人信息保护法》共同奠定了我国数据要素市场发展的法律基石。

在数据要素的开发与利用过程中，"交易"的概念不断拓展，范畴有所延伸，新应用、新场景层出不穷。在数据信贷服务方面，金融机构将企业的数据资源进行资产化评估，据此发放信贷。在此过程中，数据资产权属确认、数据资产价值评估、数据资产贷后难处置是关键环节，各机构就此进行了探索，全国已有多家主体成功办理相关业务。如 2022 年 10 月北京银行城市副中心分行办理了一笔 1 000 万元数据资产质押融资贷款项目。数据交易所也积极促成此类交易。2023 年 3 月，人工智能公司深圳微言科技公司凭借其在深圳数据交易所上架的数据交易标的，获得光大银行深圳分行 1 000 万元授信贷款。在数据知识产权登记方面，部分地区探索以知识产权登记的方式创新应用场景，有望应用于数据资产入表、交易流通、纠纷处理等多种场景，释放数据要素价值。江苏省 2023 年 4 月开通江苏省数据知识产权登记平台，宿迁国信大数据研究院、华东江苏大数据交易中心股份有限公司、江苏苏北大数据交易中心有限公司等 20 家企业和个人进行了注册并通过审核，先后登记了区域个体工商户活跃度分析研究数据库、高速通行费计算数据、高速 ETC（电子不停车收费系统）支付次数统计等 6 条数据资源。

部分省市初探算力交易，但仍存在机制与模式等不完善的问题

上海、成都、广东试点先行

在资金流、物流、数据流的推动作用下，我国上海、成都、广东

等省市开始积极探索算力交易体制机制，建设算力交易中心与算力调度平台，旨在让算力充分"活起来"，以算力流通交易体系建设实现算力资源线上交易和跨地域共享。

上海 2023 年 4 月上线全国首个算力交易平台。国家（上海）新型互联网交换中心发布了国内首个基于交换中心的一体化算力调度总体建设方案和算力交易平台，旨在推动"构建融合联动的算力调度模式、建立规范有序的算力支撑体系、打造开放共享的算力服务生态"，为算力供需双方提供一个"中立、开放、公平、安全"的算力交易平台。此外，上海发布《上海市推进算力资源统一调度指导意见》，探索算力资源统筹调度的新模式，推进建设"算网布局不断完善、算力资源供给充沛、算力结构持续优化、算效水平稳步提升、应用场景不断丰富"的发展格局。

成都 2022 年底印发《成都市围绕超算智算加快算力产业发展的政策措施》，其作为全国首个算力产业专项政策，首创"算力券"机制，从用户企业和算力供给方两方面给予算力交易支持。对用户企业而言，以"算力券"为核心的算力中心运营统筹结算分担机制的建立，简化了流程，方便了中小微企业使用算力时"随取随用"；对算力供给方而言，备用金制度的建立，变市场交易为财政补贴，为算力供给方给予基本资金保障，同时有利于为算力供给方拓展企业客户。

广东在 2023 年省《政府工作报告》中提出，建设算力资源发布共享平台。在广东省政务服务数据管理局指导下，广州数据交易所以算力资源发布共享平台建设整合算力资源，积极推动算力一体化协同。作为国内首个集"算力＋交易＋场景"三位一体的算力资源发布共享平台，"算聚源"平台上联国家"东数西算"战略，下接粤港澳大湾区一体化算力网络建设布局，依托广东省优越的网络基础条件和排名全国前列的算力资源，以平台为枢纽，汇聚整合各类云商算力服务能力，推动算力资源供需双方有效对接，促进跨区域数据算力资源协同创新。

算力产品交易还存在机制不完善、模式不成熟、保障体系不健全的问题

一是，算力产品交易中标准与统筹规划缺失。我国尚未成立算力产品交易、算力治理等相关的标准化技术组织，缺少算力产品交易标准体系的统筹规划；从算力产品交易全流程上看，基础标准、技术保障标准、交易管理标准、交易安全标准、交易监管标准都存在大量标准缺位。二是，算力度量与定价还未确立。在度量方面，算力资源的度量与水力、电力等能源具有完全不同的特性，其度量往往不是单一维度的，而是包括计算快慢、计算能耗等多重维度，由此这进一步引发了定价难的问题，在定价方面，当前算力交易规模尚未成型，存在市场竞争并不充分、供求关系并不对等的情况，单纯依靠市场定价或许会形成有价无市或有市无价的尴尬境遇，并且算力产生的使用价值高度依赖使用场景等，因此，很难有一套统一的定价方法，进而容易形成"千人千价"的算力交易价格市场局面，最终无法形成可供参考的市场定价标准。

我国算力交易和算力服务模式还需要实际验证，交易机制、业务模式和服务模式还不清晰。从交易机制来看，当前部分省市开始建立算力交易平台，自行探索算力交易相关制度和标准，但各地算力交易平台的规制各不相同，企业在参与不同的算力平台交易时，需要遵守不同平台的交易规则，进而无法有效集中地控制风险。从业务模式来看，算力交易机构的业务模式在确权估值、交付清算、算力资产管理和金融服务等一系列增值服务方面并未落地。从服务模式看，目前区块链与算力交易的结合技术仍在探索规划中，面向个人客户、企业客户、政府客户等应用场景的服务模式还不清晰，需要更多的思考和验证。

算力产品交易过程中，交易安全与金融信用体系的构建是保障算力交易市场稳定和健康发展的前提。目前，我国在这两方面的配套保障体系尚不健全。算力交易的安全保障方面，算力资源在申请、使用再到结算清退的交易过程中，同时涉及算力资源的使用方和供给方，一旦有风险，不仅会导致算力使用方出现漏洞，而且会引发算力供给方的隐患，从而给整个算力交易体系带来风险。目前我国算力交易中还存在着技术支撑、资源接口不统一、用户操作防范意识不强等安全问题。在金融信用体系保障方面，一方面，算力交易过程中的加密资产体系缺乏透明度且监管缺位，给消费者带来法律交易风险、资金结算风险等多重风险。另一方面，算力信用管理系统等算力交易信用评级服务系统缺乏，无法满足全流程数字化的算力交易及管理需求。

数智化治理能力初见成效

智慧、高效的治理能力是促进算力经济稳步发展的重要基础。我国以数字政府为抓手，持续优化数字治理方式、水平与效率，逐步形成"软""硬"实力兼备的数字治理新格局，数字治理成效不断显现。但整体过程在数据流通、应用创新、多维融通等领域仍面临部分问题，政府"数治"水平还需进一步向现代化要求靠拢。

数字政府"软""硬"实力明显提升

中央及地方高度重视数字政府建设，顶层设计日趋完善。我国围绕数字政府建设等做出了一系列重大部署，2022年先后印发《全国一体化政务大数据体系建设指南》《关于加强数字政府建设的指导意见》，文件系统谋划了数字政府建设的时间表、路线图、任务书，对政府数字化改革面临的主要矛盾、关键问题和战略要点做出统一部署。地方政府以极大的热情投入数字政府建设，系统谋划、总体部署数字政府建设相关事项。例如，广东省提出以建设数字政府为核心，围绕系统化的建设思想，构建新型数字政务建设体制机制，陆续出台了《广东省"数字政府"建设总体规划（2018—2020年）》《广东省数字政府改革建设"十四五"规划》等方案；河北省提出将数字技术广泛应用于政府科学决策和管理服务，构建数字化、智能化的政府运行新形态，发布《河北省人民政府关于加强数字政府建设的实施意见》等。

公共服务与智慧城乡等新型社会性设施加速升级，"数治"硬件基础进一步夯实。在公共服务方面，教育、医疗、文旅已基本完成数智化改造，这些改变为广大人民群众方便、快捷、广泛地获取信息文明时代的公共服务建立了坚实保障。教育新基建的"数字底座"加速打造，2022年3月国家智慧教育公共服务平台开通，总浏览量超67亿次[9]，已成为世界第一大教育教学资源库。医疗健康服务数智化水平稳步提升，2022年国家级全民健康信息平台基本建成，所有省份、85%的市、69%的县建立了区域全民健康信息平台[10]；全国已设置超2 700家互联网医院，开展互联网诊疗超2 590万人次。[11]公共图书馆智慧化服务能力显著优化，国家公共文化云和200多个地方性公共文化云平台服务功能不断完善，数字阅读用户达到5.3亿人。在智慧城乡方面，新型智慧城市、智慧乡村设施升级提质，加快推动居住环境绿色宜居、平安和谐、高质高效、共治共享。城市领域，2022 年全国智慧城市试点数量已达 290 个 [12]，蜂窝物联网终端应用于城市供水供气供热等公共服务、车联网等领域的规模分别达 4.96 亿户、3.75 亿户。[13] 城市生态环境数据资源体系持续完善，智慧污水处理厂、智慧河道监控等新应用加速落地。城市智能化安防水平持续优化，2022 年全国智能安防小区已建成近 30 万个。[14] 智慧城市适老化、无障碍改造行动加速推进，电子社保卡为老年人提供"亲情服务""长辈版"等便捷服务达 8 400 多万人次。[15] 乡村治理数字化建设提速，截至 2021 年底，全国利用信息化手段开展或支撑开展基本服务的村级综合服务站点共 48.3 万个，行政村覆盖率达到 86%。公共服务与智慧城乡建设全面推动政府治理服务从"能用"向"好用"深度转变，企业和群众幸福感得到有效提升。

数字政府加速发展，政务数智化"软"实力持续提升。一方面，公共数据资源共享利用能力不断改善。全国一体化政务数据共享枢纽基本建成，覆盖 53 个国务院部门、31 个省（自治区、直辖市）和新疆生产建设兵团，接入各级政务部门 5 951 个，基本实现数据资源统一发布、数据应用统一推广。截至 2022 年底，国家一体化政务服务平台累计数据共享调用次数超 5 000 亿次，较 2020 年增幅达 900%。另一方面，"互联网＋政务服务"服务有效优化。政务服务事项"一网通办"进一步完善，初步实现地方部门 500 万多项政务服务事项和 1 万多项高频应用的标准化服务。90.5% 的省级行政许可事项实现网上受理和"最多跑一次"。《联合国电子政务调查报告》显示，2022 年我国在线政务服务指数为 0.887 6，处于"非常高"的发展梯队，已步入全球领先行列。同时，政务系统集约化水平有所提高。2022

年底国家一体化政务服务平台已汇聚 31 个省（自治区、直辖市）及新疆生产建设兵团和 26 个部门的 900 多种电子证照，56.72 亿条数据，累计提供电子证照共享服务 79 亿次。住房公积金异地转移接续、失业登记、电子社会保障卡申领、残疾人证新办等高频事项办理，基本在全国范围内实现"无感漫游"。此外，数字化预警和应急处置加速探索。例如，北京"城市生命线"实时监测物联网应用示范工程，对城市运行管理的重要方面进行监测、预警、分析；江苏推进"智慧应急"建设，通过 5 万多个传感器接入系统实现全天候监测预警。

政府"数治"水平与现代化要求仍有一定差距

数字治理成效不断显现，为迈入数字政府建设新阶段打下了坚实基础，但数字政府建设仍存在一些突出问题，主要体现在数据共享流通、政务创新应用、"数治"与"人治""法治"融通发展等方面。

政务数据流通共享壁垒仍然存在。首先，政务数据统筹管理机制有待完善。部分政府部门未明确政务数据统筹管理机构，未建立有效的运行管理机制。各级政务部门既受上级主管部门业务指导，又归属于本地政府管理，政务数据管理权责需进一步厘清，协调机制需进一步理顺。其次，政务数据标准规范体系尚不健全。政务数据缺乏统一有效的标准化支撑，数据质量问题较为突出，存在底数不清、数据目录不完整不规范、数据来源不一等问题，数据完整性、准确性、时效性较弱。此外，政务数据共享利用不够充分。数据需求不明确、共享制度不完备、供给不积极、供需不匹配、共享不充分、异议处理机制不完善、综合应用效能不高等问题较为突出，跨地区、跨部门、跨层级的数据综合分析需求难以满足，这些导致数据开放程度不高、数据资源开发利用不足。

政务创新应用的体验不佳、广度不够、深度不足。一是，部分数字政务平台使用体验欠佳，从"能网办"到"易网办"还有较大距离。一方面，网上办事大厅的界面、流程设计相对缺乏用户思维，个性化、人性化设计不足，查询搜索存在"搜不到、搜不全、搜不准、体验差"等问题，在线客服、智能客服功能不完善。另一方面，绝大部分涉企事项仅实现网上受理，企业办事实现全程网办的比率较低，移动端办事仍处于起步阶段。二是，特殊人群、区域间的政务数字鸿沟依然存在。一方面，东部地区得益于良好的区位条件和技术资源积累，数字化政务服务水平持续领先，但西部、农村及边远地区的教育、医疗等重点民生资源及数字化水平相对薄弱，部分地区建成的线上平台存在稳定性差、与其他政务系统不兼容、部分工作人员缺乏积极性等问题，因此，这些地区存在数字政务虽已触达但使用率仍然偏低的情况。另一方面，特殊人群使用数字化政务服务仍存在障碍，老年人、残障人士等人群普遍反映数字化产品界面交互复杂、操作不够友好，不敢用、不会用、不能用的问题突出。三是，人工智能等新兴技术融合赋能有待加强。发展高效数字政务，不是简单把旧有的政务管理搬到线上的"物理变化"，而是要利用算力实现流程再造、效率提升的"化学反应"。人工智能技术融合为优化数字政府治理提供了诸多想象空间，当前人工智能技术在政务行业已经有了初步应用，但其仅停留在简单试点层面，经济调节、市场监管、社会治理、公共服务、生态环保等领域数字化创新应用仍待进一步成熟。

"数治"与"人治""法治"融通发展机制亟待完善。一方面，干部队伍数字意识和数字素养有待提升。推动数字政府建设的需求对政府工作人员的数字能力提出了更高要求。数字政府建设急需在技术和管理上都素质过硬的复合型人才，但政府人才选拔仍以综合能力为主，对优秀数字化人才的吸引力不足。同时，政府工作人员缺乏数字化相关的技能培训，部分政府机构不习惯数字化办公系统，仍依赖于传统的纸质办公方式，一些窗口人员业务不熟练，不想办、不会办的问题突出。另一方面，面向算力经济的法治化建设亟待加速。算力经济的高速发展也将带来潜在风险。市场竞争方面，算力经济的发展可能导致本身有资源优势的企业"赢者通吃"，市场垄断问题亟须重视。用户保护方面，个人信息的潜在商业价值可能会驱使部分企业产生超范围搜集用户信息的行为，企业形成和掌握的信息、技术优势将加剧其与用户之间的信息不对称，导致强隐蔽性、高危害性的问题发生，如"大数据杀熟"等。技术应用方面，面对日新月异的算力经济，人工智能等技术的法律地位、成果权利归属、后果责任划分、风险法律控制等问题不容忽视。如何平衡产业发展和社会安全、防止技术在利益裹挟下的无序应用，已经成为当前算力经济发展必须直面的重要问题。

第十六章
"两点一面"高质量发展算力经济

算力经济是一个复杂的巨系统，我们只有坚持系统观念，立足实际、厚植优势，统筹推进，才能实现算力经济的高质量发展。我国要将系统观贯穿算力经济六大体系发展的全过程，既要统筹兼顾、系统推进，体现建设布局的有机整体性，又要在重点上优先突破。首先，我国应建设好基础设施与科技体系这关键两"点"，前者决定了我国算力经济发展的底座是否坚固，后者决定了我国算力经济发展的主动权是否牢牢把握在自己手中。其次，我国应协调好供需平衡与交易市场的搭建，并建立健全算力经济治理体系，搭建好生产、消费、交换、治理的发展"面"，让它们彼此依存、相互促进，良性循环发展。我国应树立前瞻性思考、全局性谋划、战略性布局、整体性推进的系统观念，将算力经济打造成为驱动经济社会高质量发展的核心增长极。

坚持"两点一面"的系统发展观

发展算力经济，既要树立一盘棋的系统发展理念，也要注重重点领域率先突破。具体来看，结合第一篇提出的驱动算力经济增长的六大体系与中国国情，我国若想实现算力经济的高质量发展，首先，我们要紧抓基础设施、科技体系这两个关键"点"。没有基础设施，一切都是无源之水；没有基础研究，一切都是空中楼阁。其次，我们要把握好生产体系是生产力的总和、消费体系是消费内容的总和、交换体系是产品和要素流通关系的总和，治理体系是社会政治关系的总和的定位，将生产、消费、交换、治理体系放于同一发展"面"，让它们紧密相连、相辅相成、高效匹配，促进算力经济健康、可持续和更深层次的发展。

基础设施建设是发展算力经济的"基座"，从底部推动"面"的发展。建设创新基础设施，为激发科技创新体系新动能提供强大支撑，推动科技创新、关键核心技术实现新突破，促进科技体系的构建优化；建设融合信息基础设施，为企业提供更加高效、稳定、便捷的交通、能源、通信等服务，使企业以更低成本获得更高生产效率，更好地满足客户需求，推动生产体系的转型换代；建设 5G、6G 等新型信息基础设施，为各方提供泛在、高速、智能的信息服务，促进平台经济、电子商务等快速发展以及可穿戴设备、数字家庭、智能服务机器人等服务走向成熟，带动大众消费，推动消费体系提质升级。我国建设以算力网络为抓手的数字基建，打造全国算力"一张网"，统筹布局算力一体化调度，推动以算力为核心的交换体系构建；建设新型基础设施，全面升级数字政府基础设施，优化和提升政府治理服务体系。

科技体系建设是发展算力经济的"引擎"，从顶部牵引"面"的发展。我国人工智能、云计算、物联网等现代信息科技以及生物科技、材料科技、航天科技等前沿领域科技的跨越式进步，将带动算力经济相关领域协同发展。在生产侧，新技术的应用助力企业采取个性化定制及柔性化生产，提高供给质量；在消费侧，以算力驱动的新一代信息技术将降低消费者的购物成本，提高匹配效率，同时催生出直播经济、远程办公、在线医疗等新模式、新业态，培养消费的新习惯，拉动国内的消费需求；在交易侧，科技赋能、促进信息流、物流、资本流加速流动，推动数据要素、电子商务、资本市场等现代化交换体系构建；在治理侧，大数据、人工智能等技术的革命性发展将全面提升政府"看得见的手"的治理效能，提高国家数字治理水平。

我国在抓住基础设施和科技体系两大关键"点"的基础上，坚持目标导向、问题导向、需求导向相结合，聚焦生产、消费、交换、治理体系这个发展"面"，采取科学合理的发展策略，推动算力经济的发展。

生产体系与消费体系是算力经济的起点和终点，相互依存、相互促进、互促发展，循环协同推动算力经济持续发展。随着算力经济的发展，简单的商品已经不能完全满足消费市场的需要，无论是 2B 端还是 2C 端，都需要企业提供的产品和服务具备智能化内涵。在企业的产品和服务被赋予这些智能特性之后，消费者就可以改变其消费方式，而这些新的消费方式又会给市场注入新的活力、给企业带来新的生产机遇。在生产侧，企业依托算力技术，如人工智能、大数据等更好地了解消费者需求，进而向消费者提供更加个性化和定制化的产品，同时，企业也能够更快地响应消费者需求，调整生产和供应。这使得企业能够更好地满足市场需求，提高市场竞争力和效率。在消费侧，未来消费者可以更加便捷地获取商品和服务，同时也能够更好地了解和选择产品。这使得消费者对产品的需求更加多元化和个性化，进而推动了市场需求的变化和拓展。算力经济下，生产与消费之间的关系更加紧密，生产者更加注重消费者需求，消费者也更多参与产品设计和生产的过程，通过生产侧和消费侧的相互作用和双重赋能，市场满足双方有效需求和潜在需求，实现供需匹配和动态均衡。此外，生产过程需要政府提供安全的数字平台以确保产品生产和数据共享的安全性和合法性，消费者需要政府完善相关法律法规以保障消费过程中个人信息的安全，算力经济下生产与消费也对政府治理提出了更高的要求。

交换体系是算力经济的大动脉，它能够促进算力资源和市场要素的高效流通和优化配置，推动算力经济顺畅发展。生产与消费过程中产生的大量数据、算力需要完善的交易市场去保障算力资源和算法工具的有序流通。可以说，交换体系的构建，对于保障生产与消费的快速流通、准确交换是至关重要的。此外，在交换体系的构建中，数字治理是不可或缺的组成部分，它能够为交换体系提供数据支撑和保障，提高交易的效率和安全性，促进交易的公平和公正，保障算力经济的发展。

完善的治理体系是算力经济的调节器、催化剂。目前算力经济发展中一些比较突出的问题已经得到了纠正，但监管与治理是一个长期任务，基础设施、科技体系、生产体系、消费体系、交换体系只有在治理体系提供的稳定的政策环境下，才能实现健康、有序的高质量发展。一方面，治理体系提供的各种规则和标准，可以指导参与者如何收集、存储、处理和共享数据，以及如何保护数据的安全和隐私；另一方面，完善的治理体系帮助供给方更好地管理和利用数据，从而提高效率和生产率。此外，完善的治理体系可以为算力经济领域的创新和增长提供良好的环境。通过鼓励创新和投资，完善的治理体系可以推动算力经济的增长和发展，并吸引更多的人才和资本进入这个领域。

打造以算力网络为核心的新型基础设施

我国在基础设施整体"网强算弱"的背景下，充分发挥网络优势，打造算力网络，"以网强算"成为破解算力经济发展难题的新思路。根据梅特卡夫定律，网络的节点数越多，网络的价值越大。通过算力网络，算力资源和网络实现互联互通，其利用网络集群优势吸纳全社会算力资源，形成一体化的基础设施，为我国算力经济发展打下坚实基础。

大力建设算力网络，推动算网协同发展

当前，发展算力网络已成为响应国家战略的必然选择。过去我国打造了以4G、5G为代表的领先网络技术，推动了移动互联网经济的高速发展。面向新一轮经济发展浪潮，我国深刻洞察全球网信领域趋势变化，围绕算力基础设施建设做出系列重要指示。《"十四五"国家信息化规划》明确提出，构建云网融合的新型算力设施；《全国一体化大数据中心协同创新体系算力枢纽实施方案》等相关文件进一步强调，要布局算力网络国家枢纽节点，加快实施"东数西算"工程，构建以数据流为导向的算力网络格局。加快算力网络创新发展已成为贯彻落实国家"新基建"部署要求，助力算力经济快速发展的必然之举。

以网络为基，互联泛在算力。我国通过算力网络连接泛在化的算力资源，利用网络集群优势，突破单点算力的性能极限，提升算力的整体规模。我国通过"东数西算"工程，推进东西部地区网络架构和流量疏导路径优化，基于全光底座和统一IP承载技术的网络建设，实现云边端高速互联。我国支持国家枢纽节点内的新型数据中心集群

间网络直连，促进跨网、跨地区、跨企业数据交互，推动边缘数据中心间，边缘数据中心与新型数据中心集群间的组网互联，促进数据中心云、数、网协同发展。我国通过构建高速网络连接多个国家级超算中心，集成与研发跨超算资源管理环境、共性应用函数库与工具软件，建立复杂力学体系与量子物理体系、生物与材料、环境治理与灾害防治三个重点领域的应用资源集成与服务集成，探索跨中心的超算社区运行机制与快速响应与协同机制。

以算网大脑为核心，提升算力调度能力。国家新型算力枢纽建设和"东数西算"的整体布局，可利用网络吸纳全社会算力资源，组成"云网边端"立体的算力网络，将网络超带宽、高智能的功能作用于算力调度的高需求，实现算力资源的全局智能调度和优化，助力解决我国算力发展不均衡的问题，实现算力和网络的协同发展。通过算网数据感知获取全域实时动态数据，结合算网智能化、多要素融合编排实现要素能力的一体供给和智能匹配，算力资源可实现智能调度和全局优化。建议国家做好算力感知、算力建模及算力评估，面向全网的算力资源（计算、存储和网络），积极开展对各类算力资源的状态、动态性及分布的分析、度量以及建模，实现基于干扰分析的算力资源评估，作为算力资源发现、交易、调度的依据。

算力网络——新基建，新能力，新服务

"算力网络"是近年来产业界的热点，但人们对算力网络概念、定义和范畴有多种理解。

我们在搜索引擎中能找到的对算力网络的解释更多的是指一类具体的"算力网络"技术，又称为算力感知网络、算

力优先网络等，是算力和网络深度融合的技术研究方向。这个层面的算力网络更多的是一种面向承载网的新型网络技术，它通过网络控制面分发算力服务节点的算力、存储、算法等资源信息，并结合网络信息和用户需求，提供最佳的计算、存储、网络等资源的分发、关联、交易与调配方式，从而实现整网资源的最优化配置和使用。

如图 16-1 所示，算力优先网络技术架构中的算力路由层为算力优先网络的核心层，其向上通过预先定义的资源和服务接口获取算力节点的算力和服务信息，并通过算力建模对算力资源信息进行抽象描述和表示，形成算力能力模板；其向下对接基础网络层，获取 IP 网络的路由与实时状态。算力路由层的算力优先网络节点包括接入节点和出口节点，接入节点面向客户端，负责服务的实时寻址和流量调度；出口节点面向服务端，负责服务状态的查询、汇聚和全网发布。当接入节点收到客户端的计算任务数据包时，它会首先确定该数据包的计算任务类型（包含服务 ID、流粘性需求属性等），并基于预先获取的计算任务类型、其他计算节点和计算性能的对应关系，确定该计算任务类型对应的至少一个其他节点和其对应的计算性能。其次，基于其他节点的计算性能，以及本地节点与其他节点之间的网络性能如链路状态，算力优先网络节点会综合考量确定执行的目标节点。最后，通过分布式路由协议，算力优先网络节点将计算任务报文路由到选择的计算节点，从而实现用户体验最优、计算资源利用率最优、网络效率最优。

国家层面，近年来重点提出了国家级算力枢纽的建设，也有关于"算力枢纽"的相关论述。2021年5月，四部委联合发布的《全国一体化大数据中心协同创新体系算力枢纽实施方案》中，"算力网络"一词首次出现在官方文件中，其主要指将"东数西算"中国家级数据中心连接起来形成的一体化枢纽设施。国家提出的算力网络主要强调对互联网数据中心、云计算、大数据的布局规划。

虽然各界对"算力网络"有着不同的理解，但从国家到产业和学术界的整体发展来看，算力网络的热度在持续升温。中国移动结合国家政策要求、产业发展和技术演进方向以及自身发展诉求提出未来算力网络具有"三新"特性。

首先，算力网络是新基建，是网、云、数、智、安、边、端、链（ABCDNETS）等深度融合的新型信息基础设施；其以算为中心、网为根基，通过以网强算、以数立算，以智赋能，以链建信，以安筑防，激发与"数、智、链、安"等要素的叠加、放大、倍增效应；最终目标发展为类水网、电网的新型国家基础设施。

其次，算力网络是新能力，是数字产业化能力的巩固提升、整合重塑，其逐步提供"算力可泛在部署，算网可智能

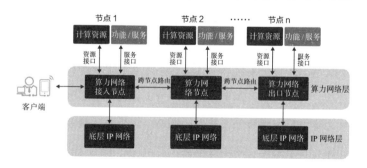

图 16-1　算力优先网络技术架构图[1]

调度，设施可融合共生，资源可全局优化，服务可一体供给"的新能力。

再者，算力网络是新服务，是以算力为载体、以数智化价值为内核、以产业数字化为使命的新型一体化服务；从过去单纯以带宽、流量、虚机等独立资源为主的服务形态，渐进式地向"融合、智能、无感、极简"的新服务模式演进。

算力网络是国家、社会、产业发展的战略要求。算力网络可支撑国家网络强国、数字中国、智慧社会等战略，国家新型算力枢纽设施布局和"东数西算"工程，同时可为各行各业提供数智化服务，并赋能产业数字化发展，加速经济脱虚向实。算力网络通过与智慧中台、5G+的深度结合，以算为中心，网为根基，融数注智，携链带安，打造融合互促的技术能力体系，构建产学研用协同的联合创新生态，推动数字产业化发展，实现产业数字化的大目标，如图16-2所示。

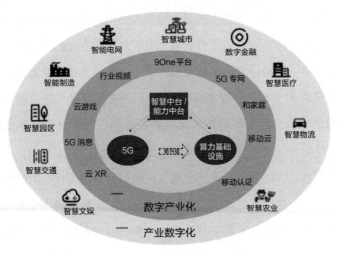

图16-2　算力网络的价值与意义 [2]

让安全贯穿始终，把握算力网络投资的"度"

　　安全是算力网络发展最大的挑战，国家发展算力网络要以安全贯穿始终，形成新安全理念，保障算网全程可信。一是，国家应完善安全标准体系，形成以安全能力内生、安全可信为基础的新安全理念。建议国家加快出台针对算力网络的安全标准和指导意见，重点围绕《网络安全法》《数据安全法》《关键信息基础设施安全保护条例》等法律法规要求的落地实施，引导推进算力网络产业化过程中的安全能力配套建设，建立统一的算力安全分级和入网标准，规范泛在算力入网工作，保障算力节点安全可信。进一步加强算力网络的内嵌安全能力，实现架构级安全内生。通过算力网络内置基础安全能力，提供采集、管控、隔离等能力，并基于分布式技术，实现去中心化的安全可信机制，构筑安全可信的算力网络，满足不同业务场景的差异化安全需求，提高通信系统的安全自治能力，建设可度量、可演进的安全内生防护体系。二是，在算力网络资源高度协同、网络灵活开放、数据高速流通的算网环境中，全行业应充分应对动态变化的安全需求，引入安全编排、隐私计算、全程可信等技术，加强网络安全监测，建设网络安全保护平台和态势感知系统，建设平台智慧大脑，提升应对、处置网络安全突发事件和重大风险防控能力，对关键信息基础设施、重要网络等开展实时监测，积极利用新技术开展网络安全保护，构建以密码技术、可信计算、人工智能、大数据分析等为核心的网络安全保护体系，不断提升对基础设施内生安全、主动免疫和主动防御能力。

　　算力网络的建设不是一蹴而就的，我们需要立足实际，长远谋划发展。首先，各地要根据自身资源禀赋和发展水平，合理选择数据中心、智算中心等算力基础设施的发展重点。算力基础设施具有技术含量高、投资巨大、迭代频繁、折旧快等特点，各地需要立足市场需求和当地财力、人力、产业基础等实际情况，因地制宜、合理规划建设重点，不盲目追求短期目标和发展潮流。其次，大家要以经济、适用、先进为原则，把握好投资节奏，避免过度超前投资、无序投资造成新的产能过剩和投资浪费。算力网络等基础设施需要较长的投资建设周期，如果过度超前投资，就会人为抬高用户成本，且容易形成不可持续的公共部门债务，影响算力网络投资、建设、运营的可持续性。

突破基础研究"人财物"的瓶颈

"从历史上看，一个国家的创造力只能维持短暂的时期。幸运的是，由于各国领导人都支持创新，迄今为止，总会有一个或几个国家接过创新的火炬（后称卡德韦尔定律）。"我国要接过创新的火炬，突破"卡脖子"，关键抓手在于强化基础研究，没有强大的基础研究，就不可能有持续的技术创新。在基础研究方面，我国需要追赶的道路任重而道远，重点要从统筹基础研究经费投入并丰富多元投入、建设融合型人才队伍、打造科研平台三方面入手。

组建"科学家 + 工程师"的融合型人才队伍

"千军易得，一将难求"，国家在科研一线要有意识地识别、引导、培养战略科学家，培养新时代的爱因斯坦、钱学森。国家要为人才搭建干事创业的平台，鼓励人才挂帅出征，给揭榜挂帅者"搭台子""架梯子""引路子"，让科学家归位，鼓励他们锁定基础研究前沿领域的科学难题，面向科学前沿，勇闯科学"无人区"。国家要健全、完善科学家参与科学决策的长效机制，在实践中提升科学家的全局视野和前瞻性判断能力，为科学决策提供前瞻性和预见性判断、重塑科研组织模式、为重大科技攻关项目把关护航。

国家要加强工程教育，建设一批具有突出技术创新能力、善于解决复杂工程问题的卓越工程师队伍，培养大国工匠。针对战略性新兴产业，比如信息技术、生物技术、新能源、新材料、高端装备等，国家要加大对急需紧缺工程技术人才的培养支持，健全高技能人才培养体系，围绕国家重大战略、重大工程、重大项目、重点产业对高技能人才的需求，培养新时代"鲁班"，激励人才把工匠精神融入生产制造的每一个环节，在坚守中追求突破、实现创新。"桐花万里丹山路，雏凤清于老凤声。"面向智能制造、工业互联网等重点领域的数智化职业场景，我们应优先在新技术、高端技术等产业领域探索"中国特色学徒制"，加大工程师传帮带培养力度。同时，国家要深化校企合作，建立产教融合长效机制，推进工程实践和人才培养有机结合，组建既懂科学又懂工程的融合型人才队伍。

国家要推动形成科学家与工程师相对固定合作模式和工作机制的科研创新团队，促进两者共同凝练出更高质量的科学问题，攻关"卡脖子"难题。我们要以高校和科研院所专家人才（科学家）为核心，以企业工程技术人员等（工程师）协作为基础，以企业或高水平创新平台为依托，形成科学家与工程师相对固定合作模式和工作机制的科研（产业）创新人才团队。在新一代信息技术、高端装备制造、新材料、新能源、绿色环保、新能源汽车、人工智能、现代农业、生命健康等领域，从基础前沿、重大关键共性技术到应用示范，在多领域、跨学科部署"科学家＋工程师"队伍，他们既要有"仰望星空"的科学探索精神，也要有"脚踏实地"的实干精神，从而攻克产业重大技术难题、促进科技成果转化、孵化更多科技企业。

国家要发展新型研究型大学，优化基础学科建设布局。一方面，推动高水平研究型大学持续加强基础学科、应用学科、新兴学科、交叉学科研究和大团队建设，力争不断在人工智能、量子信息、脑科学、空天科技等前沿领域实现重大原始突破。以数学为例，山东大学数学学院发挥自己的基础研究优势，先后通过数学和金融的交叉研究，创立了新的金融风险计量方法和资产定价理论，在国际上形成了"非线性期望"中国学派；用图论方法形成的生物信息研究，与本校的微生物技术国家重点实验室实现了强强联合；用数论的方法解决了密码中的重要问题和关键领域的信息安全等问题。另一方面，深化科研经费管理改革，给予基础学科长期稳定、可预期的经费支持和配套措施，不仅要发挥好评价和资源分配等政策"指挥棒"的作用，还要在学科交叉上破除壁垒、创造条件，促进新兴学科、交叉学科与基础学科形成合力，推动学科交叉融合和跨学科研究，培养一批既懂科学、又懂工程的复合型交叉人才。

统筹谋划基础研究经费投入，丰富基础研究多元投入

制定基础研究经费使用规划，明确基础研究投入方向。基础研究需要清晰的宏观目标作为战略引领，基础研究投入要统筹谋划，对症下药，有的放矢。一方面，国家面向重大战略需求，集中研发力量，投入可以解决目前比较迫切的一些民生问题或者卡脖子问题的研究领域。例如，纳米科技、量子、新一代人工智能等。另一方面，国家根据基础研究的类型和实际需求规划经费投入。例如，高能物理的研究通常需要大科学装置，如粒子对撞机或加速器，仅仅是建造这些

装置就需要几十亿甚至数百亿元的经费；天文学领域也需要大型观测装置，2021年底发射上天的韦布空间望远镜的建造共花费了大约100亿美元。有些研究则不需要很多经费，如理论物理领域的许多研究工作。因此，国家需要扎实做好投入产出调查，更加精准高效地投入研究经费。

促进企业加强应用导向的基础研究，加强企业研究力量。国家应进一步为链长企业加强基础研究减负添力，推动研发费用加计扣除、高新技术企业税收优惠等惠企创新政策扎实落地，允许企业通过科技合同委托大学或科研机构，以项目合作或技术咨询等方式解决在基础研究中遇到的核心难题，产生的相关费用可申请税收抵免。在部分特殊情况下，企业如需购置单价较高的大型仪器设备、器具，或建立新实验室、成立跨区域研究所等，可根据实际情况申请税收抵免，这样能够有效降低企业基础研究的投入成本，鼓励企业通过协同机制开展基础研究，更好地发挥企业"出题人""答题人""阅卷人"的作用。

撬动社会资金支持，保障多元化的基础研究经费投入。国家应拓展基础研究的"能量池"，一方面，鼓励地方政府结合本地基础研究的特色和优势，以及当地的经济发展情况，通过设立省（区、市）"基础研究联合基金"，建设地方实验室、创新平台等加大对基础研究的投入，对地方政府的科技投入以及基础研究经费投入的比例应根据不同情况在考核中适当要求。另一方面，国家应鼓励社会力量设立科学基金、加大科学捐赠等多元投入，完善社会捐赠支持科技创新的政策机制和配套措施，为社会力量进入基础研究领域扫清障碍、畅通渠道，营造重视基础研究、支持原创突破的良好社会氛围，为基础研究领域的科研人员提供竞争性和稳定性相结合的经费支持，使其大胆、自由地探索，实现原始创新的突破。

以科学智能为抓手，打造科研第二大脑

　　面对科学前沿研究不断向超微观、超宏观、超复杂方向发展的趋势，明确将科学智能（AI4S）作为国家基础研究战略的一部分，通过人工智能推动科学范式革命、重塑传统的科学知识体系和培养模式。布局 AI4S 前沿科技研发体系，推动 AI4S 赋能科学研究，不断拓展科学创新的广度、深度、速度、精度。一是，紧密结合基础学科关键问题，推进面向重大科学问题的人工智能模型和算法创新和软硬件计算技术升级，发展一批 AI4S 专用平台，加快推动国家新一代人工智能公共算力开放创新平台建设。逐步构建以人工智能支撑基础和前沿科学研究的新模式，打造智能化科研的开源、开放的创新生态，破解科研"维数灾难"，推动科学研究从单打独斗的"小农作坊"模式走向"安卓模式"的平台科研，探索"基于数据发现科学规律"科研范式，推动科研进步，实现效率提升。二是，营造良好的创新生态，强化 AI4S 的产学研生态建设。建立 AI4S 应用的产业生态圈。通过筹建面向 AI4S 的专项合作计划、设立聚合产业群体和高校机构的创新合作平台等形式，为 AI4S 的应用落地营造更加宽容、便捷的产业环境，吸引更多的科研机构和产业伙伴参与。拓展 AI4S 高校和科研机构的合作生态。加强 AI4S 领域的高校合作生态建设，有序推动科学研究数据开放共享，逐步加强国家重点领域科研机构及研究学者的合作，为后续建设 AI4S 专用研发平台奠定专家基础。

　　科学智能（简称 AI4S），泛指人工智能应用于科学领域的系列研究。该理念萌芽于 2016 年，当时阿尔法围棋（AlphaGo）首次战胜人类围棋世界冠军，这使得科学家意识到人工智能在智力活动方面具有超越人类的潜力，于是科学家开始探索使用人工智能算法与工具求解科学问题。

AI4S具备三层含义。一是，采用深度学习技术求解相对确定性的科研难题，推动科研进步与效率提升。二是，采用人工智能技术发现新的科学定理定律，实现从0到1的原始创新。三是，通过人工智能先解决科研问题，再推进产业升级。AI4S的三重潜力已获得政府部门的高度重视，政府已经释放众多政策红利。中央层面，科技部会同自然科学基金委启动"科学智能"（AI for Science）专项部署工作，紧密结合基础学科关键问题，推进面向重大科学问题的人工智能模型和算法创新，发展一批针对典型科研领域的"科学智能"专用平台，加快推动国家新一代人工智能公共算力开放创新平台建设。地方层面，上海启动两大平台推动AI4S发展，促进人工智能技术成为解决基础学科重大科学问题的新范式；北京成立全国首家科学智能研究院，发力创新生态构建；天津市河北区与北京深势科技、华为签署合作协议，将加大算力网络投入，建设科学智能计算平台，区域性政策红利正在逐步显现。

抢占"中国智造"发展新高地

随着算力经济的深入发展，制造业尤其是高端科技产业已成为新一轮国际竞争和大国博弈的竞技场，谁能拔得生产体系转型升级的头筹，谁就能在全球产业分工重塑进程中占据先机。我国已有规模宏大的制造基础，正处于转变发展方式、优化经济结构、转换增长动力的攻关期。面对纷繁复杂的国际形势，我国产业需要大中小企业形成合力、融通创新，以智能制造的"革故"推动产业优化升级，以未来赛道的"鼎新"赢取换道超车新机遇，共同推动我国产业向全球价值链中高端迈进，为我国加快制造强国建设、发展算力经济、构筑国际竞争新优势提供有力支撑。

推动大中小企业协同创新，提升产业国际竞争力

打造世界级"平台型"企业，带动产业链、供应链、创新链协同发展。发挥新型举国体制优势，鼓励科技龙头企业聚合要素资源，探索算力网络、人工智能等关键技术创新应用，开辟一批新的产业发展方向和重点领域，培育一批新的经济增长点，打造世界级创新平台企业，引领算力经济产业链、供应链对外开放合作。引导龙头企业发挥产业主导力量，做大、做强、做优一体化算力服务平台、关键共性技术供给体系，向中小企业开放更多设计研发能力、仪器设备、试验场地等各类创新资源要素，带动产业链、供应链、创新链深度融合交流、资源共建共享、优势能力互补。

培育"小巨人""单项冠军""独角兽"，打造高质量发展的强劲新引擎。针对中小企业技术升级、工艺优化、精益管理和流程再造等典型应用场景，推广一批"低成本、快部署、易运维、强安全"的轻量化、针对性的服务，赋能中小型企业快速形成自身数智化能力。政府不断完善财税扶持、采购倾斜等政策，支持有条件的中小企业进入大企业的核心供应链，布局人工智能、量子计算、高端装备等战略性新兴产业，补足领军企业的短板弱项，专注细分市场的创新引领，打造尖端优势，持续探索算力经济新的增长引擎。

推动单点突破走向"以大带小、以小促大"的大中小企业融通格局，积极主动地融入全球产业链，建设具有国际竞争力的产业新生态。支持制造业尤其是高端科技产业以"平台企业引领、'专精特新'企业共进的"雁阵集群形式"走出去"，通过设立研发基地、生产基地、子公司等方式，积极参与国际竞争、拓展国际市场、构建全球生产协作生态，主动融入全球产业链，实现产业快速成长。产业应加大对国外先进企业的"引进来"，特别是加大对核心技术产业、先进制造业的"隐形冠军"和"配套专家"的引进力度，补齐短板和弱项，大家协同共进提升我国高新科技、智能制造产业生态的韧性和竞争力。

深化技术赋能，全面升级中国智造

创新打造一批信息技术与智造工艺深度融合、国际领先的智能制造装备、工业软件和系统解决方案"利器"，为智能制造夯实供给基础。智能制造装备领域应以信息技术、先进工艺、新型材料深度赋能制造装备迭代升级、价值重塑，在高端工作母机、智能工业机器人、增材制造、激光加工等领域，打造一批国际领先的新型智能制造装备"利器"。工业软件领域应推动装备制造商、科研机构、软件企业、用户企业协同开发，自主研发一批面向产品全生命周期和制造全过程的高水平工业软件，同时强化应用验证，以工业应用反哺软件迭代升级，加速工业软件的自主可控进程。系统解决方案领域，鼓励引导算力服务企业、系统解决方案供应商与用户企业加强供需互动、联合创新，构建工艺、装备、软件、技术深度融合的高质量协同解决方案。

以"DICT+工业互联网"为抓手，孵化一批世界领先的工业互联网平台。一方面，加快"DICT+工业互联网"规模化部署。推动5G、6G等新一代信息技术、千兆光网与工业现场网融合，探索确定性网络、数字孪生、区块链等技术落地，面向汽车、高端装备、生物医药等重点行业，孵化一批世界领先的工业互联网平台，培育推广平台化设计、智能化制造、网络化协同、个性化定制、服务化延伸、数字化管理等新模式，带动产业向高端迈进。另一方面，建设覆盖重点企业、重点产业、重点区域的应用体系。面向重点行业，编制工业互联网与电子信息、工程机械等重点行业融合应用指南，促进"DICT+工业互联网"在重点产业链普及应用；面向重点企业，发挥其龙头引领作用，带动上中下游企业特别是中小微企业融入"DICT+工业互联网"；面向重点区域，加快"DICT+工业互联网"进园区、进集群，推动更多的集中连片的精品应用涌现。

深化人工智能应用，培育推广柔性生产等智能制造新模式。在融合创新方面，加快人工智能与制造全过程、全要素深度融合。鼓励企业积极创新应用人工智能技术，通过对海量实时数据进行深度学习和模式识别，从大数据中提取和分析有价值的生产信息，准确预测生产状况、质量问题和设备故障，自动监测和控制生产过程，并提供相应的优化方案和预警机制，提高生产效率和质量稳定性，帮助企业做出及时而准确的决策、降低生产成本。在深度应用方面，引导企业发展数智化柔性制造，以算力赋能灵活化、个性化生产全流程，建设智能场景、智能车间示范标杆，提高制造各环节的资金资源流转效率。在工程机械、轨道交通装备、电力装备等重点行业，支持智能制造应用水平高、核心竞争优势突出、资源配置能力强的龙头企业打造一批世界级智能工厂，打响中国智能制造品牌。在体系建设方面，完善智能制造标准体系，在智能装备、智能工厂等方面推动形成国家标准、行业标准、团体标准、企业标准相互协调、互为补充的标准群，引领企业生产效率、产品质量、资源利用水平全面升级。

超前布局未来产业，把握发展新机遇

建立以企业为主体、市场为导向、产学研深度融合的未来产业创新体系。构建开放共享互动的产学研协同机制，充分调动社会各领域的积极性，推动科技创新与产业、企业需求的有效对接。发挥北京、上海、深圳创新资源的集聚优势，联合高等院校、科研院所、高新技术企业，加快集聚建设一批世界级创新单元、研究机构和研发平台，推动我国在颠覆性技术领域率先取得重要突破。

积极培育发展未来产业，实现算力经济换道超车。在能力层面，充分发挥新型举国体制优势，加速算力、人工智能等信息技术与基因编辑等未来生命科学、深海深空深地等未来空间资源、石墨烯等未来新型材料的深度耦合创新，瞄准类脑智能、基因技术、深海空天开发、氢能与储能等前沿科技和产业变革领域组织实施未来产业孵化与加速计划，着力培育未来技术场景，抢先探索产业化应用，加速市场化进程，谋划布局一批未来产业，锁定先发优势。在布局层面，重点是在科教资源优势突出、产业基础雄厚的地区，布局一批未来产业技术研究院和先导示范区，实施产业跨界融合示范工程，打造未来技术应用场景，加速培育若干未来产业，推动形成未来产业策源地，激活未来产业发展势能，引领社会生产范式重构，重塑全球竞争新格局。

创造新需求推动消费扩容提质

消费是最终需求，是畅通国内大循环的关键环节，对算力经济具有持久拉动力。我国应加速打造消费新场景，释放新消费需求，培育消费新理念，探寻消费市场"增长密码"。一方面，其通过发展消费元宇宙，为人们提供虚拟消费空间，满足人们在虚拟空间的感知享乐和部分消费需求，同时鼓励人们在虚拟空间创造虚拟产品，创造消费新需求。其通过平台和企业让虚拟产品拥有现实世界中的经济价值，使人们通过交易虚拟产品变现，增加其收入，带动虚拟经济新增长点。另一方面，推动虚拟与实体的融合，积极拓展类人机器人、智能汽车等消费产品和服务市场，同时面向养老、医疗、教育等领域重点需求，以算力、算法赋能打造"智慧+"生态，引导消费新模式的孕育成长，促进消费不断提档升级。在此基础上，以新场景、新模式创造新的生产动力，催生新的就业空间，推动消费体系正向循环，达到供需动态适配的新水平。

以消费元宇宙重构大众消费想象，打造虚拟经济增长点

大力推进线上虚拟消费空间的构建，激发人们新消费的欲望。支持企业依靠3D建模、VR、AR、XR等技术创建虚拟购物中心。一方面，打破地理和物理的限制，为顾客带来随时随地的沉浸式消费体验，让顾客充分感受虚拟产品的特点和品牌的魅力，激发顾客的购买欲望，挖掘潜在的购物需求。另一方面，丰富比现实商品价格更低的虚拟商品种类，满足人们的精神消费需求，通过引导人们寻找低价虚拟替代商品的方式，维持其对美好生活的向往，激发消费者的消费欲望。

口红效应现象与口红经济

在美国，每当经济不景气时，口红的销量反而会直线上升，因为人们认为口红是一种比较廉价的消费品。在经济不景气的情况下，人们仍然会有强烈地消费欲望，会转而购买比较廉价的商品，口红作为一种"廉价的非必要之物"，可以对消费者起到一种"安慰"的作用。再有，经济的衰退会让一些人的收入降低，他们很难攒钱去做一些"大事"，例如，买房、买车、出国旅游等。因此消费者手中反而会出现一些"小闲钱"，正好去买一些"廉价的非必要之物"。

这种现象产生的原因，一是，人们为了提升自信和幸福感。口红是一种能够改变气色和心情的化妆品，它可以让人们在面对困境的时候，感觉自己更美丽、更有魅力、更有价值。二是，人们为了节省开支。口红相比于其他奢侈品，如服装、鞋子、包包等，价格更低，消费者更容易买得起。人们在经济不好的时候，可能会减少或放弃购买其他奢侈品，但是口红可以作为一种替代品，让人们在不花太多钱的情况下，仍然能够满足自己对奢侈品的渴望。三是，人们为了适应社会期待。口红也可以被看作一种社会信号，它可以表达一个人的身份、地位、品味和态度。在经济不好的时候，人们可能会面临更多的竞争和压力，而口红可以帮助人们在社交场合中展示自己的优势和个性，增加自己的吸引力和影响力。

通过互动参与激发消费者创作需求，推动虚拟产品在现实世界价值变现，增加劳动者收入，促进虚拟经济发展。首先，鼓励人们在虚拟空间设计、创造消费产品和服务，通过引导消费者主动参与品牌共创的方式，实现消费者从"被动"到"主动"的角色转变，激发消费者创作虚拟新产品热情，并通过参与品牌设立，将消费者从品牌的被动接受者转变为品牌的主动参与者和传播者，使消费者获得参与感、满足感、成就感，实现消费者与品牌的双向认同。其次，引导企业加紧研究未来虚拟世界与现实社会价值变现的重要平台，如鼓励消费企业与技术公司合作，开发虚拟服饰、虚拟地产等虚拟商品以及融合加密算法技术的数字藏品，并利用区块链技术让此类商品拥有现实世界中的经济价值。最后，通过赋予消费者创作的虚拟产品现实世界价值，增加消费者创作激情的同时增加其收入，带动虚拟经济的增长。

Morketing i-Bank 智库、iBrandi 国际品牌研究院智库的研究报告显示，技术变革将因"需"而动，消费者通过全新的深度互动方式获得更强的参与感和更好的互动体验。与时俱进的消费者愿意在消费过程中尝试新的消费模式，他们对有趣、新奇的事物充满好奇心。他们乐于与品牌共创，一起创造价值、传递价值。品牌通过消费者共创倾听消费者心声、了解消费者真正消费需求，消费者的活力与创造力也能够赋能品牌成长。如 72% 的受访者表示会对自己参与创造的产品充满成就感；34% 的受访者表示希望能够探索不同的元宇宙空间；51.6% 的受访者认为"品牌与消费者互动，建立直接联系"会促进其对产品的购买。

推广数字人应用，拉动新时代人群消费需求。推动数字人进入数字消费领域，支持开展数字人电商直播、数字人流媒体制作等业务，以数字人形象 IP 增加辨识度，与用户进行更亲密的互动，提高品牌认知度和用户忠诚度，并通过人工智能算法等，提供互动性、个性化和定制化推荐，满足"Z 世代"用户消费新需求。

以虚实融合创造新场景，释放消费潜力

发展依托高性能计算的类人机器人产品，提高用户体验，满足消费者日益增长的人机交互等消费需求。开发并持续完善机器人通用人工智能大模型，挖掘应用场景资源，增强类人机器人产品的功能性、智能性与交互性，满足算力经济时代下消费者重交互、重智能的新消费需求。同时，整合类人机器人企业、用户、行业组织等多方资源，开展常态化线上对接服务，促进类人机器人应用落地。此外，支持企业建设类人机器人应用体验中心，打造机器人创新应用"样板间"，扩大产品消费和应用。

推进在整车制造和智能道路建设领域的创新应用，进一步推动高度自动驾驶规模化商用落地，加快支持自动驾驶无人化、商业化政策的扩区复制，加速自动驾驶在真实场景落地。鼓励有条件的城市，如北京、上海、武汉、深圳等地开展车内无安全员的高度自动驾驶车辆商业运营，将示范区验证成熟的政策推广复制到更多区域，实现跨区域运营。推动汽车向电动化、网联化、智能化发展，提升自驾、网约出行、公共交通等场景的安全生产水平和数智化水平，扩大汽车消费市场，丰富出行产品服务，释放智慧出行消费潜力。

以人工智能算力、算法技术为支撑，鼓励各地各部门积极推动传统商圈和商店数字化、智能化改造，培育一批业态融合互补、设施

智能高效、功能便利完备的"智慧+"生态，成为促进消费恢复和扩大的重要平台。在教育领域，以"智慧+"教育赋能学习场景智能化，支持教育头部公司推出智慧教学、深度陪伴、人工智能教育等解决方案，营造沉浸式高智能学习环境，促进教育升级，满足"00后"教育消费的新需求。在养老领域，推动智能产品与老年人及其家庭有效连接，拓展失智康复照护、康复训练、残障辅助、智慧家务等应用场景，研制互联化、智能化养老解决方案，带动养老康复机器人等创新产品的应用推广，满足老年人日益增长的"重陪伴、强互动"的老年生活新需求。在文旅领域，以"智慧+"文旅提升人民出行体验，加快数字技术与文旅的融合创新，打造复合型公共服务平台，提供个性化、品质化、交互化、沉浸化的旅游服务，持续推动传统的旅游观光消费方式向现代文化旅游体验消费方式转变。

以新消费带动新生产，推动消费体系正向循环

坚持新消费引领，带动产业升级。坚持消费者优先，以新消费为牵引，催生新产业，使生产不仅能够适应市场、满足基本消费，还能引导市场、促进新消费，加快形成消费引领投资、激励创新、繁荣经济、改善民生的良性循环机制。具体来看，企业应建设高效的协同工作平台，让顾客参与价值创造，并从供给侧培养团队及文化，来诱导、激发和助推消费者的参与价值共创过程。让消费者通过提供反馈、评论或用户体验分享等方式来参与产品的共同创造，让消费者对产品的发展和改进产生更直接的影响，同时也让产品团队更好地了解消费者的需求和期望以这种互动的产品开发方式帮助其创造出更加符合用户需求、更具市场竞争力的产品。

以新消费拓展内需新空间，稳定扩大新就业岗位。一是，抓住元宇宙、"智慧+"生态建设衍生出的新场景、新模式发展机遇，鼓励各类市场主体积极创新供给，创造新的就业岗位。如面向元宇宙的营销模式，打造互联网营销师等职位；面向智慧养老、类人机器人等陪伴类消费市场，打造人工智能训练师等职位；面向网络直播幕后运营，打造供应链管理师等职位。二是，面向智慧零售等消费者升级、多元化需求，孕育、培训"分拣员""网约配送员""水果质检师"等新职业机会。以创新消费需求与创造就业机会同向发力的思路，通过新消费创造新就业，把握新消费与就业互促互进时代下发展新机遇，通过新消费场景、新消费模式的发展，使企业创造新的生产体系，提供新的就业岗位，拓宽就业渠道，带动就业市场，推动新消费体系的正向循环，达到供需动态适配的新水平。

以算力交易助力全国统一大市场建设

为更好地管理和调度算力资源，我国应积极打造算力交易市场，通过市场化手段来优化配置算力资源，支撑全国统一大市场的建设。首先，我国政府应健全算力的流通制度、定价机制、交易标准，搭建算力交易平台。其次，我国应以平台汇聚各类市场交易主体，收集分析全市场的交易信息，打通生产、交换、销售等经济循环过程中关键环节的堵点，实现算力流与物流、资金流、信息流、数据流之间的最优调配。最后，政府应从交易安全和金融信用体系建设出发，保障算力交易的顺利进行。

畅达数据、算力、算法流通通道，夯实市场交易基础

一是，健全算力流通制度，制定算力流通和交易负面清单，明确不能交易或严格限制交易的项目。各方通过积极合作，达成政府机构监管、行业协会自律监督，为算力调用、溯源和收益分配等环节建立体系化的制度章程，为规范算力市场化交易提供依据与保障，并从发展初期阶段注意遏制不当市场竞争和市场干预行为，建立建成高效规范、公平竞争、充分开放的算力交易市场。二是，研究制定算力资源度量标准与定价标准。政府应完善数据、算力、算法的评估及配置机制，从算效、时延、绿碳等多维度探索建立数据、算力、算法分类分级定价模型与定价标准。三是，探索、完善全国统一的算力流通及交易体制，构建算力交易标准化体系。我国应整合政府、交易机构、服务机构、企业等算力产品交易各方主体，以接口统一标准为切入点制定相关统一标准，解决行业算力交易标准问题，构建涵盖算力产品交易全生命周期的互联互通标准。

全国统一大市场

全国统一大市场是市场发展到一定水平后出现的一种高级形态，其是现代市场体系的一个重要维度，是市场机制充分发挥作用的有效载体。全国统一大市场要求实现5个方面的统一。

一是，统一的制度规则。现代市场经济有序运转需要有良好的市场基础制度规则作为支撑。产权和信用制度是现代市场经济的基石，公平竞争是市场经济的核心和灵魂，完善

的市场准入制度是市场在资源配置中发挥决定性作用的重要基础。全国统一大市场要求具备统一的产权保护、市场准入、公平竞争和社会信用制度，为中国特色社会主义市场经济高效运行奠定坚实的体制基础。

二是，统一的流通体系。国内循环和国际循环都离不开高效的现代流通体系。统一的流通体系是提高国民经济总体运行效率的有力保障。全国统一大市场要求流通体系具备软硬两个方面的统一性。硬件方面，重点是运输通道、交易平台等流通基础设施互联互通。软件方面，主要是不同区域流通体系之间的衔接畅通，跨区域、跨类型流通平台有效对接，以及服务质量、管理水平的持续提升。

三是，统一的要素配置。全国统一大市场要求打造统一的要素和资源市场。一方面，我国要具备有利于要素跨区域流动的体制机制，推动区域要素市场的协同性和一致性持续提升。另一方面，我国要有效打破区域封锁和市场分割，实现城乡间、区域间、行业间生产要素的统一高效配置。

四是，统一的商品和服务市场。全国统一大市场要求商品和服务市场实现更高水平的统一。在统一的商品和服务市场中，商品跨区域流通的各种有形和无形壁垒应被彻底破除，政府采购和招投标中对外地企业的各种不合理限制应被彻底清理，消费者权益应得到有效保护。

五是，统一的市场监管。全国统一大市场要求形成统一的监管格局，提升协同监管能力。监管规则方面，全国统一大市场意味着各地在质量、标准、计量、商标、专利、检验检测等领域的规则逐渐统一，跨行业、跨区域互通互认水平不断提升。行政执法方面，全国统一大市场意味着跨区域执法的协同性更强、执法的标准更加一致，综合执法、联动执法效能更高。

统筹建立多层次算力交易平台，促进"五流"高效联通

一方面，我国应建立"国家级＋区域性＋行业性"多层次算力交易平台，完善算力交易体系化布局。一是，建设国家级算力交易中心，坚持统一规划、合理布局原则，统筹推进国家级算力交易所建设，着重突出其公共属性和合规监管功能。二是，合理布局区域性数据交易中心。我国应选择算力和数据资源相对丰富、应用需求较大、基础设施和产业设施基础较好的地区规划设立区域性算力交易中心，负责统筹开展区域特征较强的算力交易。三是，支持行业部门或具有全国影响力的行业性机构基于国家级算力交易中心搭建行业算力交易平台，促进行业间算力资源流动以及行业算力向国家级算力交易所汇聚。

另一方面，我国应构建"算力交易场所＋算力供应商＋第三方服务机构"的协同创新生态，促进算力交易创新应用和创新模式落地见效。一是，夯实算力交易场所的平台功能。规范各类数据交易场所线上交易平台建设，为算力交易提供价廉质优、安全可信的保障环境。二是，支持算力供应商在交易场所的授权和监管下积极开展算力资源发布、算力资源承销、交易技术创新和交易模式创新等业务，不断提高算力交易的规模、质量和效率。三是，围绕算力交易全生命周期，鼓励第三方服务机构构建全链条服务体系，开展算力经纪、风险评估、安全审计、资产评估、人才培训等市场服务，提升算力流通和交易全流程服务能力。

增强交易安全保障，完善金融信用体系配套支撑

在算力交易安全保障方面，一是，加强对算力交易市场准入的审核审批，加强核心数据保护、知识产权保护，加强算力交易质量评估监督，加强对算力交易纠纷的监管，加强对算力中介进行资质认定、信息披露和日常评估。加强公平竞争审查，推动数据要素市场各主体间的有效竞争，依法合规开展算力交易。二是，推进算力交易平台的统筹规划和软硬件建设，推动算力安全技术和算力交易产业深度融合，加快算力加密传输、存储安全、处理安全、个人隐私保护等关键技术的攻关，使得数字货币等无现金交易媒介发展更加安全。

在金融信用体系支撑方面，一是，健全信用制度规范，通过制定信用评价及管理制度、科学设置信用评价指标体系，推动构建安全、可信、可控、可追溯的算力交易环境。二是，构建信用管理系统，探索和培育算力交易信用评级服务系统，通过标准化、自动化、智能化的技术服务，满足全流程数字化的交易及管理需求。三是，探索市场主体以合法的数据资产、算力资源和算法工具作价出资入股企业、进行股权债权融资、开展相关信托活动。在风险可控的前提下，探索开展金融机构面向个人或企业的数据资产、算力资源和算法工具的金融创新服务。

《上海市推进算力资源统一调度指导意见》对完善算力交易机制、打造算网安全保障体系、开展产业标准化研究、加大区域协同合作力度等方面的重点任务安排[3]：

· **完善算力交易机制体系**

综合考虑算效、碳效、时延、安全等多方面因素，研究

制定算力资源度量标准与体系，分类分级制定算力产品价格体系。建立算力资源匹配对接和交易渠道，构建并完善算力调度交易标准化体系，规范算力交易运行和监管机制，探索建设算力交易中心，实现算力资源线上交易和跨地域共享。

·打造算网安全保障体系

探索数据全生命周期审计认证监管机制。监督算力供应方明确算力使用流程、测试验证、数据迁移、数据使用和销毁方案，定期开展安全性检查和评估。加强市人工智能公共算力服务平台网络安全系统设计，加大隐私计算、安全隔离、内生安全、区块链等技术应用，确保企业数据可用不可见。鼓励建设国产自主可控、安全可靠的算力基础设施和基于国产自主可控的算力应用生态。

·开展产业标准化研究

组织开展算力网络产业相关标准化研究工作。在网络层面制定算力控制、接入等标准；在算力层面制定算力统一度量、调度等标准；在数据层面制定规范数据集、数据全生命周期监管等标准；在应用层面制定算力可信认证、算力运行监管等标准。

·加大区域协同合作力度

依托市人工智能公共算力服务平台对接外省市算力调度资源，实现异地、异构算力跨省市接入，推进"市域-长三角区域-国家"不同层级的算力资源整体优化和按需调度，实现算力服务跨省市、跨区域、跨网络、跨行业数据交互和算力流通，提供响应便捷、成本低廉、配置高效的算力服务。

让"数治"政府用好"看得见的手"

　　加强政府数智化治理能力是顺应信息文明时代趋势、营造良好数字环境的必然要求。我国数字政府建设已初见成效，未来我国仍需深化数智应用，充分开发利用政务数据，创新打造以智能决策系统为支撑的"计算型"政府，实现从数字政府向"数治"政府的深度转型，同时持续推进公共设施升级改造和算力经济法治建设，赋能算力经济规范化发展。

构建智能决策系统，打造"计算型"政府

　　一方面，政府应打破数据壁垒，畅通政务数据资源大循环，让丰富的政务数据动起来、用起来。

　　优化数据管理，打破部门藩篱，畅通政务数据流通机制。在数据联通方面，打造全国政务数据一张网。统筹推进政务云平台和大数据中心建设，整合联通各级各部门分散建设的业务系统，形成"一朵云、一张网"的数字底座。在数据管理方面，强化政务数据管理标准与职责。统一制定政务数据标准，推动数据归集分类科学化、精细化、标准化，打破部门之间的信息壁垒，构建统一的数据资源体系，加强中央政府与地方政府、部门与部门的协同联动，实现多维政务数据全面对接。

　　建立开放共享的数据资源体系。政府应完善公共数据开放安全管控要求，优化国家公共数据开放平台，建立公共数据开放责任清单制度，明确数据开放主体及其具体责任，有序推动公共数据开放共享。分类分级开放公共数据，以需求为导向制定政务数据开放清单，鼓励

各地区选择安全可控的机构依法依规开展政务数据授权运营，发挥社会力量对政务数据资源开发利用，构建共建、共治、共享的数据治理新格局。

另一方面，政府应建立健全大数据辅助决策机制，构建政府智能决策系统，统筹推进决策信息资源建设，综合运用大数据、人工智能等数字技术手段，提升经济调节、市场监管、社会治理等数字化决策能力。

一是，以智能决策赋能宏观经济调控。政府应将"用数据决策"的新理念和人工智能、区块链等新技术深度应用于经济社会发展分析、财政预算管理等领域，增强算力经济跨周期调节能力，全面提升"看得见的手"的预见性、科学性和有效性，护航经济平稳运行。在经济监测方面，政府应全面构建经济治理基础数据库，加强其与互联网企业等数据载体相关数据资源的关联分析和融合利用，精准发现宏观经济运行中的微观联系，实现对经济运行状态的实时跟踪和精准研判，确保宏观经济平稳运行。在经济预测方面，政府可以运用数字技术搭建经济运行多维分析模型，对数据深度挖掘和智能分析，解决宏观数据复杂化、繁多化、冗余化问题，及时发现苗头性、倾向性、潜在性问题。在经济政策方面，政府可以充分利用大数据分析平台，对政策实施成效和影响进行分析和量化测算，找准宏观经济政策的支持方向和切入点，推动数据分析与经验判断紧密结合，提升经济政策制定的科学性。

二是，以智能决策推进社会治理升级。在风险监测方面，政府可以运用大数据等技术实现对社会运行状态的实时跟踪、精准研判，及时主动发现潜在风险，为社会治理赢得"窗口期"。政府应建立重大公共风险精准识别机制，在处理应急突发事件中，利用大数据技术快速甄别相关信息，实现风险事件数据化、可视化，做到精准检测。政府应建立应急公共管理事件的动态预判机制，利用人工智能等技术对社会公共安全事件开展前瞻性预测，并跟踪事件演变趋势，对重点风控点和危险源进行管控，为社会公共事件的判断、治理争取"提前量"。在社会治理方面，政府应探索辅助决策、政策效果模拟、社会动员等新模式。采用大数据、区块链等技术，对政务服务平台产生和汇聚的政务服务信息、用户信息、业务系统运行信息等进行数据清洗、转换、比对，构建形成统一的决策信息资源库。采用分布式计算、内存计算、机器学习等技术，建立数据统计和分析模型，拓展趋势研判、效果评估等应用场景，将更多社会变量纳入决策考量范围，实现统计结果实时计算和决策知识智能分析，以数智化手段助力治理更加贴近社情民意，全面提升政府决策科学化水平，推动社会和谐发展。

三是，优化利企便民数智服务，改善线上用户体验，提高主动服务、精准服务水平。政府应从群众企业办事的视角出发，围绕个人、企业两个全生命周期，整合便民惠企的高频刚需服务，实现各类场景化应用"网购式"办事。借助人工智能、大数据等数字技术，逐步实现事前服务"免申即享"及主动推送、事中服务精准化引导和审批精准化分发、事后评价精准化反馈。着重优化移动政务服务平台，构建移动端政策发布、政务服务、政企互动一站式服务平台，探索智能推荐、智能审批等服务创新，丰富并优化服务体验，进一步提升用户使用政务平台的便利度。

四是，加强数字思维及技能培养，建设一支讲政治、懂业务、精技术的复合型公务员队伍。一方面，鼓励优秀数字人才进入政府任职，结合各地定位和发展实际，为数字人才设立特殊晋升通道，支持通过特设岗位引进急需的高层次人才，以灵活多样的分配方式吸纳技术和管理能力过硬的复合型人才参与数字政府建设。另一方面，加强政府人员数字化培训，组织政府人员常态化学习数字技能，全面提升行政人员数字素养与思维能力。

加速公共设施改造升级，夯实民生服务数智基础

促进线上线下深度融合，助力公共服务资源倍增、广泛覆盖。政府应深入推进大数据、区块链、人工智能等技术与教育、医疗、就业、养老、托育等重点民生领域的融合创新，将教育、医疗等更多线下传统社会服务"搬到"线上，同时加强远程医疗、辅助诊断、虚拟养老院、网络图书馆等优质数字化产品供给的开发创新，借助算力推进公共服务的扩容提质。利用数字技术实现公共服务的开发整合、供需对接，拓宽资源辐射范围，支持高水平公共服务机构对接基层、边远和欠发达地区，实现供需精准匹配。

统筹推进数字设施一体发展，弥合数字鸿沟。政府应加大资源投入和政策倾斜力度，持续推动交通、市政公用设施、建筑等物联网应用和智能化改造，强化社会治理的硬件基础设施建设，并向数字化水平较为薄弱的地区合理倾斜。统筹推动新型智慧城市与数字乡村一体设计、联动建设，强化城乡基础设施互联互通、公共服务共建共用、产业生态融合共进，促进城乡协同发展。

完善"数治"政府法治建设，规范算力经济发展

加强相关立法，筑牢数字治理法治化基石。一方面，我国应面向算力经济新业态、新技术加快建立健全法律机制。完善隐私保护、知识产权保护等相关法规，研究明晰算法伦理体系，制定算法归责机制，

创新算法安全保险制度，引领科技向善。另一方面，我国应加大对数据垄断、算法歧视等违规行为的监管与处罚，防止利用数据与相关技术优势开展不正当竞争、侵犯消费者权益。

运用数智技术，升级法治建设智能化手段。一方面，探索运用多方安全计算、联邦学习、TEE 等隐私计算技术，规避数据、算法等算力经济关键变量的伦理安全风险。另一方面，综合运用物联感知、掌上移动、穿透式监管等智能工具感知市场监管态势，提升市场治理能力，全面推进智慧监管。我国应破解监管力量不足与监管手段滞后问题，开展市场在线监测，增强反垄断、民生价格等领域监测预警能力，运用数字技术优化资源配置、转变监管方式、提高监管效率，全面提升监管精准化水平、协同化水平和智能化水平。

我国只有以系统观念统筹谋划算力经济的发展，才能加速实现算力经济固根基、扬优势、补短板、强弱项，实现发展质量、结构、规模、速度、效益、安全相统一。面向未来，尽管国际局势仍将动荡不安，各国竞争更加激烈，但我们有充足的信心，以系统观统筹六大体系协同发展算力经济的中国，将一定能够攀登到全球算力经济发展之巅，为全球算力经济的稳定繁荣贡献中国智慧和力量。我国终将成为动荡局势的稳定锚、世界增长的发动机、和平发展的正能量！

致　谢

算力经济是一个新概念，业界对它的研究尚处于起步阶段，仅有零散的研究可供借鉴，让我在写作过程中遇到了很多挑战。本书最终得以成书，离不开许多人不懈的支持，感谢他们在这一路上的帮助。首先，要感谢我们十分尊敬的三位专家慷慨地为本书作序。第一位是中国工程院院士邬贺铨先生，邬院士是信息技术领域的权威专家，为中国移动通信事业的快速发展做出了重要贡献。第二位是中国工程院院士郑纬民先生，郑院士是计算机系统结构领域的专家，在很大程度上推进了我国超算领域关键技术的发展。第三位是清华大学中国经济思想与实践研究院院长李稻葵先生，李教授一直致力于中国宏观经济研究，成果在国内外学术界和国内政策制定层面均产生了重要影响。他们在序言中充分肯定了本书对算力经济的理论阐释与实践指导，对算力经济的未来发展提出了殷切期望。其次，要感谢中移智库的专家队伍，他们分别是王艺儒、王升、卢云、叶丽莎、任博、刘川江、刘景磊、李鑫阳、沙霏、张丽贤、张昊、罗娅、武悦、胡梅、党文立、徐晶钰、董超（按姓氏笔画排序），他们每一位都不遗余力地为我撰写本书提供了帮助和支持。

中移智库是中国移动为深入贯彻落实习近平总书记关于加强中国特色新型智库建设的重要指示精神，充分发挥中央企业决策咨询支持服务作用而成立的，致力于为国家及政府部门提供数字经济领域的政策决策支持，助力产业行业的数字化转型发展，推动能力共建和成果传播。本书即将付梓之际，中移智库的建设尚处于发轫之时。未来，中移智库将以"建成具有重要影响力的一流高端智库"为目标，立足自身资源禀赋，广泛汇聚内外部数字经济研究力量，坚持专业视角、专业观点、专业判断，不断提升政策性课题研究的权威性，扩大研究成果的影响力、公信力、传播力，为数字经济高质量发展贡献智慧力量。

　　由于时间和水平的限制，书中疏漏在所难免，希望各位读者对我的研究和写作提出宝贵的批评和建议，也愿本书能够激发更多的朋友一起参与对算力经济的思考和研究，携手共创信息文明时代的美好未来。

前言

1. 项久雨．世界变局中的文明形态变革及其未来图景 [J]. 中国社会科学，2023(4): 26-47.

2. 刘同舫．人类文明新形态的内在依据：生产方式的创新性发展 [J]. 北京大学学报（哲学社会科学版），2023(1) :5-13.

3. 刘瑜：文明演进的动力从何而来 [EB/OL]. (2021-10-14). https://m.thepaper.cn/baijia hao_14888407.

4. 新华社．"东数西算"：构筑未来发展核心竞争力 [EB/OL]. (2023-05-29). https://www. gov.cn/yaowen/liebiao/202305/content_6883482.htm.

5. IDC, 浪潮信息，清华大学，全球产业研究院．《2021-2022 全球计算力指数评估报告》正式发布 [EB/OL]. (2022-04-01). https://www.igi.tsinghua.edu.cn/info/1019/1223. htm?eqid=8f2530550000abec0000000364706674.

第一章　自然力推动人类进入农业文明

1. 陈胜．制度的形成与演变 [D]. 济南：山东大学，2012.

2. Buck, J.L. Land Utilizition in China [J]. Nanking: University of Nanking, 1937.

3. Clark, C. and M. Haswell.The Economics of Subsistence Agriculture[M]. London: Macmillan, 1970.

4. Collins, E. V., and A. B. Caine. Testing Draft Horses [R]. Iowa Experimental Station Bulletin 240, 1926.

5. Ferguson, E.F. The measurement of the "man-day" [J]. Scientific American, 1971, 225(4): 96-103.

6. Hunter, L. C., and L. Brant. A History of Industry Power in the United States, 1780-1930 [M]. Vol.3, The Transmission of Power. Cambridge, MA:MIT Press, 1991.

7. De Zeeuw, J. W. Peat and the Dutch Golden Age: The Historical meaning of energy-attainability [J]. A.A.G. Bijgragen, 1978, 21:3-31.

8. Kander, A., and P. Warde. Energy availability from livestock and agricultural productivity in Europe, 1815-1913: A new comparison [J]. The economic History Review, 2011, 64:1-29.

9. 贾杉. 中国物流近代化研究（1840-1949 年）[D]. 西安：西北大学, 2009.

10. 陈高华, 史卫民. 中国经济通史 [M]. 北京：中国社会科学出版社, 2007.

11. 万志英. 剑桥中国经济史 [M]. 北京：中国人民大学出版社, 2018.

12. 陈高华, 史卫民. 中国经济通史 [M]. 北京：中国社会科学出版社, 2007.

13. 陈高华, 史卫民. 中国经济通史 [M]. 北京：中国社会科学出版社, 2007.

14. 汪崇筼. 一个中国商品经济社会萌芽的典型——论明清淮盐经营与徽商 [J]. 盐业史研究 2008(4):16.

15. 陈高华, 史卫民. 中国经济通史 [M]. 北京：中国社会科学出版社, 2007.

16. 雷震. 中国古代商品经济特点简论 [J]. 汉中师范学院学报期刊, 2002(4):88-91.

17. 尹继志, 陈小荣. 试论贝币在我国的行用 [J]. 金融教学与研究, 2008(3):79-82.

18. 彭信威. 中国货币史 [M]. 北京：中国人民大学出版社, 2020.

19. 彭信威. 中国货币史 [M]. 北京：中国人民大学出版社, 2020.

20. 当世史学大家许倬云：从大历史角度看全球商贸历史演变 [EB/OL]. (2021-08-08). https://baijiahao.baidu.com/s?id=1707504786775737886&wfr=spider&for=pc.

21. 谢丰斋. 古代"丝路贸易"的延续——16—18 世纪中国南海"世界贸易中心"的生成 [J]. 世界历史评论 2020(7):27.

22. 孙雪锋. 新世纪城市化变阵：浙江省城乡协调发展研究 [D]. 杭州：浙江大学, 2005.

23. 周宝珠. 试论《清明上河图》所反映的北宋东京风貌与经济特色 [J]. 河南大学学报：社会科学版, 1984(1):27-34.

24. 宫崎市定. 科举史 [M]. 马云超, 后浪, 译. 河南：大象出版社, 2020.

25. 张会杰. 兴起与废止：科举考试的制度特征及其批判性反思 [J]. 华东师范大学学报（教育科学版）, 2015, 33(4): 107-112.

26. 朱成全. 略论科举制度对中国古代科学技术的影响 [J]. 上海海运学院学报, 1991(1):85-89.

27. 邢铁, 李晓敏. 科举制度与科学技术 [J]. 河北师范大学学报：教育科学版, 2006(3):19-23.

28. 没有望远镜，古人用什么看星星？ [EB/OL]. (2022-07-25). https://www.shobserver.com/news/detail?id=511180.

29. 吴国盛. 博物学：传统中国的科学 [J]. 学术月刊. 2016(4):11-19.

第二章　人造力推动人类进入工业文明

1. 瓦茨拉夫·斯米尔.能量与文明 [M].北京：九州出版社，2021.

2. 瓦茨拉夫·斯米尔.能量与文明 [M].北京：九州出版社，2021.

3. 张策.机械工程史 [M].北京：清华大学出版社，2015.

4. 杨杰.电子信息工程概论 [M].北京：电子工业出版社，2020.

5. 赵炎.创新简史：打开人类进步的黑匣子 [M].北京：清华大学出版社，2019.

6. 马瑞映，杨松.工业革命时期英国棉纺织产业的体系化创新 [J].中国社会科学，2018(8):183-203.

7. 马瑞映，杨松.工业革命时期英国棉纺织产业的体系化创新 [J].中国社会科学，2018(8):183-203.

8. 杨松，马瑞映.内驱与统合：英国棉纺织工业的发展及对全球体系的影响 [J].世界历史，2018(3):112-124.

9. 保尔·芒图.十八世纪产业革命 [M].北京：商务印书馆，2011.

10. 马瑞映，杨松.工业革命时期英国棉纺织产业的体系化创新 [J].中国社会科学，2018(8):183-203.

11. 马瑞映，杨松.工业革命时期英国棉纺织产业的体系化创新 [J].中国社会科学，2018(8):183-203.

12. 马瑞映，杨松.工业革命时期英国棉纺织产业的体系化创新 [J].中国社会科学，2018(8):183-203.

13. 波斯坦.剑桥欧洲经济史 [M].北京：经济科学出版社，2002.

14. 米歇尔·博德.资本主义史（1500-1980）[M].北京：东方出版社，1986.

15. 杨青峰.智能爆发：新工业革命与新产品创造浪潮 [M].北京：电子工业出版社，2017.

16. 张策.机械工程史 [M].北京：清华大学出版社，2015.

17. 沃尔夫冈·希弗尔布施.铁道之旅：19世纪空间和时间的工业化 [M].上海：上海人民出版社，2018.

18. 王斯德，沐涛，李宏图，王春来，卢海生.世界通史（第三版）第二编 工业文明的兴盛：16-19世纪的世界史 [M].上海：华东师范大学出版社，2020.

19. Encyclopedia Britannica.Great Western[EB/OL]. (1998-07-20). https://www.britannica.com/topic/Great-Western-ship.

20. Encyclopedia Britannica.Great Britain[EB/OL]. (1998-07-20). https://www.britannica.com/topic/Great-Britain-ship.

21. 金一先.万物大历史：工业革命带来了哪些变化 [M].北京：中信出版集团，2023.

22. 马瑞映，杨松.工业革命时期英国棉纺织产业的体系化创新 [J].中国社会科学，2018(8):183-203.

23. 陈雨露 . 工业革命、金融革命与系统性风险治理 [J]. 金融研究 , 2021, 487(1): 1-12.

24. 西安工业大学 . 股份制的沿革与发展 [EB/OL]. (2007). https://lib.xatu.edu.cn/info/1171/5586.htm.

25. 陈雨露 . 工业革命、金融革命与系统性风险治理 [J]. 金融研究 , 2021, 487(1): 1-12.

26. 王洪斌 . 17 世纪末期到 18 世纪中后期英国消费社会的兴起研究 [D]. 武汉 : 华中师范大学 , 2014.

27. Neil Mckendrick. The Birth of A Consumer Society: The Commercialization of Eighteenth Century England [M]. Bloomington: Indiana University Press. 1982.

28. 王洪斌 . 18 世纪英国服饰消费与社会变迁 [J]. 世界历史 , 2016(6):15-29.

29. 曹瑞臣 . 论海外奢侈品消费对近代英国社会的推动 [J]. 史学理论研究 , 2015(2): 95-106.

30. 罗伯特·艾伦 . 工业革命 [M]. 江苏 : 译林出版社 , 2023.

31. 高德步 , 王珏 . 世界经济史 [M]. 北京 : 中国人民大学出版社 , 2011.

32. Robert Allen. The British Industrial Revolution in Global Perspective[M]. New York: Cambridge University, 2009.

33. 王洪斌 . 18 世纪英国服饰消费与社会变迁 [J]. 世界历史 , 2016(6):15-29.

34. 中国科学院 . 百年技术创新的回顾与展望 [EB/OL]. (2002-01-13).https://www.cas.cn/xw/zjsd/200906/t20090608_639932.shtml.

35. 宫崎正胜 . 商业与文明 [M]. 北京 : 中国科学技术出版社 , 2022.

36. 沈琦 . 从"交通困局"到"交通革命"：近代英国建设交通强国的历史进程 [N]. 光明日报 , 2021 年 09 月 27 日第 14 版 .

37. 沈琦 . 从"交通困局"到"交通革命"：近代英国建设交通强国的历史进程 [N]. 光明日报 , 2021 年 09 月 27 日第 14 版 .

38. 沈琦 . 从"交通困局"到"交通革命"：近代英国建设交通强国的历史进程 [N]. 光明日报 , 2021 年 09 月 27 日第 14 版 .

39. 金一先 . 万物大历史 : 工业革命带来了哪些变化 [M]. 北京 : 中信出版集团 , 2023.

40. 华高莱斯 : 海事帝国——英国 [EB/OL]. (2020-09-22). https://www.sohu.com/a/420029556_120168591.

41. 张策 . 机械工程史 [M]. 北京 : 清华大学出版社 , 2015.

42. 萧国亮 (编). 世界经济史 [M]. 北京 : 北京大学出版社 , 2007.

43. 西蒙·詹金斯 . 薄雾之都 : 伦敦的优雅与不凡 [M]. 北京 : 中国人民大学出版社 , 2021.

44. 华为 . 通信之路——电报的诞生 [EB/OL]. (2020-06-03). https://forum.huawei.com/enterprise/zh/thread/580927356401500160.

45. 华为 . 通信之路——电报的诞生 [EB/OL]. (2020-06-03). https://forum.huawei.com/enterprise/zh/thread/580927356401500160.

46. 阿尔弗雷德·钱德勒, 詹姆斯·科塔达. 信息改变了美国: 驱动国家转型的力量 [M]. 上海: 上海远东出版社, 2008.

47. 杨伟峰, 王枫. 一根电缆连起欧美大陆, 人类通信历史从此改变 [EB/OL]. (2023-06-09). https://mp.weixin.qq.com/s/zH7lYY1L46BHrSYQwzEa-w.

48. 虎嗅. 无线电通信之父, 谁可当此殊荣? [EB/OL]. (2020-10-20). https://www.huxiu.com/article/388411.html.

49. 王斯德, 沐涛, 李宏图, 王春来, 卢海生. 世界通史 第二编 工业文明的兴盛:16-19 世纪的世界史 [M]. 上海: 华东师范大学出版社, 2020.

50. 王斯德, 沐涛, 李宏图, 王春来, 卢海生. 世界通史 第二编 工业文明的兴盛:16-19 世纪的世界史 [M]. 上海: 华东师范大学出版社, 2020.

51. 萧国亮. 世界经济史 [M]. 北京: 北京大学出版社, 2007.

52. 萧国亮. 世界经济史 [M]. 北京: 北京大学出版社, 2007.

53. 李斌, 柯遵科. 18 世纪英国皇家学会的再认识 [J]. 自然辩证法通讯, 2013, 35(2): 40-45.

54. 吴军. 工业革命启示录: 不要做失落的一代 [EB/OL]. (2021-05-12). https://www.huxiu.com/article/427387.html.

55. 王长荣. 热力学第一定律的建立及其伟大历史作用 [J]. 现代物理知识, 2001 (4):54-56.

56. 邓晓芒, 赵林. 西方哲学史 [M]. 北京: 高等教育出版社, 2014.

57. 张策. 机械工程史 [M]. 北京: 清华大学出版社, 2015.

58. 张策. 机械工程史 [M]. 北京: 清华大学出版社, 2015.

59. 张大松, 孙国江. 论穆勒五法的方法论特征与价值 [J]. 华中师范大学学报: 人文社会科学版, 2001,40(6):19-22.

60. 中国科学院数学与系统科学研究院. 成就牛顿的发明为何成追随他的幽灵 [EB/OL]. (2018-09-03). http://kepu.net.cn/ydrhcz/ydrhcz_zpzs/ydrh_2018/201809/t20180903_462269.html.

61. 史蒂夫·斯托加茨. 微积分的力量 [M]. 北京: 中信出版集团, 2021.

62. 赵元果. 中国专利法的孕育与诞生 [M]. 北京: 知识产权出版社, 2003.

63. 钱乘旦. 英帝国史 [M]. 南京: 江苏人民出版社, 2019.

64. 刘红凛. 技术革命驱动政党转型发展: 历史逻辑与当代演绎 [J]. 政治学研究, 2021(6):128-139.

65. 王斯德, 沐涛, 李宏图, 王春来, 卢海生. 世界通史 第二编 工业文明的兴盛:16-19 世纪的世界史 [M]. 上海: 华东师范大学出版社, 2020.

66. 马克思, 恩格斯. 共产党宣言 [M]. 北京: 人民出版社, 2014.

67. 乔尔·莫克尔. 启蒙经济: 英国经济史新论 [M]. 北京: 中信出版集团, 2020.

68. 刘红凛 . 技术革命驱动政党转型发展：历史逻辑与当代演绎 [J]. 政治学研究 , 2021 (6):128-139.

69. 郝时远 , 朱伦 . 世界民族 [M]. 北京：中国社会科学出版社 , 2014.

70. 王斯德 , 沐涛 , 李宏图 , 王春来 , 卢海生 . 世界通史 第二编 工业文明的兴盛 :16-19 世纪的世界史 [M]. 上海：华东师范大学出版社 , 2020.

71. 金星晔 , 管汉晖 , 李稻葵 , Stephen Broadberry. 中国在世界经济中相对地位的演变 （公元 1000—2017 年）——对麦迪逊估算的修正 [J]. 经济研究 , 2019, 54(7):14-29.

第三章 算力推动人类进入信息文明

1. 王晓云 , 段晓东 , 张昊 , 等 . 算力时代：一场新的产业革命 [M]. 北京：中信出版集团 , 2022.

2. 李国杰 . "智能计算机"的历史、现在和未来：超算正与智能"历史性会合"[EB/OL]. (2019-07-04). http://www.cas.ac.cn/zjs/201907/t20190704_4698415.shtml.

3. 刘志毅 . 智能经济：用数字经济学思维理解世界 [M]. 北京：电子工业出版社 , 2019.

4. 克里斯 · 米勒 . 芯片战争：世界最关键技术的争夺战 [M]. 蔡树军译 . 浙江：浙江人民出版社 , 2023.

5. 德邦证券 . 全球半导体产业框架与投资机遇 [R]. 2023.

6. World Semiconductor Trade Statistics (WSTS). Historical Billings Report [EB/OL]. (2023-11-23). https://www.wsts.org/67/Historical-Billings-Report.

7. Wintel：爱、背叛与利益同盟 [EB/OL]. (2011-08-17). https://tech.sina.com.cn/it/2011-08-17/18315942811.shtml.

8. 郑称德 . ERP 实施与我国企业营运绩效增长的关系 [J]. 信息系统学报 , 2009(2): 11-23.

9. 2011 年智能手机出货量首超 PC 及平板总和 [EB/OL]. (2012-02-08). http://news.cntv. cn/20120208/114073.shtml.

10. 物联网时代企业竞争战略 | 哈评百年经典重读 [EB/OL]. (2022-06-07). https://www. mycaijing.com/article/detail/463087?source_id=50.

11 沃尔特 · 艾萨克森 . 创新者 [M]. 关嘉伟 , 牛小婧译 . 北京：中信出版集团 , 2017.

12. 美国"信息高速公路"战略 20 年述评 [EB/OL]. (2013-09-16). http://intl.ce.cn/speci als/zxxx/201309/16/t20130916_1508249.shtml.

13. 于飞 , 逯宇铎 . 信息技术促进流通企业创新——以沃尔玛为例 [J]. 科技管理研究 , 2009(6):251-253.

14. 于飞 , 逯宇铎 . 信息技术促进流通企业创新——以沃尔玛为例 [J]. 科技管理研究 , 2009(6):251-253.

15. 刘亮 . 战略性新兴产业初创企业的金融支持体系研究 [M]. 上海：上海交通大学出版社 , 2019.

16. 用超算给材料测"基因" [EB/OL]. (2020-07-14). https://news.sciencenet.cn/sbhtmlnews/2020/7/356684.shtm.

17. 国务院发展研究中心国际技术经济研究所 . 美国先进计算政策分析（之一）——美国超级计算机政策分析 [EB/OL]. (2022-09-09). https://baijiahao.baidu.com/s?id=1743464496781913867&wfr=spider&for=pc.

18. 美国总统科技顾问委员会 [EB/OL]. (2020-08-09). https://www.whitehouse.gov/PCAST/.

19. 联合国电子政务调查 2018[EB/OL]. (2019-04-14). https://publicadministration.un.org/zh/Research/UN-e-Government-Surveys.

20. 北京大学网络经济研究中心 . 全球电子政务发展概述 [R]. 2003.

21. 薛天山 . 电子政务使用提升政府信任：是否可能与何以可为 [J]. 南京师大学报 : 社会科学版 , 2023(1):135-146.
王珍珍 , 鲍星华 . 电子政务如何优化营商环境—基于腐败治理和政府效能的链式中介效应的实证检验 [J]. 福建师范大学学报（哲学社会科学版）, 2023(2):94-107.

22. 美国电子政府的特点及成效 [EB/OL]. (2012-04-13). http://www.e-gov.org.cn/article-38269.html.

23. 沈懿 , 李瑶 . 印度的知识信息计划 [J]. 线上交易 , 2001(8):58.

24. 《2022 联合国电子政务调查报告（中文版）》发布 [EB/OL]. (2022-12-26). http://www.egovernment.gov.cn/art/2022/12/26/art_194_6606.html.

25. 王益民 . 全球电子政务发展前沿与启示——2020 联合国电子政务调查报告解读 [J]. 行政管理改革 , 2020(12):43-49.

第四章 理解算力经济的基本概念

1. 林伯强 . 能源经济学的历史与方向 [J]. 中国石油石化 , 2008(16):2.

第五章 算力经济呈现新的增长机理

1. 华为 . 泛在算力：智能社会的基石 [EB/OL]. (2021-10-14). https://baijiahao.baidu.com/s?id=1713558488185512639&wfr=spider&for=pc.

2. 清华大学全球产业研究院联合发布《2022-2023 全球计算力指数评估报告》[EB/OL]. (2023-08-14). https://www.igi.tsinghua.edu.cn/info/1019/1321.htm.

3. 刘颖 , 汪寿阳 . 通用目的技术驱动数字经济向纵深发展 [EB/OL]. (2020-05-20). http://www.ce.cn/cysc/tech/gd2012/202005/20/t20200520_34947118.shtml.

4. 亚当 · 斯密 . 国富论 [M]. 杨敬年译 . 西安：陕西人民出版社 , 2006.

5. Brynjolfsson E, Rock D, Syverson C. The Productivity J-Curve: How Intangibles

Complement General Purpose Technologies[R].2018.

6. Maryam Farboodi, Laura Veldkamp. Long-Run Growth of Financial Data Technology[J]. American Economic Review, 2021, 110(8).

7. Ander Fernández, Sara de la Rica, Lucía Gorjón, Ainhoa Vega Bayo. The Impact of Technological Progress on the Labor Market: Employment Polarization in Europe[R].2019.

第六章 算力经济与未来企业生产

1. 朱江明：10 年后，中高端智能电动汽车售价将降至 5 万元 [EB/OL]. (2023-04-26). https://www.chinaev100.com/focus/detail/167?catid=44.

2. 黄仁勋是如何管理万亿英伟达的？ [EB/OL]. (2023-07-08). https://baijiahao.baidu.com/s?id=1770837993686179199&wfr=spider&for=pc.

3. 封面文章⑤｜国家信息中心单志广：加大数字经济政策创新力度 [EB/OL].(2022-05-04). https://mp.weixin.qq.com/s/iGLNb7q7vv6VN-0NexOqSw.

4. 黑灯工厂发展路径探究与典型灯塔工厂案例分析 [EB/OL]. (2023-05-20). https://mp.weixin.qq.com/s/yRz7azzRLuIgRAb1-qf50A.

5. 顺德再添一座世界级"灯塔工厂"! [EB/OL]. (2022-10-12). https://m.thepaper.cn/newsDetail_forward_20261199.

6. 彭博社走进特斯拉工厂：所有设备全力生产 Model 3 [EB/OL]. (2018-06-11). https://tech.sina.cn/it/2018-06-11/detail-ihcufqif9793468.d.html.

7. 最新! 全球 132 座灯塔工厂全记录 [EB/OL]. (2023-02-13). https://www.shangyexinzhi.com/article/6495844.html.

8. 产业大脑：赋能发展的"最强大脑" [EB/OL]. (2023-01-11). https://www.sohu.com/a/628129876_121359560.

9. 上奇联合华为发布产业大脑解决方案，服务产业治理和精准招商 [EB/OL]. (2022-11-02). https://www.163.com/dy/article/HL6HPU7B055301PG.html.

10. IBM Watson：AI 如何改变供应链 [EB/OL]. (2020-03-09). https://www.sohu.com/a/378755769_129010.

第七章 算力经济与未来市场交易

1. 制造业服务化成共识　需促进制造业与服务业高效融合 [EB/OL]. (2022-01-04). https://www.chinanews.com.cn/cj/2022/01-04/9643559.shtml.

2. 韩江波，吴林，万丽.制造业服务化：制造业高质量发展的路径研究 [J]. 创新科技，2019, 19(10):28-36.

3. 第 4 次工业革命：互联网改变未来工厂！[EB/OL]. (2016-05-31). http://www.cniteyes. com/archives/5637.

4. 数字货币来了 现金会消失吗？[EB/OL] (2021-06-11) https://finance.sina.com.cn/jjxw/ 2021-06-11/doc-ikqcfnca0538616.shtml.

5. 平安银行"牵手"量子公司，探索量子计算在反欺诈、反洗钱等金融领域应用 [EB/OL]. (2023-02-06). http://www.news.cn/money/20230206/10363e9f9d3348698504 cd68594af032/c.html.

6. 全球共享经济的红与黑 [EB/OL]. (2022-08-11). https://m.xinminweekly.com.cn/con tent/9538.html.

7. 信息化和产业发展部分享经济研究中心 . 中国共享经济发展报告 [R].2023.

第八章　算力经济与未来消费升级

1. 毕马威发布《消费＋元宇宙　重构消费想象，再造市场空间》[EB/OL].(2023-07-10). https://c.m.163.com/news/a/I9A3A0TK0511A3UP.html.

2. A.H.Maslow. A Theory of Human Motivation[J]. Psychological Review. 1943: 370-396.

第九章　算力经济与未来基础设施建设

1. 中国移动董事长杨杰：云擎未来铸重器 算启新程绘宏图 [EB/OL].（2023-04-25）. http://www.xinhuanet.com/money/20230425/7e833099aa7d46e0b89e888900301364/ c.html.

2. 中国信息通信研究院 . 中国算力发展指数白皮书 (2022 年) [EB/OL]. http://www. caict.ac.cn/kxyj/qwfb/bps/202211/t20221105_411006.htm.

3. 孟晚舟：2030 年全球 AI 算力将增长 500 倍 [EB/OL]. (2023-04-23). https://baijiahao. baidu.com/s?id=1763666299709707807&wfr=spider&for=pc.

4. 李少鹤，李泰新，周旭 . 算力网络：以网络为中心的融合资源供给 . 中兴通讯技术 , 2021, 27 (3) :29-34. [J/OL]. (2021-06-17). https://kns.cnki.net/kcms/ detail/34.1228. TN.20210617.1103.008.html.

5. ITU. Measuring digital development: Facts and Figures 2022 [EB/OL]. https://www.itu. int/hub/publication/d-ind-ict_mdd-2022/.

6. 白皮书丨赛迪顾问发布《"新基建"之中国卫星互联网产业发展研究白皮书》[EB/ OL]. https://mp.weixin.qq.com/s/0u7X5gYdZ3sYcliWjU_prw.

7. IMT-2030（6G）推进组正式发布《6G 总体愿景与潜在关键技术》白皮书 [EB/ OL]. https://mp.weixin.qq.com/s/Hwoj9nGJhqeOc339l6Qi6w.

8. iea. Data Centres and Data Transmission Networks [EB/OL]. (2023-07-11). https://www. iea.org/energy-system/buildings/data-centres-and-data-transmission-networks.

9. Central Statistics Office. Data Centres Metered Electricity Consumption 2022 [EB/OL]. (2023-06-12). https://www.cso.ie/en/releasesandpublications/ep/p-dcmec/datacentresmeteredelectricityconsumption2022/.

10. 数据中心不环保？ Meta 荷兰项目遭政府叫停背后的创新机遇 [EB/OL].(2022-03-30).https://new.qq.com/rain/a/20220330A08KZT00.

11. BILL D. The Path to Exascale Computing [R], 2015.

12. 黄璜，张乾. 存算一体技术产业发展研究 [J]. 信息通信技术与政策，2023, 49(6): 30-39.

13. 世界银行. 繁荣发展：在气候变化中建设绿色、韧性和包容性城市 [R/OL]. https://bit.ly/ThrivingFullEN.

14. 汪光焘，李芬，高楠楠. 信息化对城市现代化的预期影响 [J]. 城市规划学刊，2020 (3): 15-23.

15. Michael Batty. The shape of future cities: Three speculations. Urban Data, Science, and Technology, 2022, 1(1-2):7-12 [J/OL]. https://doi.org/10.1177/27541231221113945.

16. 2023 IMD 全球智慧城市排名｜苏黎世、奥斯陆、堪培拉名列前三 [EB/OL]. (2023-04-17). https://mp.weixin.qq.com/s/6Qo1YjYtlqN0C42oRUBXkw.

17. ISUI. Smart City Index 2023 [EB/OL]. https://www.isocui.org/#/smart_city_index.

18. IDC: 世界的数字化，从边缘到核心 [R/OL]. (2018-11). http://www.ztccloud.com.cn/researchreportccontent/1846968/.

19. 中国信通院和华为等联合发布《边缘计算最佳实践白皮书》[EB/OL]. (2022-09-30). https://www.huawei.com/cn/news/2022/9/mec-best-practice-whitepaper?eqid=af5c692c00040f100000000664964984.

20. "AI+ 边缘计算"第一黑马，拟 10 转 36 派 9 获批，或成下一个"拓维信息"[EB/OL]. (2023-06-10). https://baijiahao.baidu.com/s?id=1768298427228436207&wfr=spider&for=pc.

21. 人工智能新力量，意法半导体 Deep Edge AI 应运而生 [EB/OL]. (2021-11-18). https://www.elecfans.com/rengongzhineng/1739063.html.

22. LONG Y, ZHANG Y, ZHANG J, et al. The recent achievement and future prospect of China's smart city[J]. Frontiers of Urban and Rural Planning, 2022, 2(1): 12- 21.

23. 2023 全球数字经济大会专题论坛：Michael Batty—数字孪生、图灵测试和城市模型 [EB/OL]. (2023-07-17). https://mp.weixin.qq.com/s/ZQSS5BZTmFdM38DZ3OxeHw.

24. 德勤发布《有目标的城市未来：2030 年塑造城市未来的 12 种趋势》报告 [R/OL]. https://www2.deloitte.com/cn/zh/pages/public-sector/articles/12-trends-shaping-the-cities-in-2030.html.

25. 郑思聪.【科技参考】物联网和人工智能对基础设施的影响——《可持续基础设

施数字化》报告系列报道之三 [EB/OL]. (2023-03-02). https://mp.weixin.qq.com/s/
jGBPq0vRuuRYYJ3DKDyH0w.

26. IDC 咨询 . 2022 年中国智慧城市市场分析及 2023 年十大预测 [EB/OL]. (2023-02-
02). https://mp.weixin.qq.com/s/WUHgiVCcnGA0Wua8N9_rAg.

第十章　算力经济与未来科技创新

1. 杨晶，李哲 . 大国博弈背景下加强我国数据资源布局的思考 [J]. 全球科技经济瞭
望 , 2022,37(9):43-47.

第十一章　算力经济与未来政府治理

1. 阙天舒，吕俊延 . 智能时代下技术革新与政府治理的范式变革 [J]. 中国行政管理，
2021(2): 21-30.

2. 美国网络治理新机构正式落地，网络空间和数字政策局"老瓶装新酒"？ [EB/OL].
(2022-04-16). https://www.163.com/dy/article/H51QI8EG0521RRCK.html.

3. 牛正光，奉公 . 基于大数据的公共决策模式创新 [J]. 中州学刊 , 2016, (4):7-10.

4. 大卫·拉泽尔等 . 计算社会科学 [J]. 科学 , 2009, (323): 24-28.

5. 罗玮，罗教讲 . 新计算社会学大数据时代的社会学研究 [J]. 研究述评 , 2022(3):
25-29.

6. David Lazer, Alex Pentland,et al. Computational social science: Obstacles and opportu-
nities[J]. Science, 2020, (369):1060-1090.

7. LASER D, KENNEDY R, KING G, et al. The parable of google flu:traps in big data
analysis[J]. Science, 2014, 343(6176):1203-1205.

8. 陈昌盛 . 把握数字时代趋势 创新宏观治理模式 [N]. 经济日报 , 2020 年 9 月 2 日 .

9. 钱玲燕，陈烁 . 欧洲智慧城市案例：丹麦哥本哈根 [EB/OL]. (2023-06-27). https://
mp.weixin.qq.com/s?__biz=MzU0OTAyMDUwMA==&mid=2247484953&idx=1&sn=
ed6d41e340a06ab0561a873231b4caa6&chksm=fbb77022ccc0f9341dc2b6a2fcd26cf6b9
21862a77d31a7b6454e97167de04b9c35542e09386&scene=21#wechat_redirect.

10. 【他山之石】张志勇：人工智能时代的学校教育将会发生十大变革 [EB/OL]. (2019-
12-25). https://mp.weixin.qq.com/s/QzmV1QxjvRgtqb1HwO12Ww.

11. 赵章靖等 . 数字化背景下的教育政策与实践 [EB/OL]. (2022-08-17). https://mp.weix-
in.qq.com/s/_vq9d3E2Z4I_82k3M9C4dg.

12. 国务院关于印发"十四五"国家应急体系规划的通知 . [EB/ OL]. (2022-2-14).
https://www.gov.cn/zhengce/content/2022-02/14/content_5673424.htm.

13. Michael I. Jordan.A spell of sunshine Weather forecasting has come far. Its future is
brighter still Three things need to be done to make the most of its potential[J]. The

Economist. 2023, 343(6176):1203-1205.

14. IAN BREMMER: 科技巨头时代来临与地缘政治范式的变化 [EB /OL]. (2021-11-10). https://mp.weixin.qq.com/s/2hP2JKi1v-oxiO9ZBhP4og.

15. 刘泽晶 . 近年来全球主要国家科技领域反垄断事件 [R]. 华西证券研究所 , 2021:3-7.

16. 李子文 . 我国平台反垄断规制的困境及对策 [R]. 国家发改委 , 2020.

17. 殷继国 . 人工智能时代算法垄断行为的反垄断法规制 [J]. 比较法研究 , 2022(5):3-8.

18. David Rotman.How to solve AI's inequality problem[J]. MIT Technology View, 2022 (4):213-220.

19. 埃里克 · 布林约尔松 , 安德鲁 · 麦卡菲 . 与机器赛跑 [M]. 闫佳 , 译 . 北京 : 电子工业 出版社 , 2013.

第十二章　美国领跑全球算力经济发展

1. 樊春良 . 美国是怎样成为世界科技强国的 [J]. 人民论坛 · 学术前沿 , 2016(16):38-47.

2. White House. Fact Sheet: The American Jobs Plan [EB/OL]. (2021-3-31). https://www. whitehouse.gov/briefing-room/statements-releases/2021/03/31/fact-sheet-the-american-jobs-plan/.

3. 吴杨 . 大科学时代基础研究多元投入的路径探索 [J]. 人民论坛 · 学术前沿 , 2023 (9):68-80.

4. 吴杨 . 大科学时代基础研究多元投入的路径探索 [J]. 人民论坛 · 学术前沿 , 2023 (9):68-80.

5. 包水梅 , 魏玉梅 . 美国博士生跨学科培养的基本路径及其特征研究——以哈佛大学 教育研究生院为例 [J]. 中国高教研究 , 2015(5):47-54.

6. 英特尔威胁美国 : 如果拿不到中国订单 , 我就不建芯片厂了 [EB/OL].(2023-07-08). http://news.sohu.com/a/707062083_121097259.

7. Sensor Tower: 元宇宙概念下的移动游戏市场洞察 [EB/OL]. (2022-08-24). https:// www.waitang.com/report/324223.html.

8. 美国 VR 市场渗透率调查报告 : 13% 家庭拥有 VR 头显 , 70% 用 VR 来玩游戏 [EB/OL].(2022-07-21). https://www.sohu.com/a/569845044_213766.

9. 机器之心 . 史上增速最快消费级应用 , ChatGPT 月活用户突破 1 亿 [EB/OL]. (2023-02-03). https://baijiahao.baidu.com/s?id=1756792225165020782&wfr=spider&for=pc.

10. 高盛 : 人工智能对经济增长的潜在巨大影响 [EB/OL].(2023-05-19). https://www. sensorexpert.com.cn/article/202115.html.

第十三章　欧盟围绕"数字主权"全面发力

1. 金晶 . 欧盟的规则 , 全球的标准 ? ——数据跨境流动监管的"逐顶竞争" [J]. 中外

法学 , 2023(1):46-65.

2. 阿里研究院：2023 全球数字科技技术发展研究 [EB/OL].(2023-06-15). http://www.199
   it.com/archives/1604505.html.

3. "欧盟落后于美国和中国" ——欧盟发布关键 "欧洲创新议程" 力求引领全球创新
   浪潮 [EB/OL]. (2022-07-13). https://mp.weixin.qq.com/s?__biz=MzI4MTEzOTMwNQ=
   =&mid=2247561713&idx=3&sn=e8d9e15b785142626e640096f0b522a3&chksm=ebae
   70f7dcd9f9e11043ae8fd6cd04e3ffd481610da7d563bbf73fc48bd299e5368ddec5b-
   c03&scene=27.

4. 闫广 , 忻华 . 中美欧竞争背景下的欧盟 "数字主权" 战略研究 [J]. 国际关系研究 ,
   2023(3):62-86.

5. BCG. 欧洲能否在量子计算方面赶上美国（和中国）[EB/OL].(2022-08). https://
   web-assets.bcg.com/36/c4/1a807b3648d5a9eac68105641bfd/can-europe-catch-up-with-
   the-us-and-china-in-quantum-computing.pdf.

6. 智慧芽 .《2022 年人工智能领域技术创新指数分析报告》发布 : 中国企业表现突出
   [EB/OL]. (2022-12). https://news.iresearch.cn/yx/2022/12/456605.shtml.

7. 欧盟 .2022 年数字经济与社会指数（DESI）[EB/OL].(2022-07-28). https://digital-
   strategy.ec.europa.eu/en/library/digital-economy-and-society-index-desi-2022.

第十四章　日韩着力强化细分领域领先优势

1. 日本厚生劳动省 . Annual Health, Labour and Welfare Report 2022[EB/OL]. https://ww
   w.mhlw.go.jp/toukei/list/81-1.html.

2. 周子勋 . 人口老龄化拖累全球生产率增速 [EB/OL]. (2023-04-28). https://baijiahao.
   baidu.com/s?id=1764346310822211018&wfr=spider&for=pc.

3. 国际货币基金组织 .世界经济展望 [EB/OL].(2023-04-11). https://www.imf.org/zh/Pub-
   lications/WEO/Issues/2023/04/11/world-economic-outlook-april-2023.

4. 日本 2022 年贸易逆差达 19.9 万亿日元创新高 [EB/OL]. (2023-01-20). https://www.
   customs.go.jp/toukei/latest/index.htm.

5. 韩国央行 . 2022 Annual Report [EB/OL]. (2023-07-07). https://www.bok.or.kr/eng/bbs/
   E0000740/view.do?nttId=10078310&menuNo=400221&pageIndex=1.

6. 韩国经济：从亚洲奇迹陷入低迷 [EB/OL]. (2023-08-24). https://baijiahao.baidu.com/
   s?id=1775075102373788161&wfr=spider&for=pc.

7. 350 亿日元! 日本加快 5G 部署以缩小 5G 鸿沟　目前仅覆盖 30% 人口 [EB/OL].
   (2022-04-12). https://baijiahao.baidu.com/s?id=1729863691215225901&wfr=spider&-
   for=pc.

8. 日本观察 | 日本数据战略及双边、多边数字政策分析【走出去智库】[EB/OL].

(2023-04-13). https://www.163.com/dy/article/I27LD40Q0519BMQ6.html.

9. 韩国观察丨韩国数字经济战略及双边、多边数字政策分析 [EB/OL]. (2023-05-06). https://baijiahao.baidu.com/s?id=1765097771767637354&wfr=spider&for=pc.

10. 韩国科学技术信息通信部 . Korean New Deal 2.0[EB/OL]. https://www.msit.go.kr/ eng/bbs/view.do?sCode=eng&mId=10&mPid=9&pageIndex=&bbsSeqNo=46&nttSe-qNo=15&searchOpt=ALL&searchTxt=.

11. 同上。

12. 同上。

13. 同上。

第十五章　系统筹划，中国算力经济未来发展之路

1. 王晓云，段晓东，张昊，等 . 算力时代：一场新的产业革命 [M]. 北京：中信出版集团 , 2022.

2. IDC：5G 与 AI/ML 为边缘计算服务器市场带来新活力 [EB/OL].（2022-05-15）. https://www.idc.com/getdoc.jsp?containerId=prCHC49122622.

3. 科技部 . 鼓励企业更大力度参与科技创新 [EB/OL]. (2022-02-26). https://www.gov. cn/xinwen/2022-02/26/content_5675689.htm.

4. 国家统计局 . 2021 年全国科技经费投入统计公报 [EB/OL]. (2022-08-31). http:// www.stats.gov.cn/sj/zxfb/202302/t20230203_1901565.html.

5. 国家统计局 . 2022 年我国 R&D 经费突破 3 万亿元 与 GDP 之比达 2.55%[EB/OL]. (2023-01-20). http://www.stats.gov.cn/sj/zxfb/202302/t20230203_1901730.html.

6. 孙瑜、操秀英、刘莉 . 社会资金试水基础研究能让'冷板凳'热起来吗 [N].《科技日报》,2022-05-31.

7. 2022 抖音演艺直播数据报告 [EB/OL]. (2022-04-14). https://lmtw.com/mzw/content/ detail/id/220252.

8. 中国上市公司协会：《2022 中国上市公司数字经济白皮书》（全文）[EB/OL]. (2022-06-22). http://www.100ec.cn/index/detail--6621352.html.

9. 让网络跨越时空　让合作超越隔阂 , 数字化引领教育现代化——现场直击世界数字教育大会 [EB/OL]. (2023-02-20). http://www.moe.gov.cn/jyb_xwfb/xw_zt/moe_357/ 2023/2023_zt01/mtbd/202302/t20230220_1046007.html.

10. 多措并举推动全民健康信息化建设——我国不断提升群众看病就医获得感 [EB/OL]. (2022-09-02). https://www.gov.cn/xinwen/2022/09/02/content_5708099.htm.

11. 国家互联网信息办公室发布《数字中国发展报告 (2022 年)》[EB/OL]. (2023-05-23). http://www.cac.gov.cn/2023-05/22/c_1686402318492248.htm?eqid=e964285800089bd4 00000004646d59f6.

12. 传感中国 | 变"聪明"的城市 [EB/OL]. (2023-01-29). https://www.mohurd.gov.cn/xin wen/gzdt/202301/20230129_770076.html.

13. 中国互联网络信息中心 . 第 51 次《中国互联网络发展状况统计报告》[EB/OL]. (2023-03-02). https://www.cnnic.net.cn/n4/2023/0303/c88-10757.html.

14. 公安机关推动社会治安防控体系建设提档升级 [EB/OL]. (2023-03-03). https://www. gov.cn/xinwen/2023-03/03/content_5744281.htm.

15. 国家互联网信息办公室发布《数字中国发展报告（2022 年）》[EB/OL]. (2023-05-23). http://www.cac.gov.cn/2023-05/22/c_1686402318492248.htm?eqid=e964285800089bd 400000004646d59f6.

第十六章　"两点一面"高质量发展算力经济

1. 王晓云 , 段晓东 , 张昊 , 等 . 算力时代：一场新的产业革命 [M]. 北京：中信出版集 团 , 2022.

2. 王晓云 , 段晓东 , 张昊 , 等 . 算力时代：一场新的产业革命 [M]. 北京：中信出版集 团 , 2022.

3. 上海市经济信息化委关于印发《上海市推进算力资源统一调度指导意见》的通知 [EB/OL].(2023-04-19). https://app.sheitc.sh.gov.cn/cyfz/694813.htm.